GNSS 钟差分析与应用

李锡瑞　王宇谱　于合理　著

上海交通大学出版社
SHANGHAI JIAO TONG UNIVERSITY PRESS

内容提要

本书在系统介绍原子钟技术的基础上，基于 GNSS 钟差数据对钟差数据预处理、钟差产品精度评定、卫星钟性能分析、钟差建模预报、载波相位时间传递等进行了系统研究，改进了常用的钟差数据预处理方法，同时提出新的钟差预处理方法，设计了相应的数据质量评价指标，实现了对不同卫星钟差产品质量的评定，构建了卫星钟性能综合评估体系，对 GNSS 卫星钟的性能进行了分析，建立了能够同时考虑星载原子钟物理特性、周期性变化与随机性变化特点的精密卫星钟差模型，基于钟差一次差分数据建立了一套新的卫星钟差高精度预报方法，提出了从实时方法、收敛方法、连续性维持方法等方面构建的基于钟差的 GNSS 载波相位时间传递体系。

本书可供从事 GNSS 钟差数据分析研究的科研和工程技术人员，以及大专院校有关专业的师生阅读参考。

图书在版编目(CIP)数据

GNSS 钟差分析与应用/李锡瑞，王宇谱，于合理著
. 一上海:上海交通大学出版社,2024.1
ISBN 978 - 7 - 313 - 28144 - 9

Ⅰ.①G…　Ⅱ.①李…②王…③于…　Ⅲ.①卫星导航－全球定位系统－原子钟－误差分析－研究　Ⅳ.
①P228.4

中国国家版本馆 CIP 数据核字(2023)第 021481 号

GNSS 钟差分析与应用
GNSS ZHONGCHA FENXI YU YINGYONG

著　　者：李锡瑞　王宇谱　于合理
出版发行：上海交通大学出版社　　　　　地　　址：上海市番禺路 951 号
邮政编码：200030　　　　　　　　　　　电　　话：021 - 64071208
印　　制：苏州市古得堡数码印刷有限公司　经　　销：全国新华书店
开　　本：710mm×1000mm　1/16　　　　印　　张：23.25
字　　数：392 千字
版　　次：2024 年 1 月第 1 版　　　　　　印　　次：2024 年 1 月第 1 次印刷
书　　号：ISBN 978 - 7 - 313 - 28144 - 9
定　　价：158.00 元

全球导航卫星系统(global navigation satellite system,GNSS)是以时间测量为基础的系统,精确位置的测量实际上是精确时间的测量。GNSS 钟差作为一种重要的系统时间测量信息,开展其相关的分析和应用具有重要的理论意义和实用价值。例如,基于精密卫星钟差数据进行在轨星载原子钟性能的评估和分析是掌握卫星钟运行状况的一种重要手段,卫星钟差的建模和预报在维持系统时间同步、满足实时动态精密单点定位的需求等方面具有重要的作用,基于 GNSS 载波相位解算精密钟差能够实现高精度远程时间传递等。基于此,GNSS 钟差数据分析与应用是当前国内外导航理论研究及其应用实践的热点问题之一。本书在系统介绍原子钟技术的基础上,基于 GNSS 钟差数据对钟差数据预处理、钟差产品精度评定、卫星钟性能分析、钟差建模预报、载波相位时间传递等进行了系统研究,改进了常用的钟差数据预处理方法,同时提出新的钟差预处理方法,设计了相应的数据质量评价指标,实现了对不同卫星钟差产品质量的评定,构建了卫星钟性能综合评估体系,对 GNSS 卫星钟的性能进行了分析,建立了能够同时考虑星载原子钟物理特性、周期性变化与随机性变化特点的精密卫星钟差模型,基于钟差一次差分数据建立了一套新的卫星钟差高精度预报方法,提出了从实时方法、收敛方法、连续性维持方法等方面构建的基于钟差的 GNSS 载波相位时间传递体系。

具体而言,本书各章节及其对应的内容安排如下:

第 1 章　绪论。概述了本书聚焦问题的背景情况,给出了 GNSS 钟差分析和应用中涉及的相关定义和概念,对原子钟技术、钟差数据预处理、钟差产品及其质量评定、星载原子钟性能评估、卫星钟差建模预报及 GNSS 时间传递等方面的发展与现状进行了归纳总结。

第 2 章　原子钟技术原理。本章以氢原子钟为具体讨论对象,主要从原子频标的基本工作原理、原子钟的基本结构与组成、原子钟信号、原子钟的频率影响因素、原子钟的基本情况、原子钟性能分析常用计量仪器等方面系统介绍原子钟的技术原理。

第 3 章　钟差数据预处理与卫星钟差产品质量评定。本章首先介绍了确定卫星钟差的常用方法,分析了常见的钟差异常现象,然后重点研究了钟差数据中粗差的处理方法并对常用的中位数(median absolute deviation,MAD)法进行了改进,在此基础上给出了基于改进的 MAD 方法的数据预处理策略;同时,基于小波分析理论提出了一种新的钟差数据预处理方法;最后,针对不同卫星钟差产品的特点,设计了相应的质量评定指标,对其进行了精度评定。

第 4 章　GNSS 星载原子钟的长期性能分析。综合星载原子钟钟差数据长期变化特点、钟差模型参数(相位、频率和钟漂)长期变化特征、观测噪声长期变化特性、频率准确度、频率漂移率和频率稳定度长期变化规律以及钟差周期特性等指标,对 BDS 卫星和 GPS BLOCK IIF 卫星的星载原子钟长期性能进行了较为全面的评估和分析并得到了一些新结论。

第 5 章　GNSS 卫星钟差的精确建模与预报。在介绍几种常用的卫星钟差预报模型的基础上,分别通过组合模型和完善模型数学表达式的方式建立能够更加准确地反映卫星钟差特性的卫星钟差模型。同时提出了基于钟差一次差分数据的预报原理及其预处理方法,分析了常用的几种模型在常规数据条件下和钟差一次差分预报原理进行钟差预报时的相关特性,并从理论上推导建立了基于一次差分的 GPS 卫星钟差改正数预报方法。最后基于一次差分预报原理,根据卫星钟差数据的特点提出了一种卫星钟差预报的小波神经网络模型。

第 6 章　GNSS 载波相位时间传递。首先介绍了 GNSS 载波相位时间传递的数学模型及其涉及的主要误差的处理方式,然后分析了 GNSS 载波相位时间传递系统性偏差影响因素,在此基础上重点研究了实时 GNSS 载波相位时间传递、GNSS 载波相位时间传递收敛方法以及 GNSS 载波相位时间传递连续性维持方法,最后讨论了 GNSS 多系统融合载波相位时间传递的相关模型和时间传递的精度。

以上各章节中,第一、二章由李锡瑞撰写,第三、四、五章由王宇谱撰写,第六章由于合理撰写,全书由李锡瑞统稿。

▶▶▶ 目 录

第 1 章

绪 论

1.1 概 述

全球导航卫星系统(global navigation satellite system,GNSS)是能在地球表面或近地空间的任何地点为用户提供全天候的三维坐标和速度以及时间信息的空基无线电导航定位系统(Hofmann-Wellenhof et al,2008;宁津生等,2013)。目前,GNSS的建立和应用是世界各大国发展战略中高技术竞争的一个主要焦点。该系统不仅是国家安全和经济的基础设施(Hein et al,2007),也是体现大国地位和国家综合国力的重要标志。世界主要军事大国和经济体都纷纷加快了其卫星导航系统的发展和建设。美国GPS系统现代化改造工作正在稳步推进,包括空间段、地面段和用户段的现代化升级改造,完成后将为全球用户提供更好的高抗干扰、高定位精度和高安全可靠的服务。俄罗斯的GLONASS系统正加紧实施"恢复",当前星座的工作卫星数增加,同时系统的服务质量也得到了进一步提高。欧洲的伽利略(Galileo)系统处于全面运行状态,其在两极和高纬度区域有多于GPS的可见卫星数,使得高纬度地区间的长距离航行导航性能得到改善。中国的北斗卫星导航系统(BeiDou navigation satellite system,BDS)于2020年7月建设并提供全球公开的导航、定位、授时及短报文等服务,目前整体性能较好。与此同时,GNSS已在各行各业得到了广泛的应用,而且正在产生巨大的经济效益。

GNSS作为以时间测量为基础的系统(贾小林,2010),精确位置的测量关键在于精确时间的测量(郭海荣,2006)。如果导航卫星系统缺少高精度的时频,其将不可能实现高精度的导航、定位和授时。所以,实现时间的高精度测量,获得精确的时频一直是人们探索研究的重要领域(吴海涛等,2011)。原子钟技术领域正是精确时频技术的源头,直接决定了时间频率的准确性和稳定性。原子钟是原子频率标准(频标)的俗称,利用原子内部电子运动能量的稳定性来产生频率标准信号。自 1967 年起,以无干扰铯原子(^{133}Cs)两个基态的超精细能级间跃迁辐射的 9 192 631 770 个周期,作为国际时间单位秒长的定义,从此,世界计时真正进入"原子时代"。正因为时间的高度精准,还可以通过一定物理关系将其他物理量转换为时间频率量来加以测量,从而大大提高了测量准确度。这其中就包括高精度的导航、定位及授时等技术的高精准实施。

GNSS 钟差作为一种重要的系统时间测量信息,开展其相关的分析和应用具有重要的理论意义和实用价值。在 GNSS 钟差分析和应用的相关研究中,基于卫星钟差数据进行在轨星载原子钟性能的评估和分析,是掌握卫星钟性能和运行状况的一种重要手段。GNSS 钟差在卫星导航系统的完好性监测、系统性能评估和卫星钟差确定及预报等方面具有重要作用;基于精密卫星钟差进行 GNSS 星载原子钟钟差的建模和预报研究,对于维持卫星钟与系统时间之间的同步,优化导航电文中的钟差参数,满足实时动态精密单点定位的需求,提供卫星自主导航所需的先验信息等具有重要的作用;基于 GNSS 载波相位和伪距观测量采用精密单点定位(precise point positioning, PPP)算法解算测站钟差可以实现高精度远程时间传递,其对于统一国家标准时间具有十分重要的意义。与此同时,合理地评定 GNSS 钟差数据源的质量并进行有效的钟差数据预处理是基于钟差数据开展所有分析和应用的前提和基础。因此,本书从钟差数据预处理、钟差产品精度评定、卫星钟性能分析、钟差建模预报、载波相位时间传递等方面系统阐述 GNSS 钟差的分析与应用。

1.2　几个基本概念

在 GNSS 钟差分析与应用中,涉及一些描述钟差数据及表征钟差数据相关计算结果性能的定义和概念。

1.2.1 原子钟

原子钟是目前最精确的频率和时间标准装置,它是应用原子或离子内部能级之间的跃迁频率作为参考,锁定晶振或激光器频率,从而输出标准频率的信号发生器。在计量学中,称其为频率标准器具。原子钟是当代第一个基于量子力学原理制作的计量器具,它的出现将时频技术的发展提升到了一个全新的高度,具有划时代的意义。

1.2.2 相位和频率

1) 相位

相位数据也称作时间偏差数据,通常以秒或者纳秒为单位表示,它是原子钟输出时间与标准时间的偏差值;在 GNSS 中,钟差数据实质上就是相位数据,所以 GNSS 中提到的接收机钟差与卫星钟差指的都是相位数据(黄观文,2012)。相位数据的优点是可以直接用来进行定位、定时的应用,例如卫星钟的预报等。但同时也存在难以有效探测粗差、频跳等不足,不利于钟差数据的质量控制。在数据预处理中,一般是先将其转换为对应的频率数据,然后再进行数据质量分析。

2) 频率

频率数据是指频率偏差数据,即两台频标(频标即频率标准,是指能产生高稳定度和高准确度标准频率信号的振荡器以及附属电路,本书主要指高精度原子频标,例如氢原子钟、铯原子钟和铷原子钟)输出频率的相对偏差值。其定义为(李孝辉,2010)

$$D = \frac{f_A - f_B}{f_0} \tag{1.1}$$

式中,f_A、f_B 分别为频标 A、B 的输出频率,f_0 为两台频标的标称频率。从该式可以看出,频率偏差是个相对值,它描述的是一台钟相对于另一台钟的频率偏差值。

在 GNSS 数据处理中,通常所说的原子钟频率数据实际上指的是瞬时相对频率偏差数据(黄观文,2012)。其表达式为

$$y_i = \frac{x_{i+1} - x_i}{\tau_0} \tag{1.2}$$

式中，x_{i+1} 和 x_i 分别表示第 $i+1$ 和第 i 历元的钟差（相位）值，而常数 τ_0 表示两个历元间的采样间隔。该式也是钟差（相位）数据转换到其所对应频率数据的公式。

1.2.3 频率准确度

准确度是测量值或计算值与其定义的符合程度，准确度表征的是与理想值的关系（黄观文，2012）。频率准确度的公式表征为（郭海荣，2006）

$$A = \frac{f - f_0}{f_0} \tag{1.3}$$

式中，A 为频率准确度，f 为被测频标的实际频率，f_0 为测量频标的标称频率。实际中，实验室一般都要进行多次测量取平均求得对应的准确度指标，这是因为受测频标的实际输出频率并不是固定不变的。

此外，从频率准确度的表达式可以看出，该式实际上是用来描述频标的实际输出相对于其标称频率的偏差（郭海荣，2006）。但在现实情况下，实际频率和标称频率之间的偏差无法直接测量，一般把参考频标的实际频率当作标准来对被测频标的实际频率进行测量。因此，参考频标的频率准确度应该比被测频标的准确度高出至少一个数量级。将基于精密定轨方法获取的卫星钟差（时差）数据记为 $x_i (i = 1, 2, \cdots, N; N$ 为采样个数），设取样周期为 T（两次取样的时间间隔）；基于最小二乘法以线性函数 $x = K_T t + C$ 拟合钟差序列便可求得 T 时间的频率准确度 K_T；当 $T = 1\,\mathrm{d}$ 时，则有（高为广等，2014）

$$K_T = \frac{\sum\limits_{i=1}^{N} (x_i - \bar{x})(t_i - \bar{t})}{\sum\limits_{i=1}^{N} (t_i - \bar{t})^2} \tag{1.4}$$

式中，$\bar{t} = \dfrac{1}{N} \sum\limits_{i=1}^{N} t_i$，$\bar{x} = \dfrac{1}{N} \sum\limits_{i=1}^{N} x_i(t_i)$。

1.2.4 频率漂移率

原子钟在连续运行的过程中，由于硬件设备的老化和周围环境变化等因素的影响，导致其输出的频率值经常会随运行时间呈现出线性递增或递减的现象，所以将原子钟运行期间这种频率随时间单调变化的速率称为频率漂移率，也叫频率老化率；它是表征原子钟频率变化特性的重要指标之一（郭海荣，2006）。瞬时频率漂移率的计算公式可以描述为（黄观文，2012）

$$z_i = \frac{y_{i+1} - y_i}{\tau_0} \tag{1.5}$$

式中，y_{i+1} 和 y_i 分别表示第 $i+1$ 和第 i 个历元的频率值，τ_0 为相邻历元间的采样间隔。实际应用中，通常取多个历元瞬时频率漂移率的平均值或利用最小二乘方法平差获取最优频漂值进行原子钟频率变化特性评估（黄观文，2012）。

基于卫星钟差的二次多项式模型拟合得到短时间（1 秒）的频率漂移率，但是要得到较长时间（1 天）可靠的星载原子钟频率漂移率（日漂移率）通常需至少 15 天的连续数据。因此，在通过钟差模型拟合得到短时间频率漂移率的基础上，还要单独计算较长时间的频率漂移率，综合两种结果来分析星载原子钟的频率漂移特性。在计算星载原子钟日漂移率时，采用的频率漂移率的最小二乘解为（郭海荣，2006；贾小林等，2010）

$$D = \frac{\sum_{i=1}^{N} \left[y_i(\tau) - \bar{y}(\tau) \right](t_i - \bar{t})}{\sum_{i=1}^{N} (t_i - \bar{t})^2} \tag{1.6}$$

式中，D 为频率漂移率，$y_i(\tau)$ 为 t_i 时刻频标的相对频率值，τ 为取样时间，t_i 为测量相对频率值的时刻（即取样时序）。$\bar{t}$ 和 $\bar{y}(\tau)$ 的表达式分别为

$$\bar{t} = \frac{1}{N} \sum_{i=1}^{N} t_i, \quad \bar{y}(\tau) = \frac{1}{N} \sum_{i=1}^{N} y_i(\tau) \tag{1.7}$$

1.2.5　频率稳定度

频率稳定度是表征频标在一定时间内产生同样频率的能力，原子钟作为一种高精度的频标，其输出可以表示为（Audoin C et al，2001；Howe et al，1981；李孝辉等，2010）

$$V(t) = [V_0 + \varepsilon(t)] \sin[2\pi v_0 t + \varphi(t)] \tag{1.8}$$

式中，V_0、v_0 分别为信号的标称振幅和标称频率（或称为长期平均频率），$\varepsilon(t)$、$\varphi(t)$ 分别为振幅和相位的随机偏差。

要分析原子钟的频率稳定性，主要关注的是 $\varphi(t)$ 项。结合上式可知原子

钟的瞬时输出相位定义为 $\phi(t) = 2\pi v_0 t + \varphi(t)$，而瞬时角频率是相位的导数，即为 $v(t) = v_0 + \dot{\varphi}(t)/2\pi$，式中 $\dot{\varphi}(t)$ 代表瞬时频率波动。整理后的瞬时相对频率偏差为（Heo et al,2010）

$$y(t) = \frac{v(t) - v_0}{v_0} = \frac{\dot{\varphi}(t)}{2\pi v_0} \tag{1.9}$$

根据上式可以看出，噪声引起的瞬时相对频率起伏 $y(t)$ 是一个随机函数，而频率稳定度就是用来表征频标输出频率受噪声影响而产生的随机起伏情况（郭海荣,2006）。

原子钟的噪声，一般用 5 种独立的随机过程加以描述，即把总噪声看成 5 种不同噪声的线性叠加

$$\xi(t) = z_{-2}(t) + z_{-1}(t) + z_0(t) + z_1(t) + z_2(t) \tag{1.10}$$

其中，$z_a(t)(\alpha = -2, -1, 0, 1, 2)$ 代表 5 种独立的噪声过程：调频随机游走噪声（random walk FM,RWFM）、调频闪变噪声（flicker FM,FFM）、调频白噪声（white FM,WFM）、调相闪变噪声（flicker PM,FPM）、调相白噪声（white PM,WPM）。频率稳定度是原子钟在特定的时间间隔下重复产生相同频率的能力，体现了原子钟频率相对于标称频率的波动程度。对调相白噪声、调相闪变噪声和调频白噪声的分析表明，这些噪声均为平稳遍历序列，而调频闪变噪声和调频随机游走噪声的自相关函数与时间有关，不满足平稳性条件。所以，如果用标准差来表征频率稳定度，其结果将随采样数增加而发散。

为了克服调频闪变噪声和调频随机游走噪声随时间变化出现的非平稳问题，美国国家标准与技术研究院（National Institute of Standards and Technology，NIST）的阿伦（D. W. Allan）博士提出了一种改进的方差来表征原子钟频率稳定度，即 Allan 方差。Allan 方差的计算式为

$$\sigma_y(t) = \sqrt{\frac{1}{2m} \sum_{i=1}^{m} \left[y_{i+1}(t) - y_i(t) \right]} \tag{1.11}$$

在实际测量时，只能得到频率在一段时间内的平均值，即 $y(\tau)$ 值，这是因为瞬时频率是无法直接测量的。在对频率稳定度进行描述时，平均时间 τ 称为采样时间（或平滑时间），τ 取值不同，$y(\tau)$ 的起伏程度也不同。当提及和给定具体的频率稳定度指标时，必须指明对应的采样时间（冯遂亮,2009）。随着测量取样时间的不同，频率稳定度通常又分为短期稳定度和长期稳定度。取样时

间为千秒以下的频率变化用短期稳定度来表示,万秒以上则用中长期稳定度来表示。频率稳定度的计算式为

$$\sigma_y(\tau) = \sqrt{\frac{1}{2m} \sum_{i=1}^{m} \left[y_{i+1}(\tau) - y_i(\tau) \right]} \tag{1.12}$$

式中,$y_i(\tau)$ 为实测频率序列,τ 为取样时间,m 为取样组数。

氢原子钟的取样时间 τ 与取样组数 m 的关系为:当 $\tau \leqslant 1\,\mathrm{s}$ 时,取 $m = 100$;$\tau = 10\,\mathrm{s}$ 时,取 $m = 50$;$\tau = 100\,\mathrm{s}$ 和 $1000\,\mathrm{s}$ 时,取 $m = 30$;当 $\tau = 10\,000\,\mathrm{s}$ 和 $1\,\mathrm{d}$ 时,若 m 取值太大,总的测量时间太长,故通常取 $m = 15$。

根据观测域的不同,频率稳定度可划分为时域频率稳定度和频域频率稳定度(郭海荣,2006)。对于频率稳定度的时域表征,国际上推荐用双采样 Allan 方差(Steigenberger et al,2015;Allan, 1966),但近年来,为寻求更切合实际、简便易行的频率稳定度表征方法,相继提出了重叠 Allan 方差(Barnes and Allan,1987)、动态 Allan 方差(Sesia et al,2007,2011)、修正 Allan 方差(Steigenberger et al,2013)、Hadamard 系列方差(Hutsell,1995;Riley,2007)及小波系列方差(李孝辉,2000;冯遂亮,2009)等。在频域中,常用各种谱密度来表征星载原子钟的频率稳定性,较为常用的有相位起伏谱密度 $S_\varphi(f)$、频率起伏谱密度 $S_f(f)$、相对频率起伏谱密度 $S_y(f)$ 和单边带相位噪声功率谱密度;而单边带相位噪声功率谱密度是国际上推荐使用的,在理论研究中经常还会用到相对频率起伏噪声功率谱密度等(郭海荣,2006;Riley,2007;冯遂亮,2009)。在基于 GNSS 钟差数据进行星载原子钟的性能评估中,主要以时域方差的计算结果作为评估的主要依据(冯遂亮,2009),因此在进行 GNSS 星载原子钟频率稳定性分析时采用时域方差计算时域频率稳定度。

星载铷钟一般基于 Hadamard 系列方差进行频率稳定度分析,而星载铯钟则基于 Allan 系列方差进行频率稳定度分析(郭海荣,2006)。其中,重叠 Hadamard 方差和重叠 Allan 方差具有较高的置信区间且计算式相对简单,因此本书使用这两种方差分别计算星载铷钟和铯钟的频率稳定度。

基于钟差(时差)数据的重叠 Allan 方差计算式为(Riley,2007)

$$\sigma_y^2(\tau) = \frac{1}{2(N-2m)\tau^2} \sum_{i=1}^{N-2m} (x_{i+2m} - 2x_{i+m} + x_i)^2 \tag{1.13}$$

式中,$\tau = m\tau_0$ 为平滑时间,τ_0 为相邻钟差数据的采样间隔,x_i 为钟差数据,N 为钟差数据的个数;m 为平滑因子,一般取 $1 \leqslant m \leqslant \mathrm{int}[(N-1)/2]$。

基于钟差(时差)数据的重叠 Hadamard 方差计算式为(Riley,2007)

$$H\sigma_y^2(\tau) = \frac{1}{6\tau^2(N-3m)} \sum_{i=1}^{N-3m} [x_{i+3m} - 3x_{i+2m} + 3x_{i+m} - x_i]^2 \quad (1.14)$$

式中的 τ、m、τ_0、x_i 及 N 的含义与式(1.13)的相同,而此式中的平滑因子一般取 $1 \leqslant m \leqslant \text{int}((N-1)/3)$。

影响氢原子钟频率稳定度的因素如下:

氢原子钟由激射器和锁相接收机(含频率综合与信号输出装置)组成,激射器的相位起伏会引起振荡信号频谱不纯,锁相接收器会带来附加噪声,这些因素会影响中短期频率稳定度;氢原子钟物理参量随环境的变化会影响长期频率稳定度,其中包括频率的长期慢漂移。

当 $2\pi\Delta v_1 t \ll 1$ 时,影响氢钟频率稳定度的因素表示为

$$\sigma(t) = \sqrt{\frac{kT}{2P}\left(\frac{Fv_1Q_{\text{ext}}}{2\pi v^2 t^2 Q_1} + \frac{1}{Q_a^2 t}\right)} \quad (1.15)$$

式中,k 为玻耳兹曼常数,T 为激射器的温度,P 为激射功率,F 为锁相接收机的噪声因子,Δv_1 为锁相接收机的噪声带宽,Q_{ext} 为激射器外部谐振腔的有载 Q 值,v 为激射器的振荡频率,t 为测量时间,Q_1 为激射器腔的有载 Q 值,Q_a 为激射谱线的 Q 值。

当 $2\pi\Delta v_1 t \gg 1$ 时,影响氢钟频率稳定度的因素表示为

$$\sigma(t) = \sqrt{\frac{kT}{2P}\left(\frac{Fv_1^2 Q_{\text{ext}}}{v^2 t Q_1} + \frac{\pi v_1}{Q_a^2}\right)} \quad (1.16)$$

式(1.16)表明氢钟的频率稳定度正比于 $T^{1/2}$,降低温度可提高稳定度。当然,保持氢钟在一个恒定的温度环境中工作更为重要。当环境温度从 0 ℃ 变到 50 ℃ 时,频率变化量可达 2×10^{-9}。通常氢钟要求在 20~25 ℃ 范围内(设定为某一值),温度最大变化范围为 ± 0.3 ℃(理想情况为 ± 0.1 ℃)的恒温环境中工作。

从式(1.16)还可以看出氢钟的频率稳定度与测量时间 t 的关系,当 t 很小时,$\sigma(t)$ 正比于 t^{-1},当 t 增大时,$\sigma(t)$ 正比于 $t^{-1/2}$。当 t 很大时,上述公式不再适用,$\sigma(t)$ 与 t 的关系不大,主要受诸多环境因素的影响。因此,频率稳定度与测量时间 t 呈非线性关系,如图 1.1 所示。

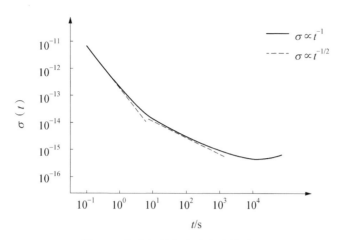

图 1.1 氢原子钟频率稳定度的关系

1.2.6 不确定度

测量结果的不确定度通常是由很多原因造成的,对每个不确定度来源评定的标准偏差,称为标准不确定度分量,常用 u_i 表示。对不确定度通常有 A 类评定和 B 类评定两类评定方法(董少武等,2009;杨元喜,2012)。

1) A 类不确定度

用统计分析的方法来评定标准不确定度,称为 A 类不确定度评定。所得的标准不确定度称为 A 类不确定度分量,常用 u_A 表示。设有一组个数为 N 的数据序列 x_1,x_2,x_3,$\cdots$,x_n,则可通过式(1.17)计算 u_A

$$u_A = \sqrt{\frac{\sum\limits_{i=1}^{N}(x_i - \bar{x})(x_i - \bar{x})}{N(N-1)}} \tag{1.17}$$

式中,$\bar{x}$ 为算术平均值。

2) B 类不确定度

用非统计分析方法评定的标准不确定度,称为 B 类不确定度评定,也称非统计不确定度。所得的标准不确定度称为 B 类不确定度分量,常用 u_B 表示,它是根据经验、原有资料或理论推算得出的。也就是说 B 类不确定度评定通常是基于其他信息来估计的,含有主观的成分。时间传递的不确定度通常是基于接收机设备、大气延迟、卫星星历、校准证书、检定证书或其他文件提供的信息及经验等进行综合评定。

1.2.7　GNSS 时间基准

不同的卫星导航系统采用的时间系统不同, GPS、BDS、GLONASS、Galileo 4 个卫星导航系统对应的时间系统的定义不同,表 1.1 给出了 GNSS 各系统时间定义的说明(吴海涛等,2011;杨元喜等,2016)。

表 1.1　GNSS 各系统时间定义

系统	时间标识	时间起点	计数方法	是否闰秒	溯源基准
GPS	GPST	1980 - 01 - 06 UTC 00 h 00 m 00 s (TAI+19)	周,周内秒	否	UTC(USNO)
BDS	BDT	2006 - 01 - 01 UTC 00 h 00 m 00 s (TAI+33)	周,周内秒	否	UTC(NTSC)
GLONASS	GLONASST	与 UTC(SU)+3h 同步 (TAI+36.2015)	时,分,秒	是	UTC(SU)
Galileo	GST	1980 - 01 - 06 UTC 00 h 00 m 00 s (TAI+19)	周,周内秒	否	UTC(PTB)

1) GPS 时间系统

GPS 时间系统(GPST)与原子时秒长保持一致,时间原点为 1980 年 1 月 6 日 0 时 UTC(协调世界时),是连续且均匀的时间系统。它与国际原子时(international atomic time, TAI)相差一常数,即 19 s。GPST 与 TAI 的关系式为

$$GPST = TAI - 19\,s \tag{1.18}$$

TAI 与 UTC 的关系式为

$$TAI = UTC + 1\,s \times n \tag{1.19}$$

式中,n 为 TAI 与 UTC 间不断调整的参数。由式(1.22)、式(1.23)可得 GPST 与 UTC(USNO)的关系式为

$$GPST = UTC(USNO) + 1\,s \times n - 19\,s \tag{1.20}$$

2) BDS 时间系统

BDS 时间系统(BDT)采用国际单位制秒为基本单位,时间原点为 2006 年

1 月 1 日零时零分零秒(UTC),并通过中国维持的 UTC(NTSC)与国际 UTC 建立联系。BDT 与 UTC 的偏差维持在 100 ns 以内,BDT 以"周"和"周内秒"为单位连续计数。自 1980 年 1 月 6 日至 2006 年 1 月 1 日,国际 UTC 共有正闰秒+14 s,所以 BDT 与 GPST 存在 14 s 的整数差,BDT 与 UTC(NTSC)的关系为

$$BDT = UTC(NTSC) + 1\,s \times n - 19\,s - 14\,s \tag{1.21}$$

3) GLONASS 时间系统

GLONASS 时间系统(GLONASST)属于 UTC 时间系统,是以俄罗斯维持的 UTC(SU)作为时间度量基准。GLONASST 与 UTC(SU)之间存在 3 h 的整数差,此外 GLONASST 与 UTC(SU)还存在小数上的差异 τ。GLONASST 与 UTC(SU)的关系式为

$$GLONASST = UTC(SU) + 3\,h - \tau \tag{1.22}$$

4) Galileo 时间系统

Galileo 系统时间(GST)相对 TAI 是一连续的时标,GST 与 TAI 将保持小于 30 ns 的偏移。GST 的起始点为 1999 年 8 月 22 日 0 时(UTC),GST 在该瞬间与 UTC 存在 13 s 的跳秒。

5) 各导航系统时间的统一

GNSS 多系统融合时间传递必须顾及时间系统之间的差异,将各系统数据统一到同一个时间基准下。经过上述分析,各系统的时间基准都能和 UTC 形成一定的联系,如图 1.2 所示。目前,GPS 发展较为成熟,其应用较为广泛,其相关产品的精度也较高。因此,在数据处理过程中,通常以 GPST 作为统一的时间基准,将 UTC 作为中间变量实现不同时间系统的统一。

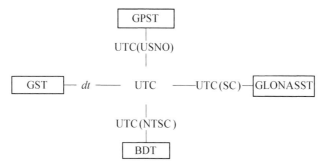

图 1.2 GNSS 系统时间和 UTC 的关系

1.3 相关技术的发展与现状

本书通过原子钟技术原理、钟差数据预处理、钟差产品质量评定、星载原子钟性能分析、卫星钟差建模预报、载波相位时间传递等方面的内容对 GNSS 钟差的分析与应用进行论述,本节就这几个方面的发展与现状进行总结和分析。

1.3.1 原子钟技术的发展历程与现状

1) 国外原子钟技术的发展历程

早在 19 世纪 80 年代,麦克斯韦和开尔文就分别提出了用特定谱线的波长和频率分别作为长度、时间标准的建议,但由于当时技术条件的限制,这种非常具有前瞻性的想法无法实现。同时,在 19 世纪末到 20 世纪前半世纪,发展量子频标的几个重要的物理基础(原子物理、电磁学、量子力学和光谱学)还没有建立起来。所以,量子频标的快速发展是 20 世纪 40 年代以后的事情。

第二次世界大战前后,量子力学和微波波谱学取得了很大的进展。这段时间对原子钟发展特别重要的是拉比(I. Rabi)所做的开创性工作。1936 年,他在哥伦比亚大学波谱学研究中提出了原子核分子束谐振技术理论(Rabi et al, 1938),并进行了相应实验,得到了原子跃迁频率只取决于其内部固有特征而与外界电磁场无关的重要结论,揭示了利用量子跃迁实现频率控制的可能性。拉比因此获得了 1944 年度诺贝尔物理学奖。第二次世界大战后,微波技术的进步使微波波谱学的研究相当活跃。1948 年,W. V. Smith 和 Lyon 在美国国家标准局(National Bureau of Standards,NBS)利用拉比方法做成了吸收型氨分子钟(Lyons 1949)。但是,由于多普勒效应的影响,振荡器谱线太窄,长期稳定度仅为 10^{-7},并不比石英钟好,因而被放弃。后来拉比的学生拉姆齐(N. F. Ramsey)在 1949 年提出分离振荡场方法(Ramsey,1950;1956)。1953 年美国哥伦比亚大学的唐斯(Townes)、苏联的巴索夫(N. Basov)和中国学者王天眷等人利用受激辐射放大原理研制成功激射型氨分子钟(Shimoda et al,1956)。这一实验的成功,导致了量子电子学的诞生。唐斯(Townes)、巴索夫(Basov)和普罗科沃夫(Prokhorov)为此共同获得了 1964 年度诺贝尔物理学奖。1955 年,L. Essen 和 J. V. L. Parry 在英国国家物理实验室研制成功世界上第一台铯束原子频标(Essen et al,1957),准确度为 10^{-9},开创了制造实用型原子钟的新纪元。拉比的学生扎查利亚斯(Zacharias)在美国麻省理工学院研制成功实用型铯原子钟,并于 1956 年开始商业化生产。目前,商品铯束频标(HP5071A)的准确度为 $\pm 10^{-12}$,长期稳定度可达 2×10^{-14}。由于半导体激光器的应用,激光选态和检测的方法引起了人们的注意。从 20 世纪 80 年代开始,各国相继研发成功光抽运选态铯原子频标(Ardrti et al,1980),使得铯频标的准确度达到 $\pm 3 \times 10^{-15}$。

1957 年,普林斯顿大学的卡弗(T. Cover)利用铷气体观测到 ^{87}Rb 的精细谐振,通过观测微波吸收来检测微波跃迁。此后,美国国家标准局的本德(P. Bender)等人研究了一种光抽运铷的技术。这就是目前铷原子钟通常使用的方法(Bender et al,1958)。

1960 年,美国的 Kleppner、Goldenberg 和 Ramsey 等人发明了一种囚禁氢原子使共振谱线变窄的技术,从而发明了氢原子钟(Goldenberg et al, 1960;Klcppncr et al, 1956)。氢原了钟的稳定度极高,谱纯度很好,引起了人们极大的注意和兴趣。1969 年,梅乔(Major)提出激光冷却和离子囚禁理论(Major et al, 1973)。美国斯坦福大学亨施(T. Haensch)和肖洛(A. Schawlow)于 1979 年利用这一理论在实验室实现了对钠原子的激光减速(Hansch et al, 1975)。1985 年,朱棣文(S. Chu)等人利用光学黏团首次实现了对钠原子的激光冷却(Chu et al, 1985),此后又实现了磁光阱和囚禁原子的技术。1989 年,威曼(C. Wieman)和他的研究组在美国科罗拉多大学也成功地实现了这些技术。随着激光冷却和囚禁原子技术的进展,利用激光冷却和囚禁技术实现了扎查利亚斯(Zacharias)的设想。1996 年,法国国家标准实验室的克莱隆(A. Clairon)和法国高等师范大学的萨罗蒙(Ch. Salomon)建成了基于喷泉概念的第一个铯基准——激光冷却铯原子喷泉钟(Clairon et al, 1965;Wang et al, 1999),准确度高达 $\pm 4 \times 10^{-16}$。目前,美国、德国、英国、加拿大、瑞士、日本和中国,都已经成功研制出铯基准喷泉钟。

虽然冷原子喷泉钟性能指标已经达到了很高的标准,但是采用基于光频段原子跃迁的守时方法并未获得改进。自 20 世纪 60 年代早期首次发明激光器不久,人们开始找寻相应跃迁来稳定激光频率,而最早的稳定激光器是基于氦-氖激光跃迁,频率锁定到甲烷或碘分子的吸收线(Hail et al, 1976;Chartier et al, 2001)。之后,利用光频段量子跃迁的光频标研究,成为 21 世纪原子频标研究的新热点。其中光梳技术的出现(Diddams et al, 2000),使得利用冷原子或离子储存稳频的光频标与飞秒光梳结合形成光钟成为可能。

美国的罗伊·格劳伯(Roy J. Glauber)早在 1963 年提出了相干性量子理论,为量子光学的创立开辟了先驱性的工作,美国的约翰·霍尔(J. L. Hall)和德国的特奥多尔·亨施(T. W. Hansch)在利用激光进行超精密光谱学测量,尤其在完善"光梳"技术方面做出了重要贡献(Glauber,2006;Hall,2006;Hansch,2006),这三人因此获得了 2005 年诺贝尔物理学奖。半导体激光技术、激光冷却技术和囚禁技术的发展,以及它们与原子钟技术的融合,成为当今原子钟技术的又一热门话题。1976 年,阿尔泽塔(G. Alzetta)等人首先观察到相干布居囚禁现象,1998 年,瓦尼尔(J. Vanier)等人提出将相干布居现象应用于原子钟技术(Vanier et al,1998)。2001 年,美国国家标准与技术研究院研制出"光学传动系统",其准确度比铯钟高 3 个量级(沈乃澂等,2004;Hower et al,2015)。

2002 年,意大利国家电子所完成了主动型相干布居囚禁原子钟实验装置(Levi et al,2003)。法国巴黎天文台与美国国家标准与技术研究院研制的铯喷泉钟的长期稳定度达到了 10^{-16} 量级。2018 年,任教于美国科罗拉多大学的叶军教授等团队成功研制出长期稳定度达到 10^{-19} 量级的光频标(Campbell et al,2017)。美国国家标准与技术研究院研制的镱原子钟在某些特定情况下可保证 3 亿年的误差仅为 1 s,其精准度达到了一个新高度(周敏等,2019)。

2) 我国原子钟技术的发展历程

我国从 20 世纪 50 年代末开始研究原子频标,1960 年后,中国科学院上海天文台和北京电子所先后开始研制氨分子钟光抽运钠汽室频标。1963 年秋,在王义遒教授的主持下,北京大学与电子工业部第十七所合作,开始研制光抽运铯汽室频标,并于 1965 年完成三台样机。经两两比对,稳定度为 5×10^{-11},这是我国第一台原子钟。由于全部电路都用电子管,微波源用调速管,体积庞大,难以实用。其间,电子工业部第十七所与电子工业部第十二所合作研制小型密封铯束频标,中国科学院武汉物理所(今中科院武汉物理与数学所)也着手研制氨分子钟。铯汽室频标虽在电子工业部第十七所努力下完成了晶体管化,但是铯灯及微波部分体积仍然很大。20 世纪 60 年代中期,原子频标研究已经在我国兴起。

1969 年 9 月,周恩来总理接见了从事原子钟研制的部分科技人员,提出要独立自主建立我国时间频率系统。这使我国原子钟研制进入了一个蓬勃发展的时期。

1972 年,在电子工业部的要求下,北京大学汉中分校恢复了量子频标研究。1973 年初,在电子工业部组织下,北京大学与电子工业部北京大华无线电仪器厂和国营 707 厂共同研制批量生产铷汽室频标。同年,北京大学恢复了波谱学及量子学专业,由于当时急需频标人才,该专业被命名为"频标专业"。

1973 年,中国科学院上海光学精密器械研究所在国荣灯具厂的协助下成功研制了国内第一台桌上仪器型光抽运铷汽室频标,这是我国首次将国产原子钟付诸实用。与此同时,成都星华仪器厂与北京大学合作,也小批量生产铷原子钟。其间,电子工业部第十七所与第十二所合作的铯束频标样机也取得成功。上海天文台和上海计量局各自研制的氢激射器样机也相继成功。中国科学院武汉物理研究所也成功研制了氢激射器,并与电子工业部 4404 厂协作进行了小批量生产,所研制部分氢原子钟参与了上海天文台 VLBI 实验和陕西天文台(今国家授时中心)的守时应用。然而,我国这一时期研制的原子钟的性能并不理想,存在寿命短、可靠性不足等缺点。

在此基础上,由中国科学院牵头,于 1976 年在北京召开全国原子钟会议,对全国原子钟的研制生产做出了全面部署,落实了各工程急需的频标研制生产任务。当时确定的研制任务和生产单位是:①铯束频标。研制单位为电子工业部第十二所和第十七所、北京大学、国营 4404 厂和国营 768 厂(隶属于电子工业部)。②铷汽室频标。生产单位为国营 768 厂与北京大学汉中分校,上海国荣灯具厂与中国科学院上海光学精密机械研究所、国营 867 厂、电子工业部二十七所。③氢激射器。由国营 4404 厂与中国科学院武汉物理研究所合作生产,上海天文台和上海计量局也提供小批量生产。

改革开放以后,由于国外频标的大量进口,各生产厂难以与国外产品竞争,频标研制基本停止,量子频标研究与开发异常困难。不过,仍有几家单位坚持研发:

其中,上海天文台专注于氢激射器频标的研究开发,得到频率准确度为 5×10^{-13}、长期稳定度 5×10^{-15} 的较好性能指标,并进行了小批量商品化生产销售。在此基础上,还进行了氢原子钟小型化的研究工作,开发出了小型的非自激型氢原子钟。

北京大学在冷原子频标、光频标方面进行了理论探索;激光抽运铯束频标研制出原理样机;在铷频标研究中基本消除铷钟长期老化漂移现象。

中国计量科学研究院在艰苦的条件下,坚持了我国频率基准的保持工作,开展了铯原子喷泉频率基准的研制工作。

航天科工集团 203 所(现北京无线电计量测试研究所)在与武汉物理所共

同研制铷原子钟的基础上自主研制氢原子钟,并在小型化、介质腔方面取得了成绩。

中科院武汉物理与数学所(现中科院精密测量科学与技术创新研究院)坚持在铷频标和粒子储存两个方向开展研究。铷频标的小型化取得了很好的成绩。离子储存方面已建立一些实验装置,观察到了囚禁离子。

近些年来,我国对原子钟的研制非常重视,20 世纪 90 年代我国已经着手研发小型原子钟。2003 年,中国计量科学研究院自主研制出我国首代铯原子频标"NIM4 激光冷却铯原子喷泉钟"。2005 年,中国计量科学研究院开始研究第二代铯喷泉钟"NIM5",并于 2010 年通过对该原子钟的鉴定,鉴定结果表明第二代铯喷泉钟的准确度可以达到 1.5×10^{-15} 量级。2013 年,该单位又开始着手研发第三代铯喷泉钟"NIM6",给出的期望准确度为 1.5×10^{-16} 量级(张禹,2015)。2018 年 11 月,成都天奥电子研制出国际首台激光小型铯原子钟且已经达到量产水平。2018 年 12 月,中国航天科工二院 203 所研制出一款超薄、低功耗的铷原子钟并已量产。中国科学院精密测量科学与技术创新研究院开展新型 Ca^+ 与镱原子光频标,并于 2022 年将其研制的第一代光频标推广到守时系统中进行了工程化的应用。此外,华东师范大学开展了镱光钟的研制,北京大学也投身到小型钙原子光钟的研制中,均取得了较为显著的成效。

1.3.2　钟差数据预处理现状

实际应用中采集到的原始钟差数据,其中常会出现数据间断、跳变和粗差等异常情况;有时,在测量中还会有无数据段的出现;并且在一些极端条件下获取的钟差数据是不等间隔的采样(郭海荣,2006;冯遂亮,2009)。所以,在使用钟差数据之前,合理有效的数据预处理是非常必要的步骤。在基于包含较长无数据段的原始数据计算稳定度时,Barnes 等(Barnes,1969;Barnes and Allan,1987)提出用 Barnes 偏差函数对时域方差进行修正处理。而相频跳变的处理,可采用移动窗口来寻找跳变点(郭海荣,2006),也有用累积求和曲线图与其他工具的(冯遂亮,2009);同时,陈志胜等(陈志胜,2011;张健,2011;白文礼,2013;吴静,2015)也给出了相应的钟跳探测与修复方法;此外,郭吉省(2013)提出了一种基于希尔伯特-黄的跳变检测算法用于跳变的检测和分析。对于无数据段和非等间隔数据的处理,Riley(2007)指出可以通过将时域 Allan 方差除以Barnes B2、B3 偏差函数来处理含无数据段的数据,C. Hackman 和 T. E.

Parker(1996)给出了非等间隔数据的处理方法。此外,Taylor(2000)给出了一种钟差数据预处理的综合算法。在钟差数据的粗差处理方面,现有的粗差探测方法(如测量平差和统计领域中广泛使用抗差估计方法等)很多都要求待处理的数据满足正态分布,而实际的原子钟相位、频率数据是不满足该要求的,同时数据中还会存在大的粗差,抗差估计可以有效控制个别异常点位的影响,但计算比较繁琐,不利于实际应用(郭海荣,2006;冯遂亮,2009);因此,在卫星钟差数据的实际处理中,中位数(MAD)方法(Riley,2002,2003,2007;郭海荣,2006)是最常用的粗差处理方法。此外,近些年针对钟差数据中粗差的处理还提出了一些新的处理方法,例如魏道坤(2014)针对频率数据呈现线性趋势的情况提出了一种中值线粗差探测法,张倩倩等(2016)引入贝叶斯(Bayesian)方法实现了对星地时间同步钟差序列中异常值的有效探测和修复,吕宏春等(2019)给出了一种卫星钟差异常精确探测的两步法策略,韩松辉等(2021)基丁最大期望算法与自回归滑动平均模型提出一种类钟差异常值探测算法等。

分析总结星载原子钟数据预处理已有的研究成果,发现目前其主要研究内容是对钟差数据中粗差处理的研究,对于原子钟数据的其他异常情况(无数据段、非等间隔采样数据、数据间断和跳变等),现有的处理方法与策略已相对完善且有效。而针对星载原子钟数据中所含的粗差,通常采用基于 MAD 方法的粗差探测方法进行处理,因为与测量平差中的粗差探测方法相比,MAD 方法简单、高效,适合处理数据量较多的原子钟数据(郭海荣,2006);但是,在基于该方法进行较长时间段的钟差数据预处理时仍有需要改进的地方。因此,接下来一方面需要结合具体的应用对 MAD 方法进行改进,另一方面则需要针对钟差数据中粗差的处理探索新的方法。

1.3.3 卫星钟差产品概况及其质量评定现状

GNSS 卫星钟差产品是大地测量等高精度应用的基础数据组成部分,也是开展与卫星钟相关分析和实验的一种重要数据源,研究和分析其质量对于高精度的导航、定位和授时应用具有重要的作用。实际应用中,提供高精度卫星钟差产品的主要是国际 GNSS 服务组织(International GNSS Service,IGS)及其所属的分析中心,其所提供的事后精密钟差产品主要以 GPS 系统为主。表 1.2 给出了 IGS 所提供的 GPS 卫星钟差产品的相关信息。

表 1.2　IGS 提供的 GPS 卫星钟差产品信息

产品名称	精度（RMS）	时延	更新率	采样间隔
广播星历	钟差～5 纳秒	实时		每天
超快速产品（预报部分）	钟差～3 纳秒	实时	每天四次（分别在 UTC 时间的 03，09，15，21 时）	15 分钟
超快速产品（实测部分）	钟差～0.15 纳秒	3～9（小时）	每天四次（分别在 UTC 时间的 03，09，15，21 时）	15 分钟
快速产品	钟差～0.075 纳秒	17～41（小时）	每天一次（在每天的 UTC 时 17 时）	15 分钟 5 分钟
最终产品	钟差～0.075 纳秒	12～18（天）	每周一次（在每周的星期四）	15 分钟 30 秒/5 分钟

　　从表 1.2 可以看出，目前 IGS 提供的 GPS 卫星钟差产品主要包括：广播星历（broadcast，BRDC）钟差、超快速预报［IGS ultra-rapid（predicted half），IGU‑P］钟差、超快速实测［IGS ultra-rapid（observed half），IGU‑O］钟差、快速（IGS rapid，IGR）钟差和 IGS 最终精密钟差。对于 IGS 不同卫星钟差产品的质量评定，除了 IGS 官方给出的各产品的精度结果之外，许多学者也进行了一定的研究，例如：楼益栋、帅平、郭斐、王霞迎等（楼益栋等，2003；帅平等，2004；郭斐等，2009；王霞迎等，2014）对广播星历卫星钟差的精度进行了分析和评定；黄观文等（2008）基于频谱分析法对 IGS 精密星历中各卫星的钟差精度进行了分析，发现大部分的卫星钟差精度能达到 IGS 的标称值，但仍有部分卫星钟差的精度低于其标称值；杨凯和姜卫平（2009）对比了 IGS 官方提供的 5 分钟和 30 秒间隔的精密卫星钟差的变化规律；J. Kim 和 K. Kim（2015）对广播星历钟差的变化特性进行了分析，发现新一代 GPS 卫星的广播星历钟差的误差在变小；张益泽等（2016）分析了北斗广播星历误差并发现北斗广播星历存在最大超过 2 米的偏差。但是，目前已有的研究中对于 IGU 和 IGR 钟差产品的质量评定还比较少（王宇谱等，2018）；同时结合表 1.2 可以看出，IGS 提供的钟差产品精度参数比较笼统，而评定不同类型卫星的钟差产品质量对于基于钟差数据的研究和实际应用具有重要的参考价值，并且根据对不同钟差产品的评定结果，可以为 IGS 钟差产品精度的检核提供参考。因此，设计合理的评定指标分析 IGU 和 IGR 等钟差产品的精度具有重要的实用价值和参考意义。

　　此外，随着 Galileo 和北斗导航卫星系统的快速发展，再加上准天顶卫星系统(QZSS)等区域卫星导航系统的应用日益广泛,用户对多种卫星导航系统数据产品的需求不断增加。因此,IGS 在 2012 年发起了多 GNSS 实验项目(the multi-GNSS experiment,MGEX)(Montenbruck et al,2013b),旨在通过该项目向全球用户提供多个导航卫星系统的观测数据、事后精密卫星轨道和钟差产品等(Rizos et al,2013;Prange et al,2015)。MGEX 的卫星钟差产品由多个 IGS 分析中心分别提供,这些分析中心包括欧空局(ESA)、欧洲定轨中心(CODE)、德国波茨坦地学中心(GFZ)和中国武汉大学(WHU)等。当前,针对 MGEX 卫星钟差产品质量评定的相关研究已经取得了一些成果(Steigenberger et al,2015;Guo et al,2017;Montenbruck et al,2017;杨宇飞等,2018);但是,目前 MGEX 卫星钟差的精度分析主要是采用精密定点单位的方法对轨道和钟差的精度同时进行验证,并且主要侧重于对轨道产品的分析(周佩元等,2015b),缺少独立的卫星钟差精度评价体系;此外,已有的 MGEX 卫星钟差质量分析多集中在对不同导航卫星系统钟差质量差异的分析上(Prange et al,2015;Steigenberger et al,2015),对于不同分析中心所提供的卫星钟差产品的质量差异的研究还比较少。因此,科学合理地对比和分析 MGEX 不同分析中心所提供的钟差产品的质量差异,对于多 GNSS 的广泛应用具有重要的作用。

同时,从 2013 年 4 月 1 日起,IGS 实时服务(real-time service,RTS)正式发布运行。IGS RTS 提供高精度、实时的轨道和钟差产品,主要服务于精密单点定位(Zhang et al,2011;Chen et al,2016),但同时也用于科学实验、形变监测、灾害预警、天气预报、GNSS 星座维持、时间同步等。RTS 的实时钟差产品是针对广播星历钟差的改正,播发格式为 RTCM—SSR(RTCM state space representation),利用 NTRIP(networked transport of RTCM via internet protocol)协议进行实时发播(宫晓春,2016)。表 1.3 给出了 IGS RTS 的相关信息。

表 1.3 IGS RTS 的相关信息

数据流	描述	参考点	RTCM 信息	带宽/千字节/秒	软件	适用系统
IGC01	轨道/钟差校正单历元组合	CoM	1 059(5),1 060(5)	1.8	ESA/ESOC	GPS
IGS01	轨道/钟差校正单历元组合	APC	1 059(5),1 060(5)	1.8	ESA/ESOC	GPS

（续表）

数据流	描述	参考点	RTCM 信息	带宽/千字节/秒	软件	适用系统
IGS02	轨道/钟差校正卡尔曼滤波组合	APC	1 057(60),1 058(10),1 059(10)	0.6	BNC	GPS
IGS03	轨道/钟差校正卡尔曼滤波组合	APC	1 057(60),1 058(10),1 059(10)1 063(60),1 064(10),1 065(10)	0.8	BNC	GPS/GLONASS

目前,IGS 的 ESA 和 GFZ 等 10 个分析中心已经可以实时播发精密的轨道和钟差改正,并且各分析中心对其发布的产品进行了精度的评定,结果表明:卫星钟差的精度为 0.2~0.8 ns(MacLeod K and Caissy M,2010)。同时,为了分析不同类型卫星钟的实时钟差改正数精度差异和钟差改正数随时间变化质量的衰减情况,T. Hadas 和 J. Bosy(2015)基于一周的实时改正数进行了详细的分析研究。此外,国内研究人员也对该产品的精度进行了评定,尹倩倩等(2012)选取了四个分析中心的数据对 IGS RTS 轨道和钟差进行了分析,结果表明钟差的精度能达到亚纳秒级;王胜利等(2013)使用德国联邦测绘局提供的实时数据流进行了精密单点定位实验,结果表明实时卫星钟差产品的平均精度能达到 0.2 纳秒以内。赵爽等(2019)通过接收法国空间研究中心播发的数据流分析了实时轨道与钟差的完整性及其在实时精密单点定位中的定位性能。然而,对于 IGS RTS 卫星钟差产品质量评定的研究依然较少,进行更多的该类钟差产品的质量评定和分析,有利于实时精密单点定位更为广泛的应用,并且能够丰富已有的质量评定成果。

1.3.4　GNSS 星载原子钟性能评估分析现状

星载原子钟性能的评估与分析在系统完好性监测(唐升等,2013)、系统性能评估(李作虎,2012)及卫星钟差确定(Ge et al,2012)与预报(唐桂芬等,2015;王宇谱等,2016)等方面具有重要的作用。因此,近年来针对 GNSS 星载原子钟性能的评估和分析展开了大量的研究。

国际上,Senior 等(2008)通过对 GPS 卫星钟稳定性的分析,研究了 GPS 星载原子钟的周期性变化特点,为 GPS 卫星钟更加准确的建模提供了一些有益的结论。Steigenberger 等(2013)采用修正 Allan 方差计算和分析了 BDS 的

IGSO 和 GEO 星载原子钟的稳定性。Hauschild 等(2013)分别采用多项式拟合与 Kalman 滤波的方法,以 Allan 方差作为指标参数,分析了目前在轨 GNSS 卫星钟的短期频率稳定性,同时讨论了原子钟类型的差异对 PPP 结果的影响。Han 等(2013)分析了北斗卫星钟的时间模型,并且基于无线电双向时间传递确定的卫星钟差数据评估了在轨北斗卫星钟的频率稳定性。Huang 等(2013)利用 IGS 十年的精密钟差数据分析了 GPS 卫星钟特性的长期变化规律,同时对比了不同类型星载钟在稳定度、模型噪声等方面的联系与差异,并且给出了频率稳定度与钟差模型噪声之间的关系式。Griggs 等(2014)对 GPS 和 GLONASS 的星载原子钟在较短时间尺度内的特性进行了分析和对比,结果表明 GLONASS 卫星钟的稳定性比 GPS 系统的差,并且在应用 GLONASS 卫星的高频载波相位数据时,需要结合卫星钟的稳定性剔除隐藏于其中的原子钟频标误差。Chen 等(2015)采用星载原子钟的最大钟差、钟速及钟漂值对北斗二代卫星钟进行了评估,且与 GPS 系统进行了对比,结果表明两种系统的星载原子钟性能相当。Huang 等(2018)采用 2014—2017 年 MGEX 提供的卫星钟差数据对 Galileo 在轨星载原子钟的性能进行了分析。Wu 等(2018)分析了北斗三号试验卫星上搭载的被动型氢钟的性能。Wang 等(2019)基于北斗的双向时间比对钟差数据对北斗二号卫星钟和北斗试验卫星星载原子钟的性能进行了评估。Wang 等(2021)对 BDS‐3 MEO 卫星星载原子钟性能进行了评估并与 BDS‐2 及 GPS Ⅲ 卫星星载原子钟性能进行了对比分析,证明了 BDS‐3 的星载原子钟具有较好的性能。

国内方面,郭海荣(2006)系统地研究了原子钟时频域稳定性分析方法,并对 GPS 的原子钟性能进行了评估。贾小林等(2010)给出了频率准确度、稳定度、漂移率的定义和计算方法,并基于 3 个月左右的卫星钟差数据对 GPS 星载原子钟的多个性能指标进行了分析。杨洋等(2012)结合对 GPS 卫星钟频率稳定性的计算讨论了表征稳定度的 Allan 方差、重叠 Allan 方差、Hadamard 方差及重叠 Hadamard 方差的特点。白锐锋等(2012)基于 15 天的数据采用多项式拟合、Allan 方差、Hadamard 方差等方法对 1 颗 GPS BLOCK‐ⅡF 型卫星的星载原子钟性能进行了分析。胡志刚(2013)在评估北斗导航卫星系统的性能中将其卫星钟性能的评估作为一项重要的指标,采用重叠 Allan 方差对北斗在轨原子钟的稳定性进行了评估。高为广等(2014)介绍了评估在轨星钟性能的频率准确度、稳定度和漂移率的计算方法,并采用 3 个月的北斗卫星钟差数据对 BDS 星载原子钟对应的性能指标进行了计算和分析。罗璠等(2014)使用近 1 个月的钟差数据对 4 颗 BDS 星载原子钟的稳定性和噪声类型进行了分析。余杭(2015)使用 300 多天的 BDS 卫星钟差数据分析了 BDS 星载原子钟的相位、频率、频漂等指标的变化规律。周佩元等(2015a)基于近 1 年的钟差数据分析了 BDS 卫星钟差数据的周期特性。张清华等(2015)基于 8 周的钟差数据根据准确度、漂移率和稳定度 3 个性能指标对 BDS 与 GPS/GLONASS 星载原子钟的性能进行了比较分析。陈金平等(2016)利用十几天的星地双向卫星钟差测量数据,评估了新一代 BDS 试验星上的新型高精度铷钟和被动型氢钟的性能,结果表明新型钟较 BDS 前期卫星钟的钟差预报精度有了较大的提高。毛亚等(2018)采用国际 GNSS 监测评估系统(iGMAS)的北斗三号试验卫星精密钟差数据对卫星钟的性能进行了分析。王阳等(2019)基于 BDS-2 星载主钟某些时段测量的星地无线电双向时间比对钟差数据对在轨卫星钟性能进行了评估分析并得到了一些新结论。程梦飞等(2020)从钟差数据质量、频率准确度、频率漂移率和频率稳定度等方面对包括 4 颗备份卫星在内的所有 BDS-2 在轨卫星原子钟的性能进行了评估,证明了 BDS-2 运行末期卫星钟性能各项指标依然符合设计要求。王宇谱等(2022)提出一种数据缺失条件下的卫星钟频率稳定度计算策略并基于所提策略对 BDS-3 卫星钟频率稳定性进行了评估和分析。

但是,从已有的关于星载原子钟性能分析的研究成果来看,目前对卫星钟性能的分析与评估大多集中在某一特性方面,并未形成较为全面的星载原子钟性能评估体系;此外,已有的研究主要是基于几天到几十天的数据对星载原子钟进行较短时间的评估和分析,较长时间段性能评估和分析的相关研究还比较少;同时,已有成果中大多是针对 GPS、GLONASS 和 Galileo 星载原子钟展开的,对于 BDS 星载原子钟和 GPS 新型 BLOCK IIF 卫星钟的性能评估和分析的研究仍相对有限。因此,基于较长时间段的钟差数据,较为全面地评估和分析 GPS BLOCK IIF 与 BDS 星载原子钟的长期性能是需要进一步研究的问题。

1.3.5 GNSS 卫星钟差建模预报的发展与现状

钟差是指同一时刻两台钟的钟面时之差(韩春好等,2009)。而在 GNSS 中,将地面运控系统测得的星载原子钟钟面时与卫星导航系统的系统时之间的差值称为卫星钟差(刘基余,2008;孙启松和王宇谱,2016;Wang et al,2016)。卫星钟差的建模和预报研究在 GNSS 中具有重要的作用:导航电文播报卫星钟运行参数以满足实时导航定位需要,研究钟差模型及其预报有利于提高参数预报的可靠性和准确性(Levine,2008);当卫星在空间轨道飞行时,在地面监控站观测不到的弧段内,卫星钟跟系统时间之间的同步要由卫星钟自己来维持,这就需要根据星载原子钟的性能建立准确的钟差预报模型(刘利,2004;郭海荣,2006);卫星自主导航需要地面预报一段时间的钟差作为其先验信息(崔先强,2005;席超等,2014);在实时精密单点定位应用中需要采用钟差预报结果参与计算来实现高精度定位(Heo et al,2010;Huang et al,2014)。因此,近年来国内外学者针对卫星钟差建模和预报进行了大量的研究。

国际上,Allan 等(1994)在基于统计理论推导五种常见噪声情况下钟差最优估值的基础上,给出了相应预报值的不确定度及其渐进趋势。Ferre-Pikal 等(1997)提供了一种顾及原子钟频率稳定度结果的钟差预报近似公式。Stein 等(1990)和 Howe(2000)通过时间序列模型研究了原子钟时间预报特性。Epstein 等(2003)用 Kalman 滤波对 GPS 星座卫星进行状态参数预报,铷钟的预报结果表明:预报时间在 6 小时以内时,预报精度为几纳秒;当预报时间较长时预报精度较低。Bernier(2004)基于标准化二次差分预报算法分析了氢钟的预报特性。Vernotte 等(2006)推导了原子钟一阶、二阶多项式在噪声条件下的外推误差方差,同时提供了相应的置信度。Panfilo 和 Tavella(2008)建立了包括确定性模型和随机性模型的钟差预报数学模型,并对 Galileo 系统的卫星钟差进行了预报分析。Senior 等(2008)通过对一天内的 5 分钟采样间隔和 30 秒采样间隔的 IGS 钟差产品进行分析,得出了卫星钟所具有的随机幂律特性,并根据该特性评估了钟差预报误差的特点。Heo 等(2010)通过增加周期项来消除钟差周期性的影响并根据相空间延迟坐标重构理论建立了一种相对可靠的动态钟差预报系统,实现了一天内钟差亚纳秒级的预报精度。Davis 等(2012)提出了一种基于改进钟差确定性部分和随机部分的 Kalman 滤波钟差预报方法,使用 IGS 快速钟差产品进行建模,验证了该方法能够取得较好的钟差预报结果。Xu 等(2013)提出了一种基于多项式和泛函网络相结合的钟差预报方法,并证明了该方法能够实时有效地拟合和预报钟差。Huang 等(2014)在钟差多项式模型的基础上通过引入时间因子观测权、增加显著周期项以及修正起点预报偏差等策略取得了优于 IGU‐P 钟差产品的结果。Zhou 等(2016)对 GPS 和 BDS 卫星钟差的周期特点、数据时长对钟差预报结果的影响等进行了分析,并基于此优化了 ARIMA 模型的模式识别原则和模型定阶准则,建立了基于改进 ARIMA 模型的卫星钟差预报方法,取得了较好的预报效果。LYU 等(2017)在分析钟差周期特性的基础上改进钟差预报的多项式模型,建立了一种卫星钟差短期高精度预报方法,满足了实时高精度精密单点定位对卫星钟差预报的需求。Strandjord 和 Axelrad(2018)在对 GPS 卫星星载原子钟时变特性分析的基础上,提出一种能够改善钟差天跳变影响的 GPS 卫星钟差预报模型,取得了较好的预报效果。Han(2020)在分析 BDS-2 卫星钟差分形特性的基础上提出一种二次多项式附加周期模型和分形插值模型的卫星钟差预报模型,其预报结果的精度优于 iGMAS 超快速预报钟差的精度。Huang 等(2021)基于长短期记忆(LSTM)神经网络建立了一种能准确表达卫星钟差非线性特性的钟差预报模型,得到了较高精度的卫星钟差预报结果。Zhang(2022)采用时间序列 ARMA 模型和贝叶斯统计理论,在探测并处理卫星钟差数据序列中的异常值基础上,设计了一种高精度的卫星钟差预报方法,取得了较好的预报效果。

在国内,崔先强等人(2005)将灰色模型用于钟差预报,在钟差的长期预报中取得了比二次多项式模型更好的预报效果。郭海荣(2006)给出了适用于铷钟预报的 Kalman 滤波方程。朱祥维等(2008)分析了 Kalman 滤波算法用于卫星钟差预报时的性能和适用条件,得出在短期预报中一般采用 Kalman 滤波算法的结论。郑作亚等(2008)分析了灰色模型的指数系数与预报精度的关系,并且对不同类型卫星的钟差与模型系数间的关系进行了总结。李玮等(2009)将灰色模型用于 IGS 超快速钟差的短期预报中,取得了与超快速预报钟差精度相当的结果。郭承军和滕云龙(2010)提出了一种基于小波分析和神经网络的 4 阶段混合模型,实现了卫星钟差的较高精度预报。黄观文等(2011)建立了一种基于开窗分类因子抗差自适应序贯平差的钟差预报算法,实验结果表明该算法在钟差的拟合及预报中通过降低数据中异常值的影响来提高精度。王继刚等(2012)给出了一种能够综合多种 Kalman 滤波模型特性的线性加权组合钟差预报模型,该模型能够提高钟差预报结果的准确性和可靠性。张杰等(2013)建立了一种二次多项式附加周期项的钟差预报模型,并且证明了该模型具有较好的预报精度。雷雨等(2014b)提出了一种基于小波变换和最小二乘支持向量机的卫星钟差预报方法。李志强等(2014)设计了一种最小二乘支持向量回归和遗传算法相结合的卫星钟差预报方法,其整体预报精度优于常规预报方法。席超等(2014)等将自回归滑动平均模型(ARMA 模型)引入卫星钟差长期预报中,根据不同卫星钟差的变化特性进行模式识别、建模和预报,有效地提高了卫星钟差的长期预报精度。王国成等(2014)利用径向基函数神经网络对 GPS 卫星钟差进行预报,证明了所提模型在钟差预报中的可靠性。梁月吉等

(2015)提出一种基于一次差的灰色 GM(1,1)钟差预报方法,该方法的预报精度较传统的灰色模型有了显著提高。林旭和罗志才(2015)提出了一种新的卫星钟差 Kalman 滤波噪声协方差估计方法,钟差参数估计和预报结果表明所提方法是正确有效的。周佩元等(2015a)对多星定轨条件下的北斗卫星钟差数据进行了周期项提取,利用周期项改进后的钟差模型评估了北斗卫星钟差 24 小时以内的预报精度。任超等(2016)设计了一种基于集合经验模态分解、样本熵和灰色支持向量机相结合的卫星钟差预报方法,实验结果表明该方法具有较高预报精度且对于长时间的钟差预报也能保证较好的预报效果。蔡成林等(2016)给出了一种 GPS IIR - M 型卫星超快星历钟差预报的高精度修正方法,其 6 小时的预报精度优于 IGU - P 钟差产品的精度。王甫红等(2016)提出了一种基于钟差变化率拟合建模的钟差预报方法,其预报精度高于常规的基于钟差拟合的预报方法,并且其预报结果优于 IGU - P 钟。王宇谱等(2017)采用精密钟差数据通过线性模型、二次多项式模型、灰色模型和 Kalman 滤波模型对 BDS 卫星钟差短期预报效果进行比较和分析,总结了不同类型卫星的钟差预报性能和利用各模型进行 BDS 卫星钟差预报的相关特性。李成龙等(2018)在传统灰色系统预报模型的基础上提出了一种自适应双子群改进粒子群算法和灰色系统相结合的卫星钟差预报模型,提高了卫星钟差短期预报的精度和稳定性。于烨等(2019)提出了一种基于冯德拉克滤波一次差的修正指数曲线法模型的卫星钟差中长期预报方法,提高了卫星钟差中长期预报的精度。王旭等(2020)结合钟差数据的特点提出了一种基于变化率的 T - S 模糊神经网络卫星钟差预报模型,实现了卫星钟差较高精度的预报。黄博华等(2021)以钟差一次差分数据为研究对象,在分析一次差分数据结构的图形化分布模式和提取一次差分数据趋势性和周期性特征的基础上,设计了一种包含趋势项、周期项和随机项的全要素钟差预报模型,提高了钟差预报的精度。程佳慧等(2022)提出了基于灰色模型和一阶差分修正指数曲线法的组合预报模型,较好地解决了单一钟差预报模型在建模数据量较少时中长期预报精度不足的问题。

　　对已有的卫星钟差预报模型进行总结,主要包括:以线性模型和二次多项式模型为代表的多项式模型(Senior et al,2008;Strandjord et al,2018)、灰色系统模型(崔先强等,2005;于烨等,2018)、附有周期项的多项式模型(也称为谱分析模型)(Huang et al,2014)、时间序列模型(席超等,2014;陈演羽等,2018)、Kalman 滤波模型(Davis et al,2012;林旭和罗志才,2015)、小波神经网络模型(Wang et al,2017)、径向基函数神经网络模型(王国成等,2014)、支持向量机预报模型(雷雨等,2014)、综合多种单一模型的组合预报模型(Wang et al, 2011;黄观文等,2018;Lu et al,2018)以及所述模型中的部分改进模型等(Heo et al,2010;Lv et al,2017;Liu et al,2018)。已有的卫星钟差模型和预报方法在具体应用中各有其特点,并且在一定条件下均能较好地表征星载原子钟的实际运行过程及其钟差变化情况,得到比较满意的卫星钟差预报结果。但是,由于星载原子钟自身复杂的时频特征和易受外界环境影响的特点,现有卫星钟差模型及其钟差预报在实际中仍存在不足。例如,二次多项式模型预报钟差时,其预报误差会随着预报时间的增加而显著变大;灰色系统模型的预报精度受模型指数系数影响较大,谱分析模型的周期函数要根据较长的钟差序列才能可靠确定;时间序列模型存在模式识别和模型定阶的困难;Kalman 滤波的优劣取决于对原子钟运行特性和随机先验信息等的认知程度;小波神经网络模型网络拓扑结构的确定比较困难;径向基函数神经网络模型预报中对应的样本长度、样本量以及样本之间间隔的确定缺少理论依据;支持向量机预报模型的核函数参数选择对预报效果影响较大且最佳参数不易确定;组合预报模型的最佳组合权确定比较困难等。此外,已有的钟差建模与预报主要是对模型本身的研究,关于钟差数据的建模方式与建模策略等对钟差预报结果影响的研究还有待深入。所以,在接下来的研究中,一方面要进一步分析星载原子钟的特性及其钟差数据的特点,建立能够更好地反映卫星钟差特性的模型,从而提高卫星钟差预报的性能;另一方面要突破常规的钟差拟合预报思路,通过改变钟差数据及其建模策略来建立一套新的卫星钟差预报体系。

1.3.6 GNSS 时间传递的发展与现状

Allan 和 Weiss 在 1980 年首次提出利用 GPS 共视技术进行时间传递的方法,开创了利用 GNSS 进行远程时间传递的先河(王继刚,2010);之后 GPS 共视时间传递迅速取代罗兰-C 成为最主要的时间传递方法之一。1985 年,GPS 共视正式被用于远距离时间传递,参与国际原子时的计算(杨帆,2013)。然而共视时间传递要求两测站同时观测同一颗卫星,并需要在站间建立数据传输链路,操作方式不够灵活,且时间传递精度还会随测站间距离的增加而迅速降低,当两站间距离超过 1 000 km 时,时间传递精度将会超过 5 ns。因此,Jiang 和 Petit 提出了 GPS 全视时间传递技术(Jiang and Petit,2004),Gotoh 在 2005 年国际时频大会上对 GPS 全视用于时间传递的可行性进行了验证(Gotoh,2005),获得了比共视时间传递更高的精度。2006 年 9 月国际时间频率咨询委员会(CCTF)正式决定采用 GPS 全视代替 GPS 共视进行国际原子时的计算。

　　然而共视技术和全视技术都是采用伪距观测量,时间传递精度较差,而载波相位观测量的精度比伪距观测量高出近两个数量级。因此,为进一步提高时间传递的精度,许多学者开始研究 GNSS 载波相位时间传递技术。实际上早在 1990 年,Schildknecht 等就提出了利用 GPS 伪距和载波相位组合观测量进行时间传递的设想,Baeriswy 在 1995 年验证了这一设想(李滚,2007)。随着 PPP 技术的提出(Zumberge,1997),国内外众多学者将 PPP 技术应用于时间传递领域,取得了诸多研究成果(Dach et al,2002;Ray and Senior,2005;Delporte et al,2007;陈宪冬,2008;Cerretto et al,2009;Jiang and Petit,2009;张小红等,2009,2010;Hackman et al,2011;Defraigne et al,2015;Yao Jian,2014;Petit et al,2015)。IGS 和 BIPM 在 1998 年 3 月成立专门的组织开展一项实验,旨在研究利用 GPS 载波相位和伪距组合观测量进行高精度时间传递(Ray and Senior,2003)。随着 IGS 事后卫星精密轨道和钟差产品精度的提高,尤其是 2004 年 IGST(IGS time scale)的正式运行,大大提高了 GPS 载波相位时间传递的精度。Ray 和 Senior 在 2005 年对 GPS 载波相位时间传递技术进行了深入的研究,并采用大量数据进行实验,结果表明,GPS 载波相位时间传递精度可达 0.1 ns(Ray and Senior,2005)。Defraigne 等在 2007 得到了利用 GLONASS 进行时间传递的初步成果,并在 2013 年研究了 GPS/GLONASS 组合载波相位时间传递算法,通过增加 GLONASS 观测量,提高了 GPS 的时间传递性能(Defraigne et al,2007;Defraigne et al,2013)。

　　国际上,加拿大自然资源部开发了相应的软件 CSRS - PPP,并被 BIPM 采用用于国际原子时的试算,该软件提供在线免费服务,类似的可用于 GPS 载波相位时间传递的软件还有美国喷气推进实验室的 GIPSY、比利时皇家天文台的 Atomium 等。Petit 和 Jiang 利用 PPP 技术进行了国际原子时的比对计算,并指出 PPP 结果的短期稳定度优于 TWSTFT(Petit and Jiang,2007)。CCTF 在 2006 年建议采用 GPS 载波相位时间传递技术进行国际原子时的计算试验,BIPM 通过 PPP 链路试算国际原子时,并将试算结果每月公布在 FTP 网络服务器上。为响应国际时间频率咨询委员会的建议,BIPM 在 2008 年 1 月提出了 TAIPPP 试验计划,即依据 PPP 时间传递结果计算国际原子时,同年获得了全球 21 个时间实验室的观测量(Petit,2009)。

　　为了进一步提高时间传递的精度,Delporte 等还利用固定模糊度的载波相位时间传递技术进行时间传递,并与 TWSTFT 技术结果相比较,取得了较好的结果(Delporte et al，2007)。Defraigne 等还对传统的载波相位和伪距组合 PPP 与仅用载波相位的 PPP 时间传递方法进行了对比分析,指出仅使用载波相位的 PPP 时间传递方法的精度和稳定性更高(Defraigne et al，2007)。Lejba 等采用 PPP 方法对短距离时间链路和长距离时间比对链路的时间传递性能进行了分析,得到了优于 GPS 共视和 TWSTFT 的效果(Lejba,2013)。Petit 等通过固定 PPP 模糊度获得了稳定度为 $1×10^{-16}$ 的时频传递结果(Petit et al,2015)。Defraigne 等还利用实时 IGS 产品和加拿大自然资源部超快速产品对近实时 PPP 时间传递性能进行了分析(Defraigne et al，2015)。对于 PPP 时间传递中存在的天跳变现象,Bruyninx 等采用多天弧段解来提高时间传递的连续性并降低天跳变的大小(Bruyninx et al，1999)。Defraigne 和 Bruyninx 研究指出了天跳变现象与测距码噪声之间存在相关性(Defraigne and Bruyninx,2007)。Guyennon 等则利用多天数据的连续 PPP 算法来平滑天跳变现象,进而提高 PPP 时间传递的稳定性和精度(Guyennon et al，2009;Dach et al，2005,2006)。Yao 提出了一种基于观测数据平滑移动的天跳变处理算法(Yao，2014)。Petit 和 Defraigne 对该算法进行了进一步的实验分析(Petit and Defraigne，2016)。Yao 等还对 GPS 信号干扰对时间传递结果的影响进行了研究分析(Yao et al，2016)。

与国外相比,国内对 GNSS 载波相位时间传递的研究相对滞后。聂桂根指出,利用 GNSS 载波相位技术进行短时间的时间比对是可行的,利用载波相位技术进行单站授时的理论精度可达 0.1 ns(聂桂根,2002)。广伟等对 GPS PPP 时间传递技术进行研究,证明了 PPP 时间传递方法,较经典的共视和全视方法有较大的改进(广伟,2012)。李滚对 GNSS 载波相位时间传递的基本原理、数据处理方法进行了详细的研究,得到的时间稳定度优于 0.1 ns/d(李滚,2007)。张小红等利用载波相位平滑伪距算法对进行单站授时解算,获得了纳秒级的单站授时精度,还利用伪距和载波相位消电离层组合 PPP 的方法获得了 0.1~0.2 ns 的时间传递精度(张小红等,2009,2010)。王继刚利用 PPP 方法对不同距离的时间比对性能进行了分析,并对时间传递结果的平滑算法进行了研究,取得了一些成果(王继刚,2010)。闫伟等对比分析了非组合 PPP 和传统消电离层组合 PPP 用于精密授时的性能,得出了非组合 PPP 授时性能优于传统 PPP 的结论(闫伟等,2011)。雷雨对 GPS 载波相位时间传递数据处理方法进行了研究,得到了亚纳秒级的精度(雷雨,2010)。李红涛分析了利用 GLONASS 进行单站授时的可行性,并提出了基于先验信息约束的改进精密授时算法(李红涛,2012)。陈宪冬利用 GNSS 载波相位技术对时间传递接收机的精密时间传递进行了研究,并针对时间传递的边界不连续现象,提出了一种基于参数继承的连续载波相位时间传递方法,取得了较好的效果(陈宪冬,2008)。黄观文针对"天跳变"现象,提出了一种基于参数先验贝叶斯估计的连续载波相位时间传递算法,新方法相比单天 PPP 法具有更好的连续性和更高的稳定性;同时还提出了基于站间单差的连续载波相位时间传递算法,能够提高时间传递的性能(黄观文,2012)。殷龙龙开发了基于 GPS PPP 的在线时间传递系统,分析了 IGS 超快速、快速以及事后精密轨道和钟差产品对在线 PPP时间比对的影响(殷龙龙,2015)。陈俊平等还对基于 GNSS 观测网络的时间传递方法进行了研究,对比分析了采用不同精密产品和解算方式进行时间传递的效果(Chen et al,2016)。宋超等研究了基于精密单点定位的深空站站间传递同步技术,可以得到 0.1 ns 的站间时间同步精度(宋超等,2016)。张涛还对短距离、中距离及长距离时间比对链路的 GNSS 载波相位时间传递结果进行了分析(张涛,2016)。Cui 等对 BDS 载波相位时间传递进行了初步的研究,但精度相对较差(Cui et al,2015);Guang 等得到了 BDS 载波相位时间传递精度优于共视时间传递的结论(Guang et al,2014);郭美军等对比分析了 BDS 和GPS 载波相位时间传递的性能,得出两者时间传递精度相当的结论(郭美军等,2016)。Ge 等使用 BNC 软件通过互联网接收 IGS 分析中心播发的多系统实时卫星轨道和钟差产品,并将其用于多系统 GNSS 授时/时间传递,利用 IGS实时产品可以实现高精度的实时时间传递(Ge et al,2019)。施闯等在 PPP 时间传递技术的基础上,结合实时卫星钟差估计、接收机时钟调控及硬件延迟标校技术,建立了基于北斗卫星导航系统的广域高精度时间服务系统,试验结果表明,单天授时精度优于 1ns(施闯等,2020)。葛玉龙围绕多频多系统精密单点定位时间传递方法,结果表明多系统时间传递结果优于单 GPS 系统(葛玉龙,2020)。吕大千系统研究了基于精密单点定位的 GNSS 时间同步方法,并进行了工程实现(吕大千,2020)。

从上述研究成果来看,目前针对 GNSS 载波相位时间传递的研究主要集中在利用 GPS 和 GLONASS 进行时间传递。且 GNSS 载波相位时间传递技术在我国时间传递领域的应用并不十分成熟,还存在许多理论与实际问题有待进一步的研究。如 PPP 需要依赖 IGS 事后精密产品,实时应用受到很大限制;PPP 还存在收敛问题和时间传递结果不连续的问题,PPP 需要一定的收敛时间才能达到较高的精度,时间传递序列也会经常发生跳变。若能有效解决这些问题,将能极大地推动 GNSS 载波相位时间传递技术的应用。同时在军队、国家安全领域,单独并长期依赖 GPS 或 GLONASS 进行时间传递,将存在巨大安全威胁,因此,研究 GNSS 多系统融合时间传递具有十分重要的军事和国防意义。

第 2 章

原子钟技术原理

原子钟是产生和输出钟差的源头和载体，因此 GNSS 钟差分析和应用的前提和基础是对原子钟技术原理的理解和掌握。本章以氢原子钟为具体讨论对象，主要从原子频标的基本工作原理、原子钟的基本结构与组成、原子钟的信号输出、原子钟频率的影响因素、原子钟的几项关键技术、原子钟钟差数据特点等方面系统介绍原子钟的技术原理。

2.1 原子钟的基本工作原理

原子钟是指那种能连续工作、能进行周期计数积累、能给出时间信号和时刻数据的原子频率标准（量子频标），有时原子频标也被称为"原子钟"。这种频率标准利用原子或分子内部电子运动极其稳定的周期作为时间单位。电子运动能吸收或发射相应的电磁波，其频率 ν_0（即周期的倒数）为两个原子跃迁能级的能量差除以普朗克常量 h，即 $\nu_0 = (E_1 - E_2)/h$。目前原子钟主要是用原子基态的电子与原子核磁偶极矩相互作用的自旋运动（原子光谱的超精细结构跃迁）周期来做标准时间单位。国际上时间单位秒长就定义为无干扰的铯-133 原子基态超精细跃迁的 9 192 631 770 个电磁振荡周期（即 ^{133}Cs 原子这个跃迁的频率是 9 192 631 770 Hz）。原子频标（原子钟）就是利用原子跃迁频率信号作为标准频率信号的装置。图 2.1 给出了氢原子频标的工作原理示意图。

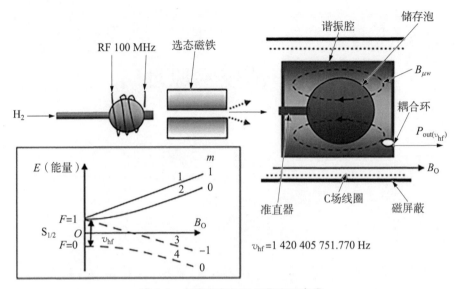

图 2.1　氢原子频标工作原理示意图

2.2　原子钟的基本结构与组成

图 2.2 给出了氢原子频标的物理结构。其中,氢源由高纯氢气瓶提供,通过一个镍提纯器纯化处理后进入电离泡,在电离源的作用下将电离泡中输入的氢分子电离成氢原子。电离泡口安置有原子束准直器,使氢原子以原子束形式通过小孔泻流出来,进入选态磁场。由四极或六极磁铁组成的选态磁铁磁隙直径约为 $3\sim5\,\mathrm{mm}$,磁场强度为 $0.7\sim1\,\mathrm{T}$。四极或六极磁铁不同的长度设计使得大部分上能级原子都能被聚焦进入储存泡。储存泡用很薄的熔融石英制成且内壁涂覆银层,放置在谐振腔中。谐振腔外绕制塞曼线圈,塞曼线圈的磁场强度远小于选态磁铁的强度,仅约为 $100\,\mu\mathrm{G}$ 数量级。由于磁场很小,所以对磁屏蔽要求很高,一般采用 $4\sim5$ 层坡莫合金制成的屏蔽。下面详细介绍各组成部分的相关内容。

2.2.1　氢源

氢气在自然界是以氢分子(H_2)的形态存在的。可以通过电离让电子自由碰撞或者在高温下让分子相互碰撞,离解氢分子成为两个独立的氢原子,大约

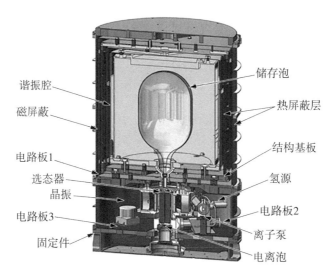

谐振腔

磁屏蔽

电路板1

选态器

晶振

电路板3

固定件

储存泡

热屏蔽层

结构基板

氢源

电路板2

离子泵

电离泡

图 2.2　氢原子频标物理结构图

需要 4.4 eV 的能量打断氢键。

高温方法在设计中相对容易,电离效率可预测。在给定温度下的热平衡状态,气体分子动能(与热运动速度相关)分布服从麦克斯韦-玻尔兹曼方程,表达式为

$$\frac{\mathrm{d}N}{N} = \frac{2}{\sqrt{\pi}} \frac{1}{kT} \sqrt{\frac{E}{kT}} \exp{-\frac{E}{kT}} \mathrm{d}E \tag{2.1}$$

式中:$\mathrm{d}N/N$ 为单位能量间隔 $\mathrm{d}E$ 内的分子能量变化率;E 为中心能量;T 为绝对温度;玻尔兹曼常数 $k = 1.38 \times 10^{-23}$ J/K。当 $E = kT/2$ 时曲线达到峰值,随着温度继续升高,能量也同步增加。但是氢分子的离解不仅与温度相关,还要考虑氢分子的离解与氢原子重新组合的相对比率,以及供给的氢气流量等方面的因素。

通过电离方法产生氢原子的历史,可追溯到 1920 年,R. W. Wood 专门设计了一种放电管,后来命名为 Wood 管,系统主要包含一根窄长的玻璃管,管内两端安装金属电极,通入低压氢气流,电极间施加一定的直流电压,产生辉光放电。在电离过程中,电子具有更大的能量,可以通过碰撞使气体继续发生电离,碰撞的反应方程式为

$$\mathrm{H_2} + \mathrm{e} \longrightarrow \mathrm{H} + \mathrm{H} + \mathrm{e} \tag{2.2}$$

电离产生的氢原子很容易在固体表面重新组合成氢分子,因此,电离泡内

表面需要专门抛光清洁处理,以降低原子重新组合的速率。电离线圈的绕制形状、安装方式以及功率耦合匹配对于电离状态的稳定运行是非常重要的,这些因素相互依赖,相互影响,最终决定了电离泡的内壁温度、泡内等离子体的电力特性等,任何一个参数的不合理,都可能导致氢原子钟的运行不稳定,使其性能指标变差。电离泡泡口安装准直器,准直器将电离泡中的粒子以分子泄流的方式输出,形成束流,从而减小其发散角,增大氢原子的利用率。准直器的孔径应小于氢原子平均自由程,可分为单孔和多孔准直器两种模式,其中单孔准直器孔径约 0.25 mm,高度为 2.5 mm;多孔准直器孔径为 0.012 mm,高度为 0.6 mm。从实际使用来看,多孔准直器性能更好。一般情况下,原子束源准直器的发散角要远远大于选态器的最大截获角,以至于原子的利用率非常低,不会超过 0.01%。同时也就意味着,氢原子钟需要配置高抽速的真空泵,抽走多余的氢原子或氢分子,以维持高真空的腔体环境。

2.2.2 选态器

磁选态器技术是由 Friedburg 和 W. Paul 提出的,主要目的就是分离量子态,选择具有能级 $F=1$ 的原子进入谐振腔,受激辐射 1.420 GHz 的原子钟跃迁频率。六极选态器的内磁场分布为 3 重轴对称性,在极坐标 r, θ 下,其磁场分量可表示为:

$$B_r = kr^2 \cos 3\theta; \ B_\theta = -kr^2 \sin 3\theta \tag{2.3}$$

对于给定的半径,当沿着角度 θ 旋转一周时,磁场分量将会周期性地变化三次,总磁场简化为 $B = kr^2$,仅与半径相关。原子在选态器内受到磁场的梯度力作用,其数值为 $\pm 2\mu_0(B_m/r_m^2)r$,正负号分别对应上能级和下能级原子。在磁场作用下,上能级 $F=1$, $mF=0$ 的氢原子会沿着轴线方向做简谐运动,受力大小与所处位置的半径成正比。同时,下能级的原子在磁场作用下,远离轴线中心,从束流中分离出去,由泵抽走。氢原子通过准直器后,流量每秒约为 10^{16} 个,但是经过选态器后,每秒仅有约 5×10^{12} 个上能级原子最终进入谐振腔,所占的比例很小。

2.2.3 储存泡

氢原子钟的另一个核心部件就是储存泡,它位于微波谐振腔内的中心部位,氢原子在储存泡内发生基态超精细能级跃迁,激发 1.420 GHz 的微波振荡。

1960 年，Goldenberg、Kleppner 和 Ramsey 发明了一种可用于氢原子工作的储存泡技术。储存泡技术是氢激射器发展的关键。为了降低腔内微波功率损耗，储存泡材料需要使用低差损的介电材料，一般为熔融石英。储存泡为球形，直径 17 cm 左右，并留有细长的泡口，使之对准选态器轴线方向，这也是原子束流的进出通道。同时储存泡内壁需要涂覆聚合物材料，它们都必须是长链化合物，化学上十分稳定，不含未配对电子，没有电偶极矩，极化率很小。目前公认聚四氟乙烯最适合。原子束进入内壁涂覆聚四氟乙烯的储存泡后，在泡内杂乱碰撞约 100 000 次而不会显著改变原子的能态，大概在泡中停留 1 s 的时间后再从入口逸出，原子与微波谐振腔的作用时间增加到 1 s，使跃迁谱线大为变窄。采用储存泡技术，大大压缩了氢原子钟跃迁频率的线宽，但也正是储存泡技术引入了原子与泡壁碰撞所带来的共振频移，这个因素已经成为频率准确度难以进一步提升的主要原因。

2.2.4　微波谐振腔

在氢脉泽的微波腔内，氢原子与谐振辐射场相互作用，实现自持振荡。对于目前采用的 TE_{011} 模式的谐振腔，腔的射频磁场方向与腔轴向平行，在中央处存在磁场极大值，与其他模式的腔相比，它有最大的 Q 值，但是 TE_{011} 腔体积较大。理论来说，对于 TE_{011} 腔，当腔的高度与直径相等时有最大的 Q 值，那么一般腔内径为 $275\sim278$ mm（$f=1.420405$ GHz，$\lambda=21$ cm）。腔材料的温度系数要很小，常用熔融石英或微晶玻璃制成，内壁涂覆银层。谐振腔频率大范围调节是由一端的活塞介质实现的；微调节则是由谐振腔中的变容二极管偏压引起的容抗变化来反映的。有时还需要对它采取温度补偿措施，或进行严格的温度控制。实际上谐振腔的无载 Q 值可以达到 $40\,000\sim60\,000$。谐振腔底部安装耦合环，以引出受激发射功率。

2.2.5　恒温系统

为保证氢原子钟的频率准确度和频率稳定度，原子钟相应部件，特别是谐振腔必须在一个稳定的温度环境中工作，为此需要设计精密温度控制系统。为了克服被控系统较大的热惯性及由于热传导所致的腔体温度波动和温度梯度大等因素的影响，可以采取二级温度控制模式。将真空钟罩分为底部、筒部和顶部三个单元，称为内炉恒温加热区，每个单元都有它自己独立的控温电阻 R_t、温度控制器和加热炉体。将屏蔽间套筒分为腰顶部分以及底部两个单元，称为外炉恒温加热区。目的就是使真空钟罩控温器有一个较小的环境温度波动,从而提高钟罩的控温精度。

2.2.6 塞曼线圈

由于磁场对于氢原子钟超精细能级 $(F=1, mF=0) \longrightarrow (F=0, mF=0)$ 间跃迁频率影响较小,因此氢原子钟可以作为频率标准。要使储存泡内的磁场影响降至最低,需要在氢脉泽运行时另外施加一个静磁场(即塞曼磁场),塞曼磁场必须满足两个条件:

塞曼磁场与微波场的磁场方向一致,平行于 TE_{011} 模微波腔的轴线方向。微波场相对于磁场轴的极化方向,作为原子的量子化轴,在保证 mF 不变的情况下完成能级跃迁。

原子在磁场中运动,可能会发生 Majorana 跃迁,电子跃迁到其他磁能极;又或者跃迁区域存在一定的磁场不均匀性,为了保证跃迁区域内不出现磁场反向现象,塞曼磁场强度需要远大于空间磁场波动量。

为了创造一个干净的磁跃迁环境,氢原子钟需要在微波腔外增加一套磁屏蔽系统,一般使用高磁导率的坡莫合金材料来制备,设计安装时也要保证屏蔽筒与微波腔同轴。塞曼线圈使用铁磁材料绕制,位于磁屏蔽筒内。根据 Breit-Rabi 公式,氢原子钟的实际跃迁频率为

$$\nu = \nu_0 + 2.761 \times 10^{11} B^2 - 2.68 \times 10^{13} B^4 + \cdots \tag{2.4}$$

当塞曼磁场为 mG 量级时,第三项以后可以忽略不计。塞曼磁场的磁感应强度的大小和均匀度(梯度)影响跃迁频率的准确度、信号的信噪比、振荡谱线的线宽,所以塞曼磁场的均匀度是决定量子鉴频器谱线质量的关键因素之一。

2.2.7 磁屏蔽

可以说,由于,氢原子钟的结构组成,对于磁铁的需求是多样化的,比如溅射离子泵、选态磁铁、塞曼磁场线圈。

溅射离子泵是一种清洁无油的超高真空泵,广泛应用于诸如原子能、核工业、粒子加速器、航空航天等众多现代尖端技术的超高真空领域中(郑主安,2020)。

溅射离子泵有以下优点:无油、无振动、无噪声;使用简单可靠、寿命长、可烘烤。在超高真空下保持较大的抽气速度,极限真空度高的(理论上可达到

$10^{-9} \sim 10^{-10}$ Pa)溅射离子泵主要由阳极、阴极、磁场和电源四大部分组成。其中阳极由多个不锈钢圆筒(或四方格、六方格)组成,放于两块由钛板组成的阴极之间,磁场方向与阴极板垂直,当阳极加上适当高压(对阴极为正电位)时,在阳极内产生放电,这种放电在气压低于 1 Pa 的情况下发生,通过放电可以将真空系统维持在较高的真空环境。氢原子钟采用的是 250 升/秒的二极型溅射离子泵组。

选态磁铁有四极和六极非均匀强磁铁两种结构,磁铁材料选择也有钐钴和钕铁硼两种模式。其中四极选态磁铁长度约为 75 mm,内孔径为 $1 \sim 1.6$ mm,场强约为 1 T。六极选态磁铁长度约为 $80 \sim 100$ mm,内孔径为 3 mm,场强约为 $0.7 \sim 1$ T。磁铁长度会随着所选择磁铁的材料不同而有所改变。

塞曼磁场线圈是绕制在谐振腔外部的小而均匀的直流磁场,它平行于谐振腔内的高频磁场,大小在 1 mGs 左右。

从以上的描述不难看出,氢原子钟内部涉及的磁场强度大可至 1 T(即10 000 Gs),小则大约只有 1 mGs 甚至 μGs 量级,为了保障每部分都能在不受外界干扰的情况下正常工作,就对高性能的磁屏蔽设计提出了很高的要求。目前采用多层坡莫合金材料制成屏蔽且层间隔在 15 mm 左右,能够有效消除地磁场和局部磁场的干扰。

2.3　原子钟的信号输出

氢脉泽的超精细能级跃迁频率在经过锁相环以及频率综合电路后,最终可输出 1 MHz、5 MHz 以及 1 PPS 脉冲等时间信号。理想状态下脉泽信号的输出只与氢原子本身的性质相关,但在实际应用中,脉泽的信号强度及相位还取决于氢原子束流通量、噪声以及弛豫过程等因素。本小节将着重讨论以上三种因素对脉泽输出信号的影响。

2.3.1　与束流相关的自持振荡阈值以及输出功率

如图 2.3 所示,当氢原子储存在谐振腔微波场的波腹区时,将会产生一个非常尖锐的无多普勒分量的超细共振线。它的宽度是由弛豫过程决定的,弛豫过程主要是由于有限的存储时间以及氢原子间的碰撞和原子与储存泡壁碰撞造成的。总横向弛豫时间 0.3 s 时,线宽约等于 1 Hz。

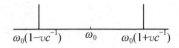

图 2.3 在一个驻波上运动速度为 v 的原子产生的频谱

为了得到振荡阈值处束流通量的数量级和状态选择原子受激发射所发出的功率的数量级，我们将采用一个简化模型，即忽略了密度依赖性自旋交换展宽，由此得到的密度矩阵对角元方程为

$$\rho_{11} - \rho_{22} = (\rho_{11}^e - \rho_{22}^e) \frac{1 + T_2^2(\omega - \omega_0)^2}{1 + T_2^2(\omega - \omega_0)^2 + S} \tag{2.5}$$

由于氢原子所考虑的能级是由高能到低能的第二和第四能级，所以将 $F = 1, mF = 0$ 能级记为 $|2\rangle$，将 $F = 0, mF = 0$ 能级记为 $|4\rangle$，上式变为

$$\rho_{22} - \rho_{44} = (\rho_{22}^e - \rho_{44}^e)/(1 + S) \tag{2.6}$$

其中，S 为饱和因子，定义为

$$S = T_1 T_2 b^2 \tag{2.7}$$

式中，b 为微波磁感应振幅，T_1 和 T_2 分别为纵向和横向弛豫时间。对于氢原子 $(1, 0) \rightarrow (0, 0)$ 跃迁，有

$$b = \mu_B B / \hbar \tag{2.8}$$

在式(2.6)中，$\rho_{22}^e - \rho_{44}^e$ 可以解释为在微波场不存在的情况下，即饱和因子 S 等于零时发生的稳态总体差。用 Prob 表示在微波场作用下发生跃迁的概率为

$$\text{Prob} = \frac{1}{2}\left(1 - \frac{\rho_{22} - \rho_{44}}{\rho_{22}^e - \rho_{44}^e}\right) \tag{2.9}$$

因此，原子束传递到腔微波场的功率 P 为

$$P = \phi \hbar \omega_0 S / 2(1 + S) \tag{2.10}$$

式中，ϕ 为进入腔体的束流通量，ω_0 为超精细跃迁的角频率。该方程基于状态选择的假设，即束流仅由 $(1, 0)$ 状态的原子组成。

氢原子在储存泡中随机运动，它们所经受的微波磁感应强度是在储存泡容积内的平均。因此相互作用哈密顿量的矩阵元素与磁感应强度成正比。假设

脉泽几乎不振荡,即 $S \ll 1$,式(2.10)变为

$$P = \phi_{th} \omega_0 T_1 T_2 \mu_B^2 \langle B_z \rangle_b^2 / 2\hbar \tag{2.11}$$

式中,ϕ_{th} 为振荡阈值处的束流通量,$\langle B \rangle$ 是微波磁感应在静磁场 z 方向上的投影幅值在储存泡内的平均值。传递到腔的功率维持了微波场,根据腔质量因子 Q_c 的定义,可得到

$$P = \omega_0 W / Q_c \tag{2.12}$$

W 是储存在微波腔中的能量,$W = V_c \langle B^2 \rangle_c / 2\mu_0$。

因此,在振荡阈值处的束流通量为

$$\phi_{th} = \hbar V_c / \mu_0 \mu_B^2 \eta Q_c T_1 T_2 \tag{2.13}$$

式中,η 为填充因子,用于表征原子介质和微波场之间的耦合程度,定义为

$$\eta = \langle B_z \rangle_b^2 / \langle B^2 \rangle_c \tag{2.14}$$

对于一个标准的氢脉泽,$V_C = 15\,\text{dm}^3$, $n = 2.5$, $Q_c = 3.5 \times 10^4$, $T_1 = T_2 = 0.3\,\text{s}$, 由此所得的自持振荡束流阈值为 $\phi_{th} = 2 \times 10^{12}\,\text{atom/s}$。依据运行时的束流通量与自持振荡束流阈值间的关系,氢脉泽运行时 $\phi > \phi_{th}$ 的为主动型氢脉泽,反之为被动型,且由式(2.12)可推得

$$P = \frac{1}{2} \hbar \omega_0 (\phi - \phi_{th}) \tag{2.15}$$

假设束流通量等于阈值的两倍,依据以上数据最终计算所得的主动型氢脉泽输出功率为 $P = 9 \times 10^{-13}\,\text{W}$, 在极好的信噪比下,可以观测到局域范围非常窄的脉泽振荡。

2.3.2　噪声影响

原子频率标准的输出信号可以用角频率 ω 和幅值 A 来表征。该信号来自原子微波跃迁,输出频率一般在 GHz 范围内。如果选择用正弦表示,可以把这个信号写成

$$s(t) = A \sin \omega t \tag{2.16}$$

然而,在实际应用中,这种纯粹的、理想的信号是不存在的。振幅 A 和相位 ωt 都可以随时间随机波动,其形式为

$$s(t) = A[1 + \varepsilon(t)] \sin[\omega t + \phi(t)] \tag{2.17}$$

式中,波动 $\varepsilon(t)$ 和 $\phi(t)$ 分别称为振幅噪声和相位噪声。$\phi(t)$ 的波动限制了频率标准的频率稳定性。对于氢脉泽,功率过大的噪声还将扰动主动脉泽振荡的产生,并在被动脉泽中被放大。

噪声的产生可能有以下几种机制。首先为热噪声,原子频率标准在给定的温度下工作,因此它们的信号首先可能包含与黑体辐射性质相同的热能或辐射。其次,可能来源于能级间的量子跃迁。原子跃迁既可以由微波场本身激发,也可以在没有任何施加的场的情况下自发地发生。在受激发射中,这种效应是共振的,原子所提供的能量以相干的方式增加到入射波中,这种相干性是激光和脉泽工作的基础,但对于自发辐射而言,其发生时为随机过程,光子的发射与入射波的存在与否无关。光子在随机时间出现,并随机添加到原始相干信号中,产生的此类噪声称为自发发射噪声。在微波范围内的原子频率标准如氢脉泽,热噪声是主要的噪声类型。

对于氢脉泽,谐振腔中的特定模式下的电磁辐射平均能量为

$$\bar{E}(\nu_l) = h\nu_l \left[\frac{1}{\exp(h\nu_l/kT) - 1} + \frac{1}{2} \right] \tag{2.18}$$

其中,ν_l 为与模态相关的频率。对于较大的腔,模态间隔较为紧密,可认为频率是连续分布的。如果我们取 L 为传播方向上的特征长度,那么 L/c 就是平均能量经过距离 L 所花费的时间,由此可得辐射所携带的平均功率为

$$P = \frac{\bar{E}(\nu_l)}{L/c} \tag{2.19}$$

对于一个较大的腔,频率可认为是连续的,因此式(2.19)可写为

$$P = h\nu \left[\frac{1}{\exp(h\nu/kT) - 1} + \frac{1}{2} \right] d\nu \tag{2.20}$$

P 即以特定模式传播的辐射功率,它是非相干的,也被称为热噪声功率。一般来说,将省略式(2.20)中后一项,因为它代表零点能量,不能通过直接实验得到。应该强调的是,在这种情况下,热噪声本质上是黑体辐射,它源于一个简单的事实,即所有物质在零度以上的温度都辐射热能。图 2.4 给出了一种热噪声功率变化关系曲线。

式(2.20)在低频下可写为

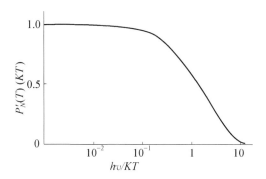

图 2.4　热噪声功率变化关系曲线

在 $T = 290\,\mathrm{K}$ 的条件下，$h\nu/kT = 1$ 对应的频率为 $4.2 \times 10^{12}\,\mathrm{Hz}$。

$$P_N(T) = kT\mathrm{d}\nu \tag{2.21}$$

这是热噪声功率在带宽 $\mathrm{d}\nu$ 中的标准公式，在 290 K 时噪声功率为 $4 \times 10^{-21}\,\mathrm{W/Hz}$ 或 $-174\,\mathrm{dBm}$。高频时热噪声可忽略不计，使热噪声功率减半的频率为

$$\nu = (kT/h)\ln 2 \tag{2.22}$$

当 $T = 290\,\mathrm{K}$ 时，$\nu = 4.19 \times 10^{12}\,\mathrm{Hz}$，这个频率非常高，因此式(2.21)适用于几乎所有的微波钟。

2.3.3　弛豫过程对信号强度的影响

由式(2.11)可得，氢脉泽的输出功率将随着氢原子束流通量的增大而增强，但另一方面，由于自旋交换碰撞，束流的增强必然导致辐射寿命缩短，这将加速弛豫过程，引起振荡阈值的上升，反之又使得输出功率减小。影响脉泽信号输出的弛豫过程主要为磁弛豫和自旋交换弛豫。磁弛豫是指当储存泡所处的恒定磁场空间分布不均匀时引起泡内激活原子的弛豫过程。由于泡内磁场不均匀，空间各点磁场强度不同，原子在无规运动中经历不同区域时，将感受一个交变磁场的作用。原子在交变磁场 z 分量的作用下可能发生 $\Delta mF = 0$ 的超精细能级跃迁，而交变磁场 x，y 方向分量则可激发原子的 $\Delta mF = \pm 1$ 的塞曼跃迁。这些跃迁的跃迁概率与不均匀磁场分量在跃迁频率上的频谱密度成正比。当磁场较大时磁弛豫跃迁概率可由下式给出

$$\frac{1}{T_{1m}} = \frac{1}{8\pi^2}\gamma_f^2 h^2 \frac{t_0}{1 + (\omega t_0/2)^4} \tag{2.23}$$

不仅如此,由于超精细能级跃迁频率与磁场强度相关,泡内磁场不均匀时原子的超精细跃迁频率也随着其所处空间的变化而变化。辐射原子在无规运动中经历不同区域,所发出的辐射在相位上经常变化,最后导致与腔内辐射场失去相干性。这种机制并不能引起能级跃迁,但可造成谱线增宽,它可用一个横向弛豫时间 T_{2m} 来描述。弱磁场中由于 0→0 跃迁对磁场不够敏感,T_{2m} 可达 10^6 s,这种弛豫作用对激活原子辐射寿命的影响可以忽略。但对 π 跃迁,这种机制的影响不容忽视。

自旋交换弛豫对氢脉泽的振荡及信号输出有着特殊的影响。自旋交换弛豫来源于氢原子之间的相互碰撞,当两个运动着的氢原子相互接近的距离到达 10^{-8} cm 数量级时,在所谓的交换力的作用下有很大概率发生自旋交换,这时将产生两种效应。一是由于电子自旋交换,使两个原子的超精细能级发生了变化,从而改变了粒子数分布,这是因为在交换电子自旋时,核自旋的分布是无规则的,而超精细能态取决于核自旋和电子自旋的耦合。这种过程最终将使能级粒子数遵从热平衡下的玻尔兹曼分布,因而可用弛豫时间 T_{1se} 来描述。自旋交换的第二种效应是使碰撞前与辐射场进行相互作用的原子在交换碰撞过程中与射频场失去相干性,从而使辐射相互作用中断,这相当于磁共振中的横向弛豫,可以用 T_{2se} 来表征失干时间。由此,对于一个自旋交换碰撞过程,可用两个弛豫时间 T_{1se} 和 T_{2se} 来描述,对于 T_{1se} 和 T_{2se},有

$$T_{1se} = -\frac{1}{2} T_{2se} = \frac{1}{\sqrt{2n\bar{\omega}\sigma_{ex}}} \tag{2.24}$$

式中,σ_{ex} 为电子交换碰撞截面,其值为 2.85×10^{-15} cm。由此可见自旋交换碰撞弛豫时间与泡内原子密度成反比,因而与原子束流强度成反比。

为简化问题,一般考虑两种基本的弛豫过程。对应的弛豫时间为

$$\left. \begin{aligned} \frac{1}{T_1} &= \frac{1}{T_1'} + \frac{1}{T_b} + \frac{1}{T_{1se}}, \\ \frac{1}{T_2} &= \frac{1}{T_2'} + \frac{1}{T_b} + \frac{1}{T_{2se}} \end{aligned} \right\} \tag{2.25}$$

式中 T_1' 和 T_2' 是除储存时间和自旋交换弛豫外的机制造成的弛豫时间。在此弛豫时间情形下,式(2.11)给出的脉泽的输出功率变为

$$P_e = \frac{1}{2} I_t \hbar \omega \frac{|2b|^2}{1/T_1 T_2 + |2b|^2 + (\omega - \omega_0)^2 T_2/T_1} \tag{2.26}$$

2.4　原子钟频率的影响因素

与铯束频率标准中的铯原子或铷频标一样,氢脉泽中的氢原子既不是静止的,也不是孤立的。因此测得的跃迁频率相对于未摄动的超精细跃迁频率将产生偏移。本节将给出这些频率偏移的主要来源,简要描述它们的测量和估计,并给出相关频率不确定度的典型值。在不同的频率偏移中,壁移的测量是最不准确的,本节将介绍为降低其值或降低其测量不确定度所作的各种尝试。

2.4.1　重力频移

当原子钟固定于地球表面附近时,无论它的性质是什么,它的频率取决于给定位置的引力势 U。当放在两个不同的点 1 和 2 时,时钟将显示一个分数频率差

$$\frac{\nu_2 - \nu_1}{\nu_1} = \frac{1}{c^2}(U_2 - U_1) \tag{2.27}$$

式中,c 为光速,这个效应称之为重力频移,也被称为引力红移,因为它第一次被观察到的是太阳光谱线向红色的移动。需要注意的是,当时钟的高度在地球表面附近增加时,它的频率会发生蓝移。选定大地水准面后,上式可变为

$$\frac{\nu_2 - \nu_1}{\nu_1} = g(h_2 - h_1)/c^2 \tag{2.28}$$

式中,h 是大地水准面上的高度,g 是重力加速度。因此,时钟的频率是其高度的递增函数,变化为 1.09×10^{-13} km。

2.4.2　多普勒频移

观测者相对于电磁波传播方向的运动会引起观测到的电磁辐射频率的变化。如果辐射源处于运动状态而观测者处于静止状态,情况也是如此。发射的辐射频率与源静止时发射的频率相比有所改变,这被称为多普勒效应。

在常温下,原子总是处在运动之中,这给原子与辐射场的相互作用过程带来了多普勒效应,设原子的运动速度为 ν,则频移值为

$$\delta\omega = -\frac{\nu}{c}\omega\cos\theta \qquad (2.29)$$

在考虑相对论效应以及能量和动量守恒方程后，可得

$$\omega = \omega_0 + k \cdot v_k - \frac{1}{2}\omega_0\frac{v_k^2}{c^2} - \frac{\hbar\,k^2}{2M} \qquad (2.30)$$

其中第二项为一阶多普勒效应，第三项为二阶多普勒效应，即

$$\frac{\Delta\omega_D}{\omega_0} = \frac{\omega - \omega_0}{\omega_0} = -\frac{1}{2}\frac{v_k^2}{c^2} \qquad (2.31)$$

以氢原子为例，在 40 ℃ 的热运动下产生的二阶多普勒频移为 -3.66×10^{-11}，并且由于氢原子与泡壁碰撞而被加热，其在 313 K 下的二阶多普勒频移为 -4.31×10^{-11}。尽管这一频移是最大的，但 0.1 K 的存储球温度测量精度足以给出 1.4×10^{-14} 的可忽略的不确定度。

2.4.3 二阶塞曼频移

应用于氢原子或碱金属原子上的静磁场将会使原子能级分裂，称之为塞曼效应。与微波磁感应平均方向平行的静磁感应使跃迁频率发生偏移，这种影响是第二阶的，并且由下式给定

$$\Delta\nu_Z = \frac{1}{2\nu_H}\left[\frac{(g_J + g_I)\mu_B}{h}\right]B_0^2 = K_0 B_0^2 \qquad (2.32)$$

强度为 1 mG 的磁场产生的频移比为 1.95×10^{-12}。

二阶塞曼频移的值是通过激发 $F = 1$ 三态的子级之间的低频跃迁（$\Delta F = 0$，$\Delta mF = \pm 1$）来测量的。通过施加垂直于静态场的频率为 ν_Z 的射频场可产生此类跃迁。由于运动的平均，Millman 效应并不会造成频移，而仅仅使得 $\Delta mF = \pm 1$ 跃迁谱线微微增宽。

在一阶近似下，频率 ν_Z 可以被认为是与静态场的值线性相关，二阶塞曼频移可用塞曼频率 ν_Z 表示为

$$\Delta\nu_Z = 1.416\,6\times 10^{-9}\nu_Z^2 \qquad (2.33)$$

然而，(1, 0) 能级的能量是与场强度二次相关的，(1, 1) 态至 (1, 0) 态和 (1, 0) 态至 (1, -1) 态跃迁的频率不再线性依赖于 B_0 值增加的场。此外，两个跃迁的频率不再相等。为了估计由静态磁场的塞曼跃迁频率线性函数所产

生的误差,应将 ν_Z 确定为 $(1,1)$ 与 $(1,0)$ 态跃迁的频率。从布雷特-拉比公式可得

$$\Delta\nu_Z = 2\left(\frac{g_J + g_I}{g_J - g_I}\right)^2 \frac{\nu_Z^2}{\nu_H} - 2\left(\frac{g_J + g_I}{g_J - g_I}\right)^4 \frac{\nu_Z^3}{\nu_H^2} + \cdots \tag{2.34}$$

因此,根据 g_J 和 g_I 的值

$$\Delta\nu_Z = 1.4166 \times 10^{-9} \nu_Z^2 - 1.0034 \times 10^{-18} \nu_Z^3 + \cdots \tag{2.35}$$

如仅考虑第一项,将在塞曼频移矫正中产生误差。当 $\nu_Z = 52.3\,\text{kHz}$,即 $B_0 = 37\,\text{mGs}$ 时,ν_0 的相对误差为 10^{-13}。通常情况下 $B_0 = 1\,\text{mGs}$,因此由前式计算的塞曼频移相对误差可忽略不计。然而当静磁场大于等于 $20\,\text{mGs}$ 时,若要精确计算塞曼频移则必须使用式(2.35)。

磁场除了可引起塞曼频移外,其自身的不均匀性同样会引起另一种较小的频移,即磁场不均匀频移。它来源于与超精细能级跃迁同时存在的低频塞曼跃迁,这种双重共振的相干激励引起 $(0,0)$ 能级移动。若储存泡处存在横向不均匀磁场,原子在泡内做无规则运动时会感受到交变磁场的作用,可能引起纵向磁弛豫,与 $0 \to 0$ 跃迁相干激发导致频移。这种塞曼跃迁通过二级效应与腔内存在的横向微波辐射磁场耦合,使 $0 \to 0$ 跃迁频率移动。这种频移与泡在腔中的位置有关,在腔中心处最小,并且随塞曼频率的增大而迅速减小。

2.4.4 腔牵引效应

由于氢微波激射器的原子谱线宽度远小于腔模宽度,经计算得微波激射器的振荡频率接近于 Q 值较高、线宽较窄的系统频率,当微波腔的谐振频率与原子谱线频率不一致时,另一系统对振荡频率只有牵引效应,这时振荡频率偏移原子频率,腔牵引相对频移为

$$\frac{\delta\nu_c}{\nu} \propto \frac{\nu_c - \nu_0}{\nu} \frac{Q_c}{Q_a} \tag{2.36}$$

令 $Q_a = 2 \times 10^{-9}$,$Q_c = 3 \times 10^4$,$Q_c/Q_a = 10^{-5}$,若要使得腔牵引频移小于 10^{-13},腔频率与原子频率之差必须在 $10\,\text{Hz}$ 以内,而且要保持恒定,这需要非常精准的腔调谐系统,并且需要高精度的恒温和温度补偿系统来维持腔频的稳定。

理论上可通过腔内的反射板以及温度调谐的方式来改变腔频,但反射板的

机械调谐方式精度过低,而温度调谐方式所需的周期过长,对控温要求也非常高。因此在实际应用中,常采用变容二极管等原件构成腔耦合的回路,通过改变偏置电压调节回路电抗以达到调谐腔频的目的,这种方法简便可靠且调谐速度高。

2.4.5 自旋交换碰撞频移

在气体中,原子间的相互碰撞是原子系统内部能量交换的主要渠道,这种弛豫作用将会限制原子能级寿命引起谱线增宽,同时还将干扰原子能级导致谱线频移。碰撞过程是两个运动着的原子相互接近和相互作用,同时又相互分离的过程,可分为弹性碰撞和非弹性碰撞。在非弹性碰撞中,碰撞前后粒子不仅有动能变化还有内能改变。不仅如此,非弹性碰撞将会导致能级跃迁,缩短能级寿命。设两次非弹性碰撞之间的平均时间为原子能级寿命

$$\tau = \frac{s}{\nu} = \frac{1}{n_0 \sigma \overline{\nu}} \tag{2.37}$$

式中,s 为两次非弹性碰撞间原子的平均自由程,ν 为碰撞原子的平均速度,n 为单位体积中的原子数,σ 为非弹性碰撞截面,因此碰撞增宽为

$$\Delta \omega = \frac{2}{\tau} = 2 \pi_0 \sigma \overline{\nu} \tag{2.38}$$

在氢脉泽中,原子间的自旋交换碰撞是造成谱线增宽的主要弛豫机制,这种碰撞可看作非弹性碰撞的一个特例。碰撞瞬间两碰撞原子互相交换价电子的自旋取向,从而发生了跃迁。这类碰撞的弛豫时间等于两次自旋交换碰撞的平均间隔,即

$$T_{s,e} = \frac{1}{\sqrt{2} n_0 \sigma_{ex} v} \tag{2.39}$$

与此同时,自旋交换碰撞也会破坏原子与辐射的相干性,造成第二类弛豫过程。当 $T_2 = 0.67 \, \text{s}$ 时,自旋交换频移的分数值为 1.9×10^{-13},v_0 的相对不确定度为 10^{-14} 量级。

2.4.6 泡壁频移及其优化方法

特氟龙是一种合成的氟碳聚合物,当储存泡内壁涂敷特氟龙时,原子与泡

壁碰撞可近似为弹性碰撞,原子本身状态几乎不会改变,发生能级跃迁的可能性几乎没有,由此延长了原子寿命。但碰撞过程会使相互作用的原子与辐射场发生相位移动,导致频移,简称为壁移。壁移可写为每次碰撞的相移的形式

$$\bar{\phi} = 2\pi\Delta\nu_w\bar{\tau}_f \tag{2.40}$$

对于直径为 D 的圆形储存泡,泡壁频移为

$$\Delta\nu_w = 3\bar{\nu}\bar{\phi}/2D \tag{2.41}$$

由于原子平均速度 $\bar{\nu}$ 与温度有关,因此泡壁频移也取决于温度

$$\Delta\nu_w = [1 + a(\theta - 40)]K/D \tag{2.42}$$

式中 θ 为摄氏度,参数 K 和 a 的值是根据壁频移及其在 $40\,^\circ\text{C}$ 附近的温度依赖性推导出来的,分别近似等于 $-400\,\text{mHz} \cdot \text{cm}$ 和 $-10^{-2}\,\text{K}^{-1}$。实验表明,在温度为 $40\,^\circ\text{C}$,储存泡直径 $16\,\text{cm}$ 的情况下,测得的不确定度为 10%,泡壁频移约为 $-25\,\text{mHz}$。这种不确定性主要是由于缺乏从给定的特氟龙制备的储存泡每次碰撞的平均相移值的可重复性,校正后的频率值的相关分数不确定度约等于 2×10^{-12}。实际测量中 K 和 a 的值具有很高的分散性,表明特氟龙涂层的性能很大程度上取决于涂敷的工艺和材料批次,因此在矫正壁移时需要先行测量特氟龙涂层的 K 与 a 值。

2.5　原子钟的几项关键技术

自 20 世纪以来,利用确定能级跃迁实现高精度时间频率输出的原子钟逐渐成熟,其中氢原子钟具有优秀的中短期频率稳定度和良好的长期稳定度、漂移率指标,广泛用于守时授时、导航定位和通信保障等诸多领域。氢原子钟的核心是其物理部分,包括选态系统、微波谐振腔和电离源系统等。近年来,随着深空、深海探测技术的不断发展,对原子钟的性能指标提出了更高的要求,本节将对以上三个核心系统的优化设计做出详尽的阐述。

2.5.1　氢原子钟的双选态

氢原子钟频率稳定度作为关键技术指标,多年来各国科学家从诸多角度展开研究工作。美国科学家 Jaduszliwer 针对原子束速度分布做了大量的研究,

对于选态磁铁的结构,磁场强度的选取、氢气流量的有效利用都有很好的借鉴(Jaduszliwer et al,1989)。俄罗斯电子测量研究所 Demidov 教授、中国科学院上海天文台翟造成研究员以及北京大学王义遒教授等各位专家都在相应的文献中就物理扰动对氢原子钟频率稳定度的影响进行了详尽的分析(王义遒等,1986;尼古拉·德米朵夫,2007;翟造成,2008)。以上分析对我们今后进一步提升氢原子钟性能指标提供了研究方向,非常具有借鉴作用。

现阶段自激型氢原子钟稳定度指标影响最大的是:静磁场引入的二阶塞曼效应(对于钟跃迁来说)和一阶塞曼效应(对于非零态的跃迁),以及对应的频移和增宽,交变磁场引入的交流斯塔克效应对应的频移和增宽,而这些因素主要通过非零态的原子参与微波激射过程影响氢原子钟的指标。然而在二阶塞曼效应研究上,王心亮采用 Ramsey 跃迁方法获得了二阶塞曼频移的频移量和不确定度(王心亮等,2018)。Humphrey 研究了在 Zeeman 频率附近施加的辐射对氢原子钟频移的影响(Humphrey et al,2000)。

为了改善参与产生微波激射的原子的内态纯度,首先用单选态法去掉($F=1, mF=-1$)态和($F=0, mF=0$)态的原子。接下来通常采用绝热快速通过法和 Majorana 跃迁法来纯化原子的内态。

其中,在单选态研究方面,A. I. Boyko 主要描述了使用单选态技术提升氢原子钟短期稳定度方面的理论研究工作(Boyko et al,2013)。Aleynikov Mikhail 描述了由两个反向亥姆霍兹线圈产生的外场中氢原子自旋行为的模型,并指出使用单选态技术,原子束中可用原子的相对数量约为 70%。氢原子钟的输出功率可以增强约 1.8 倍,稳定度相应得到改善(Aleynikov,2014,2015)。王庆华从束光学的角度对四极、六极选态器优缺点进行了理论分析并对极性反转的两种方法进行了阐述(王庆华等,1999)。

在单选态方法之一的绝热快速通过法研究方面,C. Audoin 运用绝热快速通过法,对不同超精细态原子占比给出了精密的计算结果(Audoin et al,1968);E. M. Mattison 描述了基于缓变快通道的单选态系统的原子态反向设计和结构模型(Mattison et al,1987)。Lacey、Vessot 等在文中提及绝热快速通道(adiabatic fast passage,AFP)技术并从理论上进行较详细的阐述,认为使用 AFP 技术去除 $F=1, mF=1$ 无效态原子,可以有效降低原子间的自旋交换碰撞造成的相位相干损耗,获得更高的谱线品质因数,这样谱线线宽越窄,则原子钟的频率稳定度就越好(Lacey et al,1969;Vessot,2005)。Polyakov 等人给出了原子双选态系统的基本结构与原子轨迹的计算结果,并对构建反转区的方法进行了评估(Polyakov et al，2018)。Demidov 和 Timofeev 等人研制了一种量子双选态原理样机,给出了基于该选态器的氢频标频率不稳定性的测量结果(Demidov et al，2018；Timofeev et al，2018)。总结来说,绝热快速通过法即是使用通电的四线圈提供交变磁场,通过变节距的螺线管提供变化的静磁场,原子在通过四线圈时等效经历一个扫频交变场。但是绝热快速通过法会产生交变磁场,由于交流斯塔克效应会引入新的频移和增宽。

而 Majorana 跃迁方法由于实验更易于设计实现,得到更多科学家的研究。王义遒首先分析了出现 Majorana 跃迁的条件(王义遒,1981);李恩显依据 Majorana 跃迁频移理论进行分析并用实验进行了验证(李恩显,1986)。S. Urabe 研究了 Majorana 跃迁对氢原子钟的影响(Urabe et al，1980)。S. Weyers 和 M. S. Aleinikov 对 Majorana 跃迁进行了深入的研究(Weyers et al，2006；Aleinikov，2016)。

从理论研究来看,Majorana 跃迁法即产生一个反向磁场,若磁场变化很快,以致原子的磁量子态跟不上磁场的变化($\Delta\theta/\Delta t \gg \gamma B$),则会在同一超精细态的各个磁量子态之间发生 Majorana 跃迁。其中 $\Delta\theta/\Delta t$ 代表磁场的角度变化;γB 代表拉莫尔进动的频率。但就态原子实验装置设置来说,Majorana 跃迁法更易于设计实现。但在具体实施中如何做到使设备总体小而精,成为实用原子钟,有相当难度,需要进行精确的理论计算和反复的实验探索。

1) 为什么要制备原子态

研制原子钟时,首先需要明了选中哪个态的原子能态之间产生跃迁以便产生我们所要的频率。我们知道,在通常微波波段下,一个天然的原子系统中高能态的原子数目近似等于低能态的原子数目。因此,将这种原子系统置于与原子共振频率相同的外辐射场中,全部原子都会产生共振,接近一半的低能态原子会吸收辐射场能量而跃迁到高能态;而其余的高能态原子又会发射等量的能量给辐射场而跃迁到低能态。很明显,净效应几乎等于零。虽然每个原子都共振,但作为原子钟来说并没有发生共振现象。所以,我们为了观测到原子钟的自激振荡,在谐振腔中必须有足够多的上能级原子(假定基本上没有下能级原子),以发出大量受激辐射能量。当感应辐射而产生的电磁能量足够补偿腔的损耗时,激射器产生自持振荡。

由于这里用的谐振腔一般是 TE_{011} 模式的圆柱形高 Q 腔,适宜于采用位于腔端盖中心的圆形束孔,以让氢原子束进入。所以这里选态磁铁往往用轴对称的六极磁铁。在磁隙区的磁场强度与半径成正比,而在磁场中,上能级原子的能量随磁场的增强而提高,下能级的则相反,所以上能级原子趋向于中心,而下能级原子则偏离中心。这样通过磁铁的上能级原子就有了聚焦作用,装置设计使其焦点正好落在置于谐振腔中的储存泡的泡口上,而下能级则不能进入储存泡,这就是选态。

2) 如何制备原子态

原子态制备就是把原子集中到某一种状态,以便发生跃迁时能产生显著的跃迁信号。原来发生量子跃迁过程中,原子与电磁辐射相互作用吸收一个光子,而从下能级跃迁到上能级的概率是和原子从上能级发射一个光子而跃迁到下能级的概率相等的。而对于能量间隔处于微波频段(能级是频率乘以普朗克常量 h)的两个超精细结构能级,通常温度下有几乎相等的布居数(下能级略微多一些),这样对大群原子而言,在同一个辐射场的作用下,吸收的光子与发射的光子一样多,就不会发生净的光子吸收或发射,也就没有两个原子能级上原子束的变迁,从而没有可探测的信号。因此必须把原子优先地制备到某一状态,这样,在辐射场的作用下就会发生显著的净吸收或发射,原子群的总状态显著变化,从而可得到强的跃迁信号。这种制备原子态的方法有磁选态、光抽运等。

磁选态利用不同能态的原子具有不同的磁矩,就好像方向不同的磁针,在磁场中会有不同偏向的原理。在原子束中,不同能态的原子走着不同的轨道,我们可以选取一种轨道上的原子而丢弃另一种轨道上的原子。

光抽运的原理是:两种不同能态的原子对特殊频率和偏振光的吸收概率不同。若 E_1 态原子比 E_2 态原子更能吸收光,则原子吸收光后就会被激发到一种"激发态",这是一种不稳定的原子态,原子会很快返回"基态"。原来的 E_1 和 E_2 两种状态都属于基态,而返回到这两种基态的概率往往是相等的。经过这样一个循环,原属 E_1 态的原子有可能迁移到 E_2 态,由于光对该态的作用小,原子就会长期待在该态。这样,我们就能把几乎所有原子都制备到该态。铯原子钟和氢原子钟用的是磁选态方法,而铷原子钟则用了光抽运方法。显然,后一种方法可利用的原子多些,因为选态方法只选用了一种原子,而抽运方法则使非所用态的原子转变为有用态原子,原则上所有原子都利用上了。

双选态近期研究进展如下:

(1) 二次选态系统及量子态反转装置。

一级选态磁铁可令 $(F=1, mF=-1)$ 与 $(F=0, mF=0)$ 态的氢原子偏转而令 $(F=1, mF=1)$ 与 $(F=1, mF=0)$ 态的氢原子汇聚。通过构建态反

转区可令 ($F=1$, $mF=1$) 态的氢原子反转为 ($F=1$, $mF=-1$) 态,这样即可通过二级选态磁铁将 ($F=1$, $mF=-1$) 态的氢原子偏转,最终仅有 ($F=1$, $mF=0$) 态的氢原子进入储存泡。二次选态系统通过筛除无效态的氢原子提高了脉泽的原子品质因数,间接提升了氢脉泽的中长期频率稳定度。理论上通过二次选态系统可将脉泽的中长期频率稳定度提高 1.6 倍。图 2.5 给出了二次选态系统的示意图。

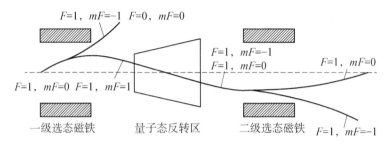

图 2.5　二次选态系统示意图

量子态反转的原理基于顺磁共振理论,对于一个具有角动量的原子,在磁场中会获得一个净磁矩,磁矩大小由下式决定

$$\mu = \gamma G \tag{2.43}$$

式中,μ 为磁偶极矩,G 为原子的角动量,γ 为旋磁比,由原子本身的性质决定。对于单个自由氢原子,其磁矩 $\mu = \mu_I + \mu_J = -\sqrt{3}\mu_B$,总角动量 $F = I + J = \sqrt{2}\,\hbar$,所以氢原子的旋磁比为 $\gamma = \dfrac{\mu}{F} = \dfrac{\sqrt{3}\mu_B}{\sqrt{2}\,\hbar} \approx 1.713 \times 10^{10}$ Hz/T。

而对于由相同氢原子组成的原子束流,其总磁矩 $\boldsymbol{M}$ 为单个氢原子磁矩的矢量合成

$$\boldsymbol{M} = \gamma \boldsymbol{G} \tag{2.44}$$

又因为 ($F=1$, $mF=1$) 态的氢原子磁矩与磁场方向同向,所以氢原子束流的总磁矩也平行于外磁场,即可以将束流看作顺磁物质。

将磁偶极子置于磁场 $\boldsymbol{H}$ 中时,其运动方程为

$$\frac{\mathrm{d}\boldsymbol{G}}{\mathrm{d}t} = \mu \times \boldsymbol{H} = \gamma \boldsymbol{G} \times \boldsymbol{H} \tag{2.45}$$

这表明磁矩在磁场中会绕磁场进动,进动频率为:$\omega_L = -\gamma H$

对于氢原子束流也可以得到

$$\frac{\mathrm{d}\boldsymbol{M}}{\mathrm{d}t} = \gamma \boldsymbol{M} \times \boldsymbol{H} \tag{2.46}$$

式中，$\boldsymbol{M} = \chi_0 \boldsymbol{H}$，$\chi_0$ 为磁化率。

建立相对于磁场轴以角速度 ω 旋转的坐标系，经过坐标变换在此坐标系中原子能感受到的有效磁场

$$H' = H + \frac{\omega}{\gamma} = H - H^* \tag{2.47}$$

式中，$H^* = -\frac{\omega}{\gamma}$，显然当 $\omega = \omega_{\mathrm{L}}$ 时有效场为 0。

绝热快通道技术基于旋转坐标系构建了一个梯度磁场和正弦交变磁场正交叠加的复合场。在此复合场的入口处 $H = 2H^* = -2\omega/\gamma$，场中心处 $H = H^* = -\frac{\omega}{\gamma}$，场末端 H 接近 0，由此在以角速度 ω 绕梯度磁场方向旋转的坐标系中，入口处有效梯度场 $H' = -H^*$，场中心 $H' = 0$，场末端 $H' = H^*$。令与 H 场正交的磁场 H_1 以角速度 ω 绕 H 场旋转，则在旋转坐标系中原子受到的有效磁场 H_{eff} 为 H' 与 H_1 的矢量叠加，当 H_1 远小于 H^* 时，有效磁场 H_{eff} 与场 H_1 的夹角会从入口处的接近 90° 变化到中心处的 0°，再变化到出口处的接近 $-90°$，全过程中复合场方向变化接近 180°。由于氢原子束流总磁矩与复合场方向一致，所以全过程中束流总磁矩方向也变化了接近 180°，相应束流中原子磁矩也由此反转。对于氢原子而言，磁矩由量子态的磁量子数决定，磁矩的反转也意味着磁量子数的反转，即从 $(F = 1, mF = 1)$ 态转换为 $(F = 1, mF = -1)$ 态，最终可以实现量子态反转。

对于绝热快通道技术中要求的以 ω 旋转的圆偏振磁场 H_1，可采用线偏振磁场分解的方式产生，当 $H_1 = 2H_{1x} \cos \omega t$ 时，在以 ω 旋转的坐标系中 $H'_1 = H_{1x}$，与绝热快通道技术中对 H_1 的要求一致。

H、H^* 和 H_1 必须遵循以下条件

$$\begin{cases} \left| \dfrac{\mathrm{d}H}{\mathrm{d}l} \right| \ll \gamma H_1^2 \\ \gamma H_1 \gg 2\pi K_0 H^2 \\ H \gg H_1 \end{cases} \tag{2.48}$$

计算得 H 与 H_1 场取值范围,图 2.6 中阴影区即为 H 与 H_1 磁场强度可选择的区域。考虑到工程实现的难易程度,我们选择了 H 与 H_1 的极小值点,H 和 H_1 分别取 $2\,\mathrm{Gs}$ 和 $0.2\,\mathrm{Gs}$,对应的 H_1 场交变频率 $\omega = 3.5\,\mathrm{MHz}$。态反转装置设计结构如图 2.7 所示。

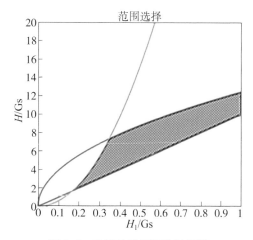

图 2.6　态反转磁场可选择区域

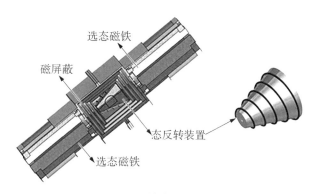

图 2.7　态反转装置结构示意图

（2）磁屏蔽系统的测量与仿真。

选态磁铁可产生强度为 $8\,000 \sim 10\,000\,\mathrm{Gs}$ 的磁场,而与之相邻的量子态反转装置中的 H_1 场强度仅要求为 $0.2\,\mathrm{Gs}$。所以量子态反转装置必然需要性能良好的磁屏蔽使其免受选态磁铁及其他外界磁场的影响,并且要求屏蔽后的内磁场大小不得高于 $0.02\,\mathrm{Gs}$。图 2.8 反映了 $4\,\mathrm{mm}$ 间隔磁屏蔽内磁场纵向强度分布情况。屏蔽系数以及屏蔽内平均场强与屏蔽间隔的关系如表 2.1 所示。

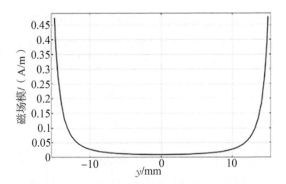

图 2.8　4 mm 间隔磁屏蔽内磁场纵向强度分布

表 2.1　屏蔽系数以及屏蔽内平均场强与屏蔽间隔的关系

磁屏蔽间隔/mm	平均场强/(A/m)	磁屏蔽系数
3	0.046	217 391
4	0.014	714 285
5	0.007	1 428 571
6	0.005	2 000 000

2.5.2　氢原子钟的高精密温度控制

氢原子钟由于采用原子储存泡技术,共振谱线大为变窄,氢原子脉泽频标的准确度可达 $3×10^{-13}$,稳定度可达 10^{-16};同时其谐振腔采用 TE_{011} 模式电磁场结构使其更具有高品质因子、优越信噪比和鉴频能力等诸多良好特性。然而这种腔、泡结构却对温度环境提出苛刻的要求,其对温度起伏的限制要求高出铯钟几十倍乃至百倍。鉴于温度变化是影响氢原子钟输出频率长期稳定度的重要因素,因此为了达到更好的长期稳定度,提高腔泡组件的温度稳定度是非常必要的。

温度对于氢原子钟来说是个很重要的因素,温度控制不好会使氢原子钟稳定度变差;温度失控会直接导致氢原子钟没有中频信号输出。因此在温度控制的设计中首先要做到可靠、稳定。

1) 与温度有关的影响因素

(1) 腔牵引效应。

温度变化所引起的腔内频率变化对钟频率的牵引效应可通过下式表示

$$\Delta f_0 = \frac{Q_c}{Q_1} \Delta f_c \tag{2.49}$$

式中，Q_c 为谐振腔的品质因数；Q_1 为原子 0→0 跃迁谱线品质因数；Δf_c 为谐振腔的频率变化；Δf_0 为氢原子钟的输出频率变化。

给定 $Q_c = 3.0 \times 10^4$，$Q_1 = 1.5 \times 10^9$，若 $\Delta f_c = \pm 1\,\mathrm{Hz}$，则 $\Delta f_0 = \pm 2.0 \times 10^{-5}$。对于 $f_0 = 1.4 \times 10^9\,\mathrm{Hz}$ 的情况，相对频率稳定度为

$$\frac{\Delta f_0}{f_0} = \pm \frac{2.0 \times 10^{-5}}{1.4 \times 10^9} \approx \pm 1.43 \times 10^{-14} \tag{2.50}$$

当要求 $\dfrac{\Delta f_0}{f_0} = 2.0 \times 10^{-15}$ 时，若 $\dfrac{\partial f_c}{\partial T} = 300\,\mathrm{Hz/K}$，则温度变化的允许范围为

$$\Delta T = \frac{2.0 \times 10^{-15}}{1.43 \times 10^{-14}} \times \frac{1}{300} \leqslant 4.6 \times 10^{-4}\,\mathrm{K} \tag{2.51}$$

由此来看，长期稳定度对于温度控制的要求是很高的；针对腔牵引效应问题，设计中宜选用热胀冷缩率较小的金属材料来制作微波谐振腔，以减小温度对于微波谐振腔腔频的影响。

（2）二阶多普勒效应。

储存原子的二阶多普勒频移可用下式表示

$$\frac{\Delta f_D}{f_0} = -\frac{3kT}{2Mc^2} \tag{2.52}$$

式中，Δf_D 为二阶多普勒频移的大小；f_0 为氢原子的中心频率；k 为玻尔兹曼常数；T 为热力学温度；M 为氢原子的总质量。

对于氢原子，这个偏移随温度的变化是

$$\frac{1}{f} \frac{\partial(\Delta f_0)}{\partial T} = -1.38 \times 10^{-13}/℃ \tag{2.53}$$

为了实现 10^{-15} 的频率稳定度，储存泡的温度必须保持 0.007 ℃ 不变。

（3）壁移。

当工作在大约 40 ℃ 的条件下，由氢原子与储存泡发生壁碰撞所引起的频率偏移可由下式给出

$$\Delta f_w = [1 + a(\theta - 40)]\frac{K}{D} \qquad (2.54)$$

式中：Δf_w 为壁移量的大小；a 为温度系数；K 为 40℃时的壁特性（数值大约为 $-324 \sim -390\,\text{mHz·cm}$）；$D$ 为储存泡的直径；θ 为储存泡的温度（用摄氏温度表示）。

温度变化 $\delta\theta$ 所引起的壁偏移量 $\delta(\Delta V_w)$ 为

$$\delta(\Delta f_w) = aK\delta\theta/D \qquad (2.55)$$

对于储存泡直径为 16 cm，温度为 313 K 时，其壁移数值约为 25 mHz。

（4）电子学效应。

常规尺寸自激型氢脉泽几乎不受电子学效应的影响。微波接收机是锁相环的一部分，通常当微波接收机和锁相环的温度控制在 0.1℃的水平上，就可以不用考虑可能的热影响。

当小型氢脉泽工作在主动模式下，其电子效应与上述情况相同。但是由于重注入信号的相位变化，Q 增强电子电路却明显地增大了腔体谐振频率的热敏感度。尽管这些氢脉泽中都装有用于消除腔体谐振频率变化的腔体自动调谐系统，然而这些因素仍需要采用优良的温度控制来加以抑制。与自激型氢脉泽的情况相同，在非自激型氢脉泽中，必须避免腔体的负载电抗发生任何变化。但是在非自激型工作方式下，却存在着固有的附加频移。如果这些频移是时变的，则它们也可能影响频率的长期变化。

综上所述，微波腔温度的变化是引起氢原子频标频率变化的重要因素之一。首先，大多数频标都装有一个谐振腔，并且它的几何尺寸受温度影响；其次，由原子现象（如壁碰撞、自旋改变和多普勒效应）而产生的频移也都是温度的函数。根据目前的实际工作经验可知：为了使频标的长期稳定度达到 10^{-15} 量级，温度控制的稳定度达到 5×10^{-3} K 是非常必要的（翟造成，2006）。

2）精密温度控制系统

（1）测温元件的选择。

在温度控制系统中，测温元件的选择是系统精度的重要决定因素之一。在选择测温元件时主要需要考虑以下问题：元件的测温范围以及精度要求；元件的尺寸；元件的响应速度；元件的成本以及使用是否方便；元件引脚应该是非磁性材质。在工程应用中，常用的测温元件包括很多种，结合实际情况，主要对比一下铂电阻、热电偶以及热敏电阻。

首先是铂电阻。铂电阻有 PT100 和 PT1000 等型号,其中 PT100 表示其在 0 ℃时的阻值为 100 Ω。其温度-阻值特性存在如下关系

$$R_t = R_0 \cdot (1 + At + Bt^2) \tag{2.56}$$

式中,R_t 为温度为 t 时铂电阻的阻值;R_0 为温度为 0 ℃时铂电阻的阻值;$A = 3.908\,02 \times 10^{-3}$;$B = 5.801\,95 \times 10^{-7}$。

铂电阻的物理和化学性质稳定,其优点包括:阻值随温度的升高近似于线性地增长,适用温度范围较宽(-200~850 ℃),精度较高,稳定性较好。但是铂电阻也存在一定的缺点:温度系数较小,灵敏度较低,例如:PT100 应用在 0 ℃以上的环境时,温度每变化 1 ℃,其阻值仅变化 0.39 Ω。而在实际的应用中,温度、湿度以及接插件氧化等外部因素的变化都会导致互连导线电阻的变化,这种变化足以引起温度控制精度的恶化。另外,谐振腔超高稳定温度控制系统的控制稳定度要求为 5×10^{-4} ℃,如果使用铂电阻就需要分辨出 1×10^{-4} Ω 的阻值变化,要达到这样的精度要求是非常困难的。此外,系统中测温元件与主控制芯片之间的互连导线较长,需要通过三线制或四线制的方式来消除导线电阻的影响,增加了安装和使用的难度。

其次是热电偶。热电偶也是常用的测温元件,它将两种不同的金属接成闭合回路,根据热电效应,当两个连接点的温度不同时,就会在回路中产生热电势。热电偶总热电势公式如下

$$E(t, t_0) = E(t) - E(t_0) \tag{2.57}$$

其中,t_0 为冷端(参考端)接点温度;t 为热端(测量端)接点温度。

热电偶具有易于测量、测温范围宽、可远距离使用以及成本较低等优点;通过式(2.57)可知,热电偶冷端的温度变化对测温有很大的影响,因此,在应用中需要冷端的温度已知且恒定,使用不便;并且测温精度有很大的局限,很难达到+0.02%。

最后是热敏电阻。热敏电阻是利用半导体材料的电阻率随温度变化较为显著的特点而制成的一种测温元件,可分为三种类型:一是电阻值随温度的升高而升高的正温度系数(PTC)热敏电阻;二是电阻值随温度的升高而降低的负温度系数(NTC)热敏电阻;三是电阻值会在某一特定温度下发生突变的临界温度电阻(CTR)。

以负温度系数热敏电阻为例,电阻值与温度之间的关系式为

$$R_T = R_0 \exp[B(1/T - 1/T_0)] \tag{2.58}$$

式中，R_T 为在温度 T 时热敏电阻的阻值；R_0 为在参考温度 T_0 时热敏电阻的阻值；T 为当前测量的温度，T_0 为参考的温度，B 为负温度系数热敏电阻的材料常数，即热敏指数；exp 为以自然常数 e 为底的指数。若剔除参考点的影响，负温度系数热敏电阻的阻值温度曲线可以近似表达为

$$R_T = A \cdot \exp\left(\frac{B}{T}\right) \tag{2.59}$$

热敏电阻具有如下特点：阻温系数较大，灵敏度是铂电阻的几百倍，能够检测出 10 ℃的温度变化；测温范围较宽，适用于 −50～350 ℃；体积小，能够测量空隙、腔体以及生物体血管的温度；使用比较方便；可以加工成复杂的形状，价格低廉，易于大批量生产；稳定性好，过载能力强；热惯性小，反应速度快，适宜于动态测量。

但是，热敏电阻的阻值与温度变化呈现非线性关系；另外，不同的热敏电阻在同一温度点的阻值有差别，即存在一致性问题。

通过对比三种测温元件可知：热电偶需要已知、恒定的参考温度，并且测温精度也有很大的局限；铂电阻的温度系数小，灵敏度低，并且系统的测温元件与主控制芯片之间的互连导线较长，会影响控制精度，如果要达到系统所设定的目标难度也较大。虽然热敏电阻存在测温非线性和阻值一致性较差的问题，但是，热敏电阻具有灵敏度高、反应速度小、体积小以及互连导线不会影响控制精度等特点。负温度系数热敏电阻的稳定性和灵敏度都要好于正温度系数热敏电阻，因此，负温度系数热敏电阻非常适用于高精度的温度测量。

（2）测温电路的设计。

热敏电阻的阻值会随温度的变化而变化，测温电路需要将阻值的变化转换为电压信号的变化，一般常用两种电路来实现这种变化：

一是需要恒压的电桥测温电路，即恒压源测温电路。恒压源测温电路采用高精度片基准电压源直接作为电桥测温电路的电压源。

图 2.9 为电桥电路图，其中 R_1、R_2、R_3 为精度为 $+0.1\%$、温漂为 5×10^{-6}/℃的高精密电阻，R_t 为热敏电阻。而当温度变化时，R_t 的阻值会改变，R_1、R_2、R_3 的阻值不会

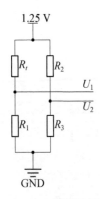

图 2.9 恒压源测温电路

改变,因此 U_2 处的电压不变,U_1 处的电压发生变化,电桥两臂的电压差

$$\Delta U = U_1 - U_2 = \frac{1.25}{R_t + R_1} \cdot R_1 - \frac{1.25}{R_2 + R_3} \cdot R_3 \tag{2.60}$$

因此,电桥两臂输出构成差分信号输入到主控制芯片的 A/D 转换器的输入端,在主控制芯片内部可以通过 A/D 计算出 R_t,进而通过此热敏电阻拟合的温度—阻值关系公式计算出此时的温度。

二是恒流源测温电路。常见的恒流源电路设计方法有很多,比如可以由恒流二极管组成,或由集成稳压器构成,也可以由集成运放等构成,不同原理构成的恒流源电路的精度大小也都不一样。这里介绍一种采用电压跟随型的方式设计恒流源电路,然后通过恒流源驱动 NTC 型热敏电阻进行温度检测的电路设计。

温度检测电路设计如图 2.10 所示。

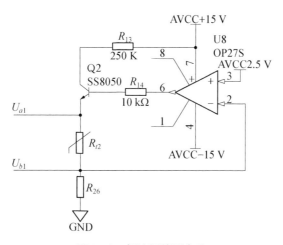

图 2.10　恒流源检测电路

在图 2.10 的测温电路中,利用集成运算放大器 OP27 的"虚短虚断"特性,有 $U_+ = U_- = U_i = 2.5\,\text{V}$,则输出电流为

$$I_0 = \frac{U_i}{R_{26}} \tag{2.61}$$

热敏电阻两端输出电压为

$$U_{ab} = I_0 R_t = \frac{U_i}{U_{26}} R_t \tag{2.62}$$

由式(2.62)可看出,输出电流 I_0 只与电压 U_i 和电阻 R_{26} 有关。要得到稳定的电流 I_0,则必须保证 U_i 和 R_{26} 的精度,因此,R_{26} 选择精度为 0.01% 且温漂系数极低的精密电阻器。为了避免温度检测电路的输入电压 U_i 波动对检测准确度产生影响,输入电源需要采用隔离电源。

(3) 信号采集的设计。

信号采集的作用是将温度检测电路采集到的模拟量转换为数字量,再发送给单片机进行处理。当今主流的做法是采用 24 位 A/D 转换器进行采样。

这里主要介绍 24 位 Q-Z 型高性能模数转换芯片 ADS1256 进行信号采集。该芯片的最大特点是低功耗、高精度,并且具有以下特性:非线性度最高为 $\pm 0.001\%$;数据速率最高可达 30 ks/s(千次每秒);可配置为 8 路单端输入或者 4 路差分输入;可编程增益放大器(programmable gain amplifier, PGA)的设置范围为 1~256;数字供电电压为 3.3 V,模拟供电电压为 5 V。

ADS1256 可利用模拟多路开关(MUX)寄存器将其配置为 4 路差分输入或者 8 路单端输入。设计采用单端输入方式,并对 3 路温度检测数据进行模拟量向数字量转换,即将 AIN0~AIN2 作为单端输入,AINCOM 作为公共输入端,需要注意的是 AINCOM 不接地。ADS1256 与微控制器之间实现连接和数据交互时采用的是串行外设接口(serial peripheral interface, SPI)通信方式,该通信方式需要 4 条信号线,即时钟信号 SCLK、数据输入 DIN、数据输出 DOUT、片选 CS。在进行电路设计时,为了电路布局方便,本设计中 ADS1256 的 SCLK、DIN、DOUT、CS 分别与单片机的管脚连接,且使用软件模拟 SPI 进行通信。

为了保证 A/D 转换芯片能够起振并得到一个较为稳定的工作频率,利用外部晶振为 ADS1256 提供时钟信号。考虑到有源晶振的稳定性和精度较好,因此,采用 7.68 MHz 的有源晶振接入 A/D 转换芯片的 XTAL1/CLKIN 端作为时钟输入。同时,高性能的 A/D 模数转换器离不开高质量、低噪声和低电源纹波的参考电压,为获得较为纯净的参考电压,这里采用低温漂、低噪声和高精度的电压转换芯片 ADR4525 为 A/D 转换器提供 2.5 V 参考电压。高质量的参考电压在一定程度上保证了模拟量向数字量的高精度转换,在接入参考电压 U_{ref} 为 2.5 V,增益放大器 PGA 为 1 时,最小量化电压为

$$U_0 = \frac{2U_{ref}}{PGA(2^{23}-1)} = 0.596\,\mu V \qquad (2.63)$$

再根据 ADS1256 输入采样电压 U 与输出数字量 N 之间的转换关系,可得出以下关系式

$$U = \frac{2U_{\text{ref}}}{2^{23} - 1} N \tag{2.64}$$

根据 NTC 型热敏电阻的阻值温度的关系可知,当工作温度为 50 ℃时,若温度变化 0.001 ℃,则热敏电阻的阻值大约变化 0.13 Ω,热敏电阻两端电压变化为 1.3 μV,而由上式所计算的 ADS1256 最小分辨电压为 0.596 μV,因此足够检测到 0.001 ℃的温度变化。

(4) 加热模块的设计。

加热模块多采用功率放大模块进行设计,图 2.11 给出了一种功率放大模块结构示意图,这里主要介绍一种由 NPN 型小功率三极管 9013 和功率三极管 2SC1969 组成的加热模块。

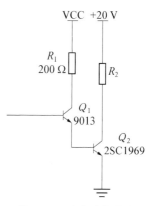

功率放大电路由 9013 与 2SC1969 两个三极管组成,R_2 为谐振腔的加热丝。由主控芯片输出的 PWM 可以通过切换三极管的接通或关断来控制加热丝的通电或断电。通过改变 PWM 的占空比控制加热丝的加热时间,来改变加热丝的平均加热功率。在一个控制周期内,当加热丝通电时间占

图 2.11　功率放大模块

60%,断电时间为 40%时,以微波谐振腔为例,此控制区加热丝电阻为 36 Ω,加热电压为 24 V,当加热丝通电时,通过加热丝的电流为 0.67 A,此时,加热功率为 16 W;当加热丝断电时,没有电流通过加热丝,此时,加热功率为 0,因此对于整个控制周期来言,平均加热功率就变为 $24^2/36 \times 60\% = 9.6$ W。因此,每个控制周期内平均加热功率的计算可以使用下式:

$$P_{\text{av}} = \frac{U^2}{R} \times T_{\text{on}} \tag{2.65}$$

其中,P_{av} 为控制周期内的平均加热功率,U 为加热电压,R 为加热丝的阻值,T_{on} 为每个加热周期内通电所占的百分比。

在理想情况下,当三极管导通时,该三极管两端的压降为零,不消耗任何功率,因此,加热电压的输出功率等于加热丝的加热功率;当三极管关断时,其内部以及加热丝都没有电流流过,加热丝加热功率为零。而在实际中,当三极管

导通时,其两端的压降并不为零,因此,加热丝的加热功率比加热电压的输出功率要小;而当三极管关断时,其内部以及加热丝会有微小的电流通过,加热丝加热功率并不为零。在实际中,加热丝的加热功率要比此式计算得到的要小,所以,在设计时需要留出足够的余量。

(5) 控制算法的设计。

控制算法主要采用 PID 算法进行控制,这里介绍一种分段式 PID 进行控制。如果控制系统要保证快速性,需要增大比例系数,但是这样又会导致系统的稳定裕度下降,并且,使用比例调节必然会导致系统存在较大静态误差;如果只采用比例—积分调节,虽然能够消除静态误差,得到较好的控制稳定精度,但是对滞后较大的对象,比例—积分调节时间过长,无法满足系统快速性的要求。

为了使控制方案既能满足快速性,又能得到较好的控制稳定度,采用分段控制的思想。根据偏差信号决定当前控制周期内所应该采取的控制规律。控制方案可以通过下式描述

$$
\begin{cases}
u = C_1 & E_1 \leqslant e \\
u = K_{p_1} e & E_2 \leqslant e \leqslant E_1 \\
u = K_{p_2} e + K_i \sum e & E_3 \leqslant e \leqslant E_2 \\
u = C_2 & e < E_3
\end{cases}
\tag{2.66}
$$

其中,u 为控制量,即主控芯片的计数初值;e 为控制偏差;K_{p_1}、K_{p_2}、K_i 为控制系数;C_1、C_2 为常数;E_1、E_2、E_3 为设定的控制偏差界限。式中的控制系数、常数以及控制偏差界限需要不断实验和分析确定。

对于上式的具体描述如下:

首先,当实际温度远远低于目标温度时($e > E_1$),这个控制区间内使用恒定的、较大的控制量,使加热丝工作在较高的加热功率,以使被控温度尽可能快地升至目标温度附近。

其次,当实际温度接近目标温度时($E_1 > e > E_2$),实际温度低于目标温度,为了既能使实际温度较快地升至目标温度,又能保证被控的温度不出现较大的超调和振荡,在这个控制区间内使用比例调节的控制方案。

再次,当实际温度到达目标温度附近时($E_2 > e_2 > E_3$),实际温度与目标温度的差值很小,这个控制区间内需要精细调整,采用比例—积分调节,为了避免外部的扰动对控制稳定度的影响,在控制方案中不使用微分环节。

　　最后,当实际温度到达或超过目标温度时($e < E_3$),这个控制区间内使用较小的控制量。

　　3) 实验情况对比

　　(1) 温度安装方式。

　　之前硬件温控的安装方式是直接粘在谐振腔的外壁上,此方法由于谐振腔和热敏电阻之间不能很好地接触,故不能准确地读出谐振腔的实际温度,现在我们对热敏电阻安装位置进行改变,我们在谐振腔上钻出一个孔,让热敏电阻伸进这个孔中,然后用热熔胶进行密封,此方法可以很好地解决由于接触不良导致的温度数据不准确的问题,同时可以准确地读出谐振腔的实际温度。由图2.12得知,将热敏电阻粘在谐振腔的外壁和放在谐振腔的孔内,温度整整差了1℃以上。

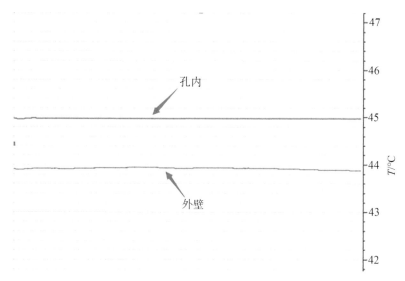

图 2.12　不同安装位置对温度测量的影响

　　(2) 加热时间方面。

　　由图 2.13 我们可以得知,在相同的时间、相同的条件下,同时对两者进行温度控制,由于软件温控采用的加热模块转换效率比硬件温控高,故升高相同的温度,软件温控比硬件温控时间缩短 $\frac{1}{2}$ 左右,节省了加热时间,提高了加热效率。

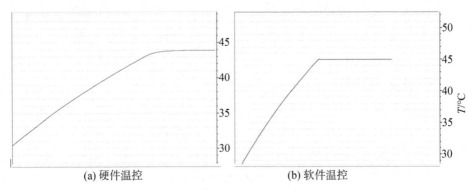

图 2.13　加热时间对比

（3）温度目标值方面。

温度的目标值对整个温控是十分重要的,只有设置了一个确切的目标值,系统才会按照设定好的目标值去控制谐振腔的温度。由于硬件温控的目标值设置是通过改变滑动电阻器的阻值来调节,容易受到电阻老化或者外界因素改变等因素的影响,故此方法不能设置一个确切的温度目标值,目标值在一个范围之间进行变化,而软件温控可以设置具体的目标值,且目标值不会受电阻阻值、外界因素改变等因素的影响。

由图 2.14 可知,硬件温控的温度目标值在一定范围内进行波动,没有准确的目标值,而软件温控的温度目标值则十分确定,不受外界因素的影响。

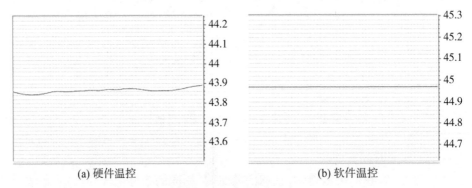

图 2.14　温度目标值对比

（4）温度稳定度方面。

由图 2.15 可知,由于硬件温控的目标值不是一个准确的数值,且温度控制方面没有任何的算法,纯粹采用电压对比法来进行控温,故硬件温控温度控制曲线不够平滑,温度数据波动大,误差明显,控制效果不够理想。软件温控由于有固定的温度目标值,且控制算法采用分段式 PID 进行控温,闭环有反馈,故软件温控温度控制曲线平滑,温度数据波动小,精度高,控制效果理想。由图 2.16 可以得知,软件温控在经过长时间的运行后仍然可以维持高稳定度,且温度稳定度在 1‰℃之内。

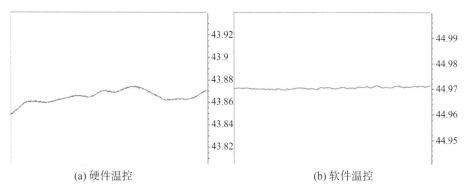

(a) 硬件温控　　　　　　　　　　　(b) 软件温控

图 2.15　温度控制曲线对比

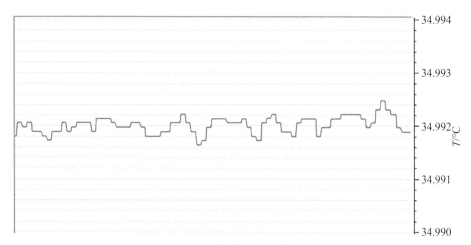

图 2.16　软件温控的温度控制效果

（5）总体比较。

通过观察硬件温控和软件温控的温度控制曲线得知,硬件温控在总体温控上不如软件温控,尤其以数据稳定度较为明显,从图 2.17 可知,硬件温控的温度控制曲线较为粗糙,且在达到设定值后,温度数据仍在以很大的误差进行波动,数据稳定度差,总体控制效果不理想;软件温控的温度控制曲线较为平滑,且在达到设定值后,温度数据维持在一条直线上,数据稳定度高,总体控制效果理想。

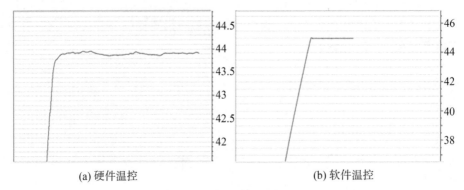

(a) 硬件温控　　　　　　　　　　(b) 软件温控

图 2.17　温度控制曲线对比

2.5.3　氢原子钟的电离源

1) 电离源介绍

高纯氢气通过镍提纯器经渗透提纯后注入电离泡中,在外加电离源系统的作用下,电离泡中的氢分子离解成为原子状态,氢原子经由准直器形成原子束流,在六极(或四极)选态磁铁的作用下,有效态氢原子($F=1,mF=0$)入射微波谐振腔中的储存泡,并在其中发生微波共振跃迁,将电路系统输出的微波信号锁定在原子跃迁谱线上,从而得到具有高稳定度和高准确度的输出信号。由此可见,氢脉泽振荡的产生系统是氢原子钟的核心组件,主要包括电离源系统、选态系统和微波谐振腔系统等,其中电离源系统是位于氢原子钟真空系统外的重要子系统,正是由于它位于真空外,易于更换、调节,反而没有对它进行必要的优化设计。电离源系统也是唯一一个易受外界干扰的子系统。

电离源是氢原子钟的关键部件,同时也是氢钟故障分析中的重点研究对象。长期以来,国内外研究人员根据电离泡发光强度判断其工作状态,但缺乏理论与实验依据。在氢原子钟电离源工作时,电离泡内的氢气在线圈产生的电磁场中电离后形成由离子、电子、原子及分子组成的近似电中性的氢等离子体。工作达到稳定后的氢等离子体会发出耀眼的玫瑰红色光,由氢原子内的电子在Balmer 线系跃迁产生,吸收光子能量的电子进入激发态后,激发态氢原子的外层电子由高能级向主量子数 $n=2$ 的量子态能级跃迁时,多余能量以电磁辐射的形式发射出去。制备氢等离子体时,需要控制产生射频电磁场的电离源线圈电压、频率、氢气流量等参数。通过调节电离源射频线圈电压调节电磁场的强弱及其分布,调节镍提纯器电流来控制进入电离泡的氢气流量,设置电容片两极板的重合率调节其频率。当电离源参数不同时,影响了电离泡内的氢等离子体电离度,使氢原子跃迁的光谱强度和氢钟振荡信号强度具有很大差异,进而影响氢钟性能(井鑫等,2022)。

前些年,电离源惯用的电路是如图 2.18 所示的电场激励法设计模式。它主要由谐振线圈、电容、极片组成。电场激励方式更易使得电离泡点亮,特别是在电离泡连续工作一段时间后在一定程度上受污染时更突出这一方面。然而它的缺点也是十分明显的,就是因为极片紧靠电离泡壁,由于长期的高温灼热,大大缩短了电离泡的使用寿命。

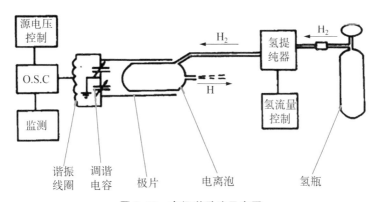

图 2.18　电场激励法示意图

近几年,通过设计改进,使用如图 2.19 所示的磁场激励法设计模式。它主要由谐振电容和谐振线圈组成,电路相比电场激励法得到了简化,并且电离泡不再受到高温极片的影响而缩短电离泡的使用寿命。

总体来说,这两种电离源电路实际上都是一个简单的克拉波射频振荡器,振荡管截止频率为 400 MHz,振荡频率 100 MHz 左右,该电路的最大特点就是电离效率高,工作可靠性好。然而由于需要人为手动来调节电离源的工作状态,降低了客户的使用体验。

2)电离源理论模型

电离泡内的氢气电离建立在一定真空环境下,真空度一般为 $0.05 \sim 0.8 \, \text{mmHg}$,为了维持该真空,一般采用外接机械泵、分子泵与离子泵等组合真

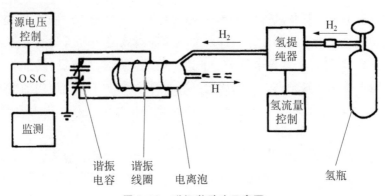

图 2.19 磁场激励法示意图

空泵建立电离泡内的真空,利用氢原子钟电离泡底盘下的吸附泵和小离子泵复合维持电离泡内的真空度。吸附泵内安装有一定数量的吸气剂材料,需采用特殊工艺高温激活后开始维持真空,小离子泵通过结构件安装至吸附泵壳体维持电离泡内的真空度。

建立真空条件后,电离源在氢钟束光学系统中的主要作用为将氢气分子电离,从而源源不断地提供储存泡内产生原子跃迁信号所需的氢原子。电离泡中氢气电离形成由电子、离子、分子和中性粒子组成的氢等离子体,氢钟的正常工作需电离源具有一定范围内的电离度 β,可表示为

$$\beta = n_e/(n_e + n_n) \tag{2.67}$$

式中,n_e 为电子密度,n_n 为中性粒子密度。

电离源功率直接影响了电离泡内氢等离子体的激发,通常氢钟正常工作时电离源内氢等离子体需达到一定电离度,从而源源不断地提供基态氢原子至储存泡,因此电离源的射频线圈功率参数的设置至关重要,氢钟电离源功率的控制主要为射频线圈电压 U。电离源电压表示为

$$P = U^2/R \tag{2.68}$$

式中,U 为射频线圈电压,R 为等效直流阻抗。

氢气流量的控制装置是氢钟重要组成部件之一,氢气流量直接影响了电离泡内氢等离子体的密度,进而影响氢钟频率的长期特性。若电离泡内氢气含量不足,无法激发出氢等离子体,通常会出现电离泡不亮的情况;若电离泡内氢气压强过高,氢等离子体内的粒子密度过大影响其碰撞反应,进而影响其电离度。

电离源的放电频率约为 100 MHz 的经验频率,一般通过调节电离源电路

中的可调节电容 C,实现电离源的起振和电场调节。频率 f 的计算公式可表示为

$$f \approx \frac{1}{2\pi\sqrt{L(C_1 + C_2)}} \tag{2.69}$$

式中,L 为振荡电路中的电感值,C_1 为固定电容,C_2 为可调电容值。当可变电容器两极板之间的相对有效面积(重合面积)发生变化时,其电容也随之发生变化。设极板间的相对有效面积与极板总面积之比为两极板的重合率,当可变电容器两极板的重合率为 100% 时,电容最大;重合率为 0 时,电容最小。这里通过电容两极板的重合率来调节电容 C,计算公式可表示为

$$C = \frac{S_{重合面积}}{S_{总极板面积}}(\%) \tag{2.70}$$

电离泡内的氢等离子体为电感耦合等离子体(inductively coupled plasma,ICP)。在电磁场的作用下,氢气在电离泡中进行电离、离解、电子态激发、复合等过程,形成包含 e,H,H^+,H^-,H_2,H_2^+,H_3^+ 等化学物质的氢等离子体,其中激发态 H 原子跃迁至 $n=2$ 能级的氢原子时会发出 Balmer 线系的光谱,其特征峰主要有 3 个,分别为 H_α(656.56 nm 红色光,$n=3$ 跃迁至 $n=2$ 能级)、H_β(486.14 nm 蓝色光,$n=4$ 跃迁至 $n=2$ 能级)、H_γ(433.90 nm 紫色光,$n=5$ 跃迁至 $n=2$ 能级)。在 ICP 中,氢气分子在电离源线圈产生的约 100 MHz 射频电磁场的作用下,形成氢等离子体,提供产生 σ 跃迁信号的基态氢原子。

在电离泡内的氢等离子体中,根据粒子通量密度 J 的定义,通过介质内任意形状的假想封闭表面 A 向外的净通量为 $\int J \cdot \mathrm{d}A$,由高斯定律,该通量也可以用积分 $\int \nabla \cdot J \, \mathrm{d}v$ 表示,n 为粒子数密度,由于 A 表面任意,则粒子扩散的连续性方程为

$$\frac{\partial n}{\partial t} + \nabla \cdot J = 0 \tag{2.71}$$

根据式(2.71),可以得出电离泡中电子和各类氢离子的运动方程,其中电子的漂移扩散方程为

$$\begin{cases} \dfrac{\partial n_e}{\partial t} + \nabla \cdot \Gamma_e = R_e \\ \dfrac{\partial n_\varepsilon}{\partial t} + \nabla \cdot \Gamma_\varepsilon + E \cdot \Gamma_e = S_{en} \end{cases} \tag{2.72}$$

式中，n_e 为电子密度，$\Gamma_e = -(\mu_e \cdot E)n_e - D_e \cdot \nabla n_e$ 为电子通量（μ_e 为电子迁移率，D_e 为电子扩散率），R_e 为电子数密度源项，由电子与中性粒子间的电离碰撞产生；n_ε 为电子温度，$\Gamma_\varepsilon = -(\mu_{\theta n} \cdot E)n_\varepsilon - D_\varepsilon \cdot \nabla n_\varepsilon$ 为电子能量通量（$\mu_{\theta n}$ 为电子能量迁移率，D_ε 为电子能量扩散率），E 为静电场，S_{en} 为因非弹性碰撞而产生的能量损失或增加。电子密度和电子温度（电子能量密度）通过求解该方程得到。

电离泡中的等离子体有 $k=1, 2, \cdots, Q$ 种重粒子，包括除电子外的其他如 H、H^+、H_2^+、H_3^+ 等重粒子的输运方程描述为

$$\rho \frac{\partial \omega_k}{\partial t} + \rho(\boldsymbol{u} \cdot \nabla)\omega_k = \nabla \cdot \boldsymbol{j}_k + R_k \tag{2.73}$$

式中，u 为背景气体的输运速度，$\rho = \dfrac{pM_n}{RT}$ 为等离子体密度（由理想气体状态方程得出），ω_k 为粒子 k 的质量分数，其质量密度为 $\rho\omega_k$，$j_k = \rho\omega_k V_k$ 为粒子 k 的扩散流失量（V_k 为粒子 k 的扩散速度），R_k 为粒子 k 的产生率。

电离源的电磁场由麦克斯韦方程描述安培定律给出

$$(j\omega\sigma - \omega^2\varepsilon_0\varepsilon_r)\boldsymbol{A} + \nabla\times(\mu_0^{-1}\mu_r^{-1}\nabla\times\boldsymbol{A}) = \boldsymbol{J}_e \tag{2.74}$$

式中，j 为虚单位，ω 为电源角频率，ε_0，ε_r 为真空介电常数和相对介电常数，μ_0，μ_r 为真空磁导率和相对磁导率，A 为磁矢势，J 为电流密度，σ 为电导率。

电离源中的静电场满足泊松方程

$$\boldsymbol{E} = -\nabla V \tag{2.75}$$

氢钟振荡信号增益为其性能的重要表征参数之一，反映了原子跃迁信号相对谐振腔的强度，是原子受激跃迁辐射达到最大时的腔内微波信号与原子为受激态时腔内背景微波信号的功率之比，可表示为

$$G = \frac{b}{p} = \frac{1+S_0}{1+S_0-\alpha} \tag{2.76}$$

3）电离源设计

氢原子钟电离需要 100 MHz 左右的正弦波，目前主要有两种方式输出正弦波信号。

（1）电容三点式振荡器设计。

这里采用三极管放大原理来设计电容三点式 LC 振荡器，由放大电路、正反馈的选频网络和稳幅电路组成。LC 振荡器在满足 $|AF|>1$ 的条件下起振，

可以稳定输出可调的正弦波信号。该振荡器无需外加激励,自身将直流信号转换为交流信号,可以应用于各类电子设备中。该 LC 振荡器具有可用频率范围宽、电路简单、成本低、振荡波形好的特点,能够输出可调的正弦波信号。

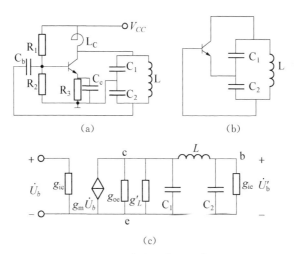

图 2.20　电容三点式振荡器

图 2.20(a)是 LC 电容三点式振荡器的实际电路,(b)是其交流通路,(c)是其 Y 参数高频等效电路。实际电路(a)图中既有直流分量的通路也有交流分量的通路,它实际反映了电路将直流能量转化为交流能量的电路。而真正能反映振荡器工作频率的是其交流通路。(b)图的交流通路虽然结构简单,但不易推导其频率与元件 C、L 之间的数学关系,所以可以从振荡器的 Y 参数等效电路(c)图中来推导其工作频率。在图 2.20(c)中,U 是输入量,U_b' 是反馈量,g_{ie} 是输入电导。g_{oe} 是输出电导、g_m 为跨导,g_1 是三极管以外的电路中所有电导折算在 ce 两端的总电导。假设 g_{oe}、g_1 和 C_1 三者并联等效阻抗为 Z,流过 Z_1 的电流为 I_1;L、C_2 和 g_{ie} 的串并联等效阻抗为 Z,流过 Z 的电流为 I_1,这样就可以将图 2.20 中的图(c)等效为图 2.21。

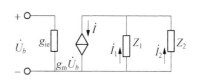

图 2.21　Y 参数等效电路

假设振荡器的振荡频率为 ω_0,根据分流公式有

$$\dot{I}_2 = \frac{Z_1}{Z_1 + Z_2}\dot{I} = \frac{Z_1}{Z_1 + Z_2}g_m\dot{U}_b \qquad (2.77)$$

因为 $\dot{U}'_b = I_2 Z'_2$，Z_2 为 C_2、g_{ie} 并联等效阻抗，将式(2.77)代入得

$$\dot{U}'_b = \dot{I}_2 Z'_2 = \frac{Z_1 Z'_2}{Z_1 + Z_2} g_m \dot{U}_b \tag{2.78}$$

对于正反馈 LC 振荡器来说，环路增益 $T(s)$ 为

$$T(s) = \frac{\dot{U}'_b}{\dot{U}_h} = \frac{Z_1 Z'_2}{Z_1 + Z_2} g_m \tag{2.79}$$

因为

$$Z_1 = \frac{1}{g_{oe} + g'_L + j\omega C_1} , \ Z_2 = j\omega L + \frac{1}{g_{ie} + j\omega C_2} , \ Z'_2 = \frac{1}{j\omega C_2 + g_{ie}} \tag{2.80}$$

将它们代入式(2.79)中可得到

$$
\begin{aligned}
T(s) &= \frac{\dfrac{1}{g_{oe} + g'_L + j\omega C_1} \times \dfrac{1}{j\omega C_2 + g_{ie}}}{\dfrac{1}{g_{oe} + g'_L + j\omega C_1} + \left(j\omega L + \dfrac{1}{g_{ie} + j\omega C_2}\right)} g_m \\
&= \frac{g_m}{g_{ie} + j\omega C_2 + j\omega L \left[g_{ie}(g_{oe} + g'_L) + j\omega C_1 g_{ie} + j\omega C_2(g_{oe} + g'_L) - \omega^2 C_1 C_2\right] + g_{oe} + g'_L + j\omega C_1}
\end{aligned}
\tag{2.81}
$$

根据振荡条件，令 $T(s)$ 虚部为 0，即

$$j\omega C_2 + j\omega L g_{ie}(g_{oe} + g_L) - j\omega^3 LC_1 C_2 + j\omega C_1 = 0 \tag{2.82}$$

将式(2.71)变换可得

$$\omega^2 LC_1 C_2 = C_1 + C_2 + L g_{ie}(g_{oe} + g_L) \tag{2.83}$$

如果令 $C = C_1 C_2 / C_1 + C_2$，则由式(2.72)可得到

$$
\begin{aligned}
\omega &= \sqrt{\frac{C_1 C_2}{LC_1 C_2} + \frac{g_{ie}(g_{oe} + g'_L)}{C_1 C_2}} \\
&= \sqrt{\frac{1}{LC} + \frac{g_{ie}(g_{oe} + g'_L)}{C_1 C_2}}
\end{aligned}
\tag{2.84}
$$

对于晶体管本身的参数等远远小于电路中的元件 L、C 的参数，也就是说

在式(2.73)中第二项远小于第一项,所以在分析计算中振荡器的振荡频率可以近似地表示为

$$\omega = \sqrt{\frac{1}{LC}} = \omega_0 \tag{2.85}$$

即振荡器的振荡频率近似为 LC 回路的谐振频率。

(2) DDS 电离源设计。

本部分主要采用直接数字合成(direct digital synthesizer,DDS)技术,采用专门集成芯片 AD9959 作为正弦波产生模块,由 STM32 作为控制器完成整个系统的设计。系统设计要求如下:输出频率范围为 $50\sim150\,\mathrm{MHz}$,输出功率为 $5\sim10\,\mathrm{W}$ 且波形不失真的正弦波。且输出频率可根据中频信号进行调整。

数字频率合成技术是根据奈奎斯特采样定理,从连续信号的相位出发,将信号取样、编码,形成一个对应的函数表存放在系统 ROM 中;合成时,通过频率控制字来改变相位的增量(或者称为步长),不同的相位增量产生了不同的频率信号。

DDS 一般由相位累加器、波形存储 ROM、D/A 转换器及低通滤波器(low pass fitter,LPF)构成,其原理框图如图 2.22 所示。其中 K 为频率控制字(步长),P 为相位控制字,N 为相位累加器的字长,相位累加器在系统时钟 Fok 下以步长 K 做累加,累加后的输出相位控制字 P 作为波形存储表的寻址地址。根据地址在波形存储表中找到对应的幅值二进制码,然后通过 D/A 转换输出对应的模拟电压,再经过低通滤波输出平滑曲线。

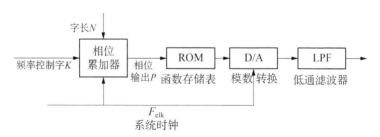

图 2.22　DDS 原理框图

因此,输出信号的频率

$$F_{\text{out}} = \frac{K}{2^N} \cdot F_{\text{dk}} \tag{2.86}$$

频率分辨率为

$$\Delta F = \frac{F_{\text{sjk}}}{2^N} \tag{2.87}$$

2.6 原子钟钟差数据特点

原子钟作为一种高精度的频标,其输出可以表示为(Howe D. et al,1981)

$$V(t) = [V_0 + \varepsilon(t)]\sin[2\pi\nu_0 t + \varphi(t)] \tag{2.88}$$

式中,V_0、ν_0 分别为信号的标称振幅和标称频率,$\varepsilon(t)$、$\varphi(t)$ 分别为振幅和相位的随机偏差。原子钟的瞬时输出相位定义为:$\phi(t) = 2\pi\nu_0 t + \varphi(t)$,而瞬时角频率是相位的导数,即为:$\nu(t) = \nu_0 + \dot{\varphi}(t)/2\pi$,式中 $\dot{\varphi}(t)$ 代表瞬时频率波动。整理后的相对相位偏差和相对频率偏差分别为(Heo et al,2010)

$$x(t) = \frac{\varphi(t)}{2\pi\nu_0} \tag{2.89}$$

$$y(t) = \frac{\dot{\varphi}(t)}{2\pi\nu_0} \tag{2.90}$$

将式(2.89)代入式(2.88)则有

$$V(t) = [V_0 + \varepsilon(t)]\sin[2\pi\nu_0(t + x(t))] \tag{2.91}$$

可知瞬时相对相位偏差 $x(t)$ 在物理上表现为时间偏差,或称作相位时间。同时 $x(t)$ 和 $y(t)$ 之间满足关系:$y(t) = \dfrac{\mathrm{d}x(t)}{\mathrm{d}t}$,即瞬时相对频率偏差是时间偏差的变化率。

这两个定义可以用来方便地描述原子钟观测量。通常,可依据确定性变化分量和随机变化分量准则将时间偏差 $x(t)$(即相位观测量)模型化地表示为(Report 580 of the International Radio Consultative Committee,1986;Heo et al,2010)

$$x(t) = x_0 + y_0 t + \frac{1}{2}at^2 + \psi_x(t) \tag{2.92}$$

式中,右端前三项为原子钟的确定性分量,$x_0 = x(0)$、$y_0 = y(0)$ 分别是初始时刻 $t_0 = 0$ 时的相位偏差和频率偏差,a 为原子钟的线性频漂;$\psi_x(t)$ 为原子钟时间偏差的随机变化量。

综合式(2.90)与式(2.92),则原子钟的瞬时相对频率偏差 $y(t)$ 可表示为

$$y(t) = y_0 + at + \psi_y(t) \tag{2.93}$$

其中,y_0 和 a 的意义与式(2.92)相同,上式右边前两项为原子钟瞬时相对频率偏差的确定性分量,$\psi_y(t)$ 为其随机变化分量。

根据上面的分析可知,原子钟输出的系统性部分可以用一个确定性函数来表示,而其随机性部分为一随机变量,只能从统计的角度来进行分析。下面分别从系统性部分和随机性部分对原子钟钟差数据的特征进行简单的描述。

2.6.1　原子钟钟差的系统性模型

通常,原子钟钟差数据的系统性部分可以使用线性时间模型、二次时间模型和多项式时间模型等来进行描述;根据一定数量的钟差数据,利用回归分析方法便可求取各时间模型中参数的估值,从而实现原子钟数据系统性时间模型的确立(冯遂亮,2009)。

2.6.2　原子钟钟差的随机性模型

在国际上,为众多学者所普遍接受的原子钟钟差数据随机性变化分量表示的是将其当作五种噪声的线性叠加(郭海荣,2006),即

$$\psi_y(t) = \sum_{a=-2}^{2} z_a(t) \tag{2.94}$$

上式中,$z_a(t)(\alpha = -2, -1, 0, 1, 2)$ 表示五种独立的噪声过程;分别称为调相闪变噪声(flicker phase noise,FPN)、调频闪变噪声(flicker frequency noise,FFN)、调相白噪声(white phase noise,WPN)、调频白噪声(white frequency noise,WFN)和调频随机游走噪声(random walk frequency noise,RWFN)。随机性变化分量 $\psi_y(t)$ 仅可由钟的频率稳定度来表征它的统计特性,因为其具体数值难以用常规方法获得。

对于 GNSS 系统而言,其提供精确的导航、定位和授时服务的实质就是精确时间的测定,这其中包括了卫星钟差、测站钟差、信号传播时延、设备时延等

一系列时间参数的测定和解算。涉及各类时间参数都是以 GNSS 时间基准作为参考的,这就使得获得的钟差数据(时差数据)在一定程度上表现出原子钟钟差数据的特点,毕竟这些数据的参考源头都是原子钟,因此在实际 GNSS 钟差的相关分析和应用中都要考虑原子钟钟差数据的特点。

第3章

钟差数据预处理与卫星
钟差产品质量评定

可靠有效的卫星钟差数据是进行星载原子钟性能分析和卫星钟差建模与预报的前提和基础。GNSS 星载原子钟在长期运行的过程中会出现钟切换、调频等操作,同时还会受到各种不确定因素的影响,所以在获取的卫星钟差数据中经常会出现数据异常的情况。在基于卫星钟差数据进行星载原子钟性能分析和钟差建模预报的研究和分析中,对所获取的卫星钟差数据进行预处理,从而降低甚至是消除异常数据对研究和分析结果造成的影响,是一个关键的环节。

此外,目前能够获取的卫星钟差数据产品有多种,而不同的卫星钟差产品各具特点。虽然像 IGS 钟差产品在其官网提供了对应的标称精度等指标参数,但这些指标参数比较笼统。例如 IGS 的 IGR 钟差产品只给出了 GPS 整个系统对应的数据精度,GPS 系统包含了几种不同类型的星载原子钟,而不同类型卫星钟的钟差是存在精度差异的。所以,评定不同类型卫星钟差产品的质量,对基于钟差数据的实际研究和应用具有重要的参考价值;同时根据评定结果可以检核 IGS 钟差产品的标称精度。

基于上述分析,本章主要研究卫星钟差数据的预处理方法并评估不同钟差产品的质量。具体而言,首先给出确定卫星钟差的常用方法,其次分析常见的钟差异常现象,再次重点研究钟差数据中粗差的处理方法,提出了基于中位数(median absolute deviation,MAD)方法的数据预处理策略和基于小波分析的钟差异常值处理方法,最后设计相应的指标对 IGS 及其 MGEX 的卫星钟差产品进行质量评定。

3.1 确定卫星钟差的常用方法

GNSS 星载原子钟由于自身复杂的时频特性和易受外界环境影响等原因，使得地面运控系统测得的星载原子钟钟面时与卫星导航系统的系统时之间存在偏差值，该偏差值也就是卫星钟差（Wang et al,2016；刘基余，2008）。对于卫星钟差的确定，目前有多种技术手段和方法，主要包括星地双向时间同步比对法（刘利，2004；孟凡芹，2013）、精密定轨同时解算钟差（Bock H. et al，2009；刘伟平等，2014）、卫星激光双向测距比对法（秦显平等，2004）、监测站伪距与星地距比对法（路晓峰，2007）等。

3.1.1 星地双向时间同步比对法

星地双向时间同步比对法采用"互发互收"的工作模式，其基本原理可以概括为：假如当 T_0^A 时刻地面站对卫星进行了测距信号的发射，而卫星上的接收设备于 T_S 时刻（卫星上的钟面时）收到该测距信号同时把观测数据发送给地面站；与此同时，T_0^S 时刻卫星发射测距信号给地面站，并在钟面时刻 T_A 被地面站接收，此时星上接收设备和地面接收设备测得的 L 波段上下行伪距分别是（路晓峰，2007；高为广等，2014）

$$\begin{cases} \rho'_S = c\tau'_S = c(T_S - T_0^A) = c\Delta T_{SA} + \rho_S \\ \rho'_A = c\tau'_A = c(T_A - T_0^S) = -c\Delta T_{SA} + \rho_A \end{cases} \tag{3.1}$$

式中，c 为光速，ΔT_{SA} 为卫星钟和地面钟之差，ρ'_S 为星上接收设备测得的 L 波段上行伪距，ρ_S 为 T_S 时刻卫星至地面站的距离，ρ'_A 为地面接收设备测得的 L 波段下行伪距，ρ_A 为 T_A 时刻卫星至地面站的距离。上面两式相减可得（张清华，2011）

$$\Delta T_{SA} = \frac{1}{2c}(\rho'_A - \rho'_S) + \frac{1}{2c}(\rho_S - \rho_A) \tag{3.2}$$

求得的 ΔT_{SA}，即为卫星钟和地面钟之差。由上式可知，影响星地双向时间同步伪距比对法精度的因素有 L 波段上下行伪距 ρ'_S，ρ'_A 精度，以及由于时间不同步引起的卫星至地面站的距离差。星地双向时间同步比对法由观测数据计算卫星钟差流程如图 3.1 所示。

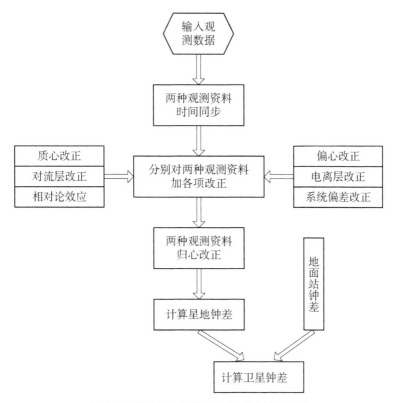

图 3.1 星地双向时间同步比对法的流程图

3.1.2 精密定轨同时解算钟差

利用 GNSS 观测数据解算导航卫星的精密轨道和钟差,通常使用消电离层组合观测量,其相位与伪距观测值的误差方程可表示为(李星星等,2010)

$$v_{k,\Phi}^j(i) = \Delta t_k(i) - \Delta t^j(i) + \rho_k^j(i)/C + \delta\rho_{k,\text{trop}}^j(i)/C + \lambda \cdot N_k^j/C + \varepsilon_{k,\Phi}^j(i) - \lambda \cdot \Phi_k^j(i)/C$$

(3.3)

$$v_{k,p}^j(i) = \Delta t_k(i) - \Delta t^j(i) + \rho_k^j(i)/C + \delta\rho_{k,\text{trop}}^j(i)/C + \varepsilon_{k,p}^j(i) - P_k^j(i)/C$$

(3.4)

式中,j 为卫星号,k 为测站号,C 为真空中光速,i 为相应的观测历元,$\Delta t_k(i)$ 表示接收机钟差,$\delta\rho_{k,\text{trop}}^j(i)$ 为对流层延迟影响,$\Delta t^j(i)$ 为卫星钟差,$\varepsilon_{k,p}^j(i)$、$\varepsilon_{k,\Phi}^j(i)$ 为多路径、观测噪声等未模型化的误差影响,$P_k^j(i)$、$\Phi_k^j(i)$ 为相应卫

星、测站和历元的消除了电离层影响的组合观测量,λ 为相应的波长,$v_{k,p}^i$、$v_{k,\varphi}^i$ 为对应的观测误差,ρ_k^i 为信号发射时刻的卫星位置到信号接收机位置之间的几何距离。

同时,需要注意的是,GNSS 观测值是站星之间的相对延迟,基于上面两个公式求解钟差参数时,须先固定一基准钟的钟差,在此基础上,其他接收机与卫星的相对钟差被确定,最后相对钟差值加上基准钟差值便可得到绝对卫星钟差值。在解算上面两个方程式时,主要有两种方法:①使用双差数据消去钟差,解算出卫星轨道等参数,然后将解算出的轨道固定,再采用非差模式估计卫星钟差;②利用非差数据处理模式将轨道和钟差一起估计。这两种方法各有特点,合理使用均能取得较好的参数估计效果。图 3.2 给出基于 GNSS 观测数据解算精密轨道和钟差的数据处理流程图(刘伟平等,2014)。这种解算卫星钟差的方法在 GNSS 精密卫星钟差获取中最为常用,本书所使用的卫星钟差数据都是通过该方法得到的。

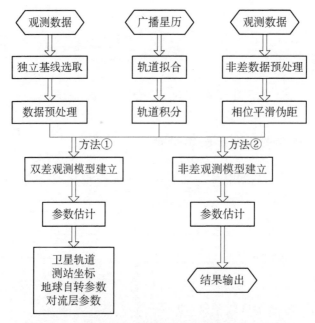

图 3.2 GNSS 观测数据解算精密轨道和钟差的流程图

3.1.3 卫星激光双向测距比对法

基于卫星激光双向测距比对法确定卫星钟差的过程可以表述为(秦显平

等,2014;路晓峰,2007):地面监测站发射激光脉冲给导航卫星,该脉冲信号到达卫星后被星上的反射器反射回地面站;装置于地面的计时器记录地面站秒脉冲和激光发射脉冲之间的时间间隔 T_A,以及激光脉冲往返于卫星和地面站之间的传播时间 τ;卫星上面配置的计时器则记录激光接收脉冲和卫星钟秒脉冲之间的时间间隔 T_B;卫星将本身测得的时间间隔 T_B 发给地面站,便可基于下式计算星地钟差 ΔT_{SA}

$$\Delta T_{SA} = T_A - T_B - \frac{\tau}{2} \tag{3.5}$$

卫星激光双向测距比对法由观测数据计算卫星钟差的流程如图 3.3 所示。

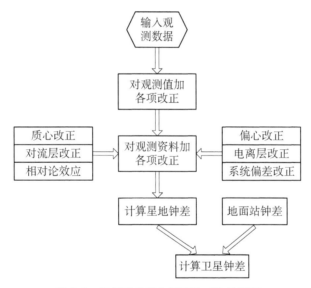

图 3.3　卫星激光双向测距比对法流程图

3.1.4　监测站伪距与星地距比对法

监测站伪距与星地距比对法计算钟差采用了监测站双频伪距观测量、监测站坐标信息和卫星精密轨道信息,其基本原理可描述为(路晓峰,2007;张清华,2014):GNSS 采用单程测量传播延迟作为观测量,因此,要确定卫星和地面监测站的距离,就得保持星载原子钟和监测站接收机钟同步。因为监测站接收机钟与卫星钟的不严格同步,使得所测的伪距观测量包含了卫星钟差和接收机钟差,其值为所测接收机到卫星的真实距离加上地面钟跟卫星钟的钟差,忽略其

中的一些改正,则可表示成

$$\begin{cases} \rho' = \rho + c\Delta t_R - c\Delta t_S \\ \Delta t_S = \dfrac{1}{c}(\rho - \rho' + c\Delta t_R) \end{cases} \tag{3.6}$$

式中,ρ' 为伪距观测量,ρ 为星地距,Δt_R 为接收机钟差,Δt_S 为卫星钟的钟差。

此外,采用伪距与星地距比对法进行星地钟差计算,不仅要进行伪距的误差消除,还要进行卫星到测站距离计算的误差消除,具体过程可见图 3.4。

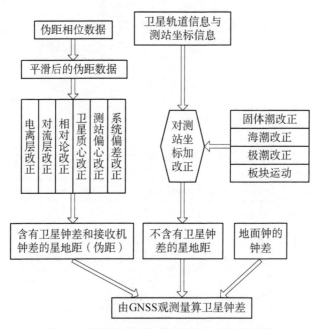

图 3.4　监测站伪距与星地距比对法的流程图

3.2　常见的钟差数据异常及其处理策略

在分析和处理钟差数据异常之前,对于获得的原始钟差数据,要进行相频数据转换等步骤。这是因为相位(钟差)数据可以直接用于星载原子钟的钟差预报,但相位数据不利于异常值的发现和剔除;而频率数据作为描述频率源内部参数的基本观测量,可以方便地用于异常值判断和处理。所以,为了适应具体应用的需求,相位数据和频率数据间需要经常进行相互转换(郭海荣,2006)。相位数据转化为频率数据可以通过计算相位数据的一次差分除以采样时间或平滑时间来获得(冯遂亮,2009),其表达式如 1.2.2 节式(1.2)所示。同时,频率数据可通过以平滑时间作为积分间隔的分段积分转换为相位数据,即

$$x_i = \int_0^t y(\lambda)\mathrm{d}y \tag{3.7}$$

但值得注意的是:频率转换相位时第一个相位值设为零(不影响频率稳定性分析),同时这个转换过程并不严格正确,绝对相位值不能通过频率数据转换得到(郭海荣,2006)。

另外,在进行钟差数据预处理前通过数据绘图将原始数据表示出来并对数据进行初步的分析,可以从直观上了解数据的特点,便于粗略地辨别异常数据情况。这里以 1 颗 GPS 卫星和 1 颗 BDS 卫星的钟差数据及其对应的频率数据为例,通过绘图分析来观察卫星钟差数据中存在的异常情况。图 3.5 给出的是 GPS 系统 PRN32 卫星的相位数据及其转换得到的频率数据,钟差数据的来源是 IGS 提供的 15 分钟采样间隔的最终精密星历卫星钟差,数据收集的时间段为 2016 年 3 月 9 日到 2016 年 8 月 27 日,共 172 天;图 3.6 给出的是 BDS 系统 C02 卫星的相位数据及其转换得到的频率数据,该钟差数据来自 IGS MGEX 武汉大学 GNSS 中心提供的精密星历卫星钟差,数据的采样间隔为 15 分钟,数据收集的时间段为 2013 年 1 月 1 日到 2013 年 12 月 31 日,共 1 年。

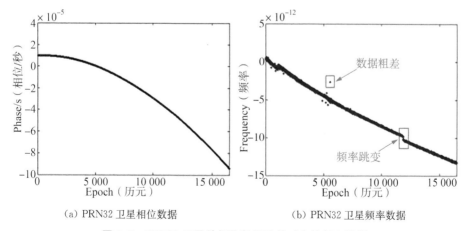

(a) PRN32 卫星相位数据　　　(b) PRN32 卫星频率数据

图 3.5　PRN32 卫星的相位数据及其对应的频率数据

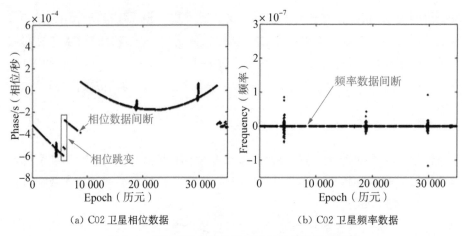

(a) C02 卫星相位数据   (b) C02 卫星频率数据

图 3.6　C02 卫星的相位数据及其对应的频率数据

从图 3.5 和图 3.6 可以看出,原始相位数据的图示可直观掌握星载原子钟相位数据的整体趋势和波动情况;同时可以看出,在长时间段的卫星钟差数据中存在较为显著的数据异常,而这些异常数据主要包括:相位跳变、频率跳变、数据间断和数据粗差。目前,针对不同的数据异常,通常会采取相应的处理方法。

对于相位数据的跳变,在进行钟差预报时,通常是对跳变前后进行分段预报;而在频率稳定性分析的时候则是剔除相位跳变点。而对于频率跳变的处理,也是将频率跳变前后分成两段进行处理。同时,识别频率跳变点则可以使用移动窗口的方法来进行,对比移动窗口前后两半数据均值的变化点来定位频率跳变点(郭海荣,2006)。

对于含有间断的钟差数据,在应用和分析时需视具体情况进行不同的处理:稳定性分析时可忽略丢失的数据直接用原始数据来完成,对原始相位或频率数据进行绘图分析、估计频率漂移的大小时需要在丢失数据的时刻插入该断点来准确掌握原数据的质量;另外,间断时间较短时可以用线性函数的插值结果来替代间断点,但在白噪声情况下不可(因为此时的时间序列不相关);同时数据间断较长时也不能采取内插的方式,这时要将间断前后分为两部分进行分析和使用(郭海荣,2006;冯遂亮,2009)。本书在基于钟差数据进行钟差建模和预报的实验时,不使用含有间断(缺失)的数据段,除非有相应的说明。

对于钟差数据中的粗差处理,常用的方法主要有中位数(MAD)方法(Riley,2007;冯遂亮,2009)、抗差估计方法(Huang et al,2012)以及 Bayesian 方法(张倩倩等,2016)等。其中,MAD 方法具有原理简单、计算效率高等优点,是目前钟差数据预处理中普遍采用的一种方法(郭海荣,2006;Riley,2007;黄观文,2012)。但是,常规的 MAD 方法在具体应用时仍存在有待改进之处,下一节将对此进行详细的讨论。

3.3　基于 MAD 方法的卫星钟差数据预处理策略

本节在结合 BDS 卫星钟差数据序列特点的基础上,提出了一种基于改进 MAD 方法的数据预处理策略。

3.3.1　MAD 方法的工作原理

通常,卫星钟差数据的数值较大,往往容易掩盖其中所含的粗差等异常数据(从上面的图 3.5 便可以看出),所以钟差数据的粗差探测一般是在其对应的频率数据上进行的。MAD 方法进行粗差探测的思路是:将每一个频率数据 y_i 与频率数据序列的中数(MED)m 加上中位数(MAD)的若干倍之和相比较,即当观测量

$$| y_i | > (m + n \cdot \text{MAD}) \tag{3.8}$$

时(整数 n 通常取值为 5,具体应用中根据需要确定)就认为是粗差点,式中 $m = \text{Median}(y_i)$,$\text{MAD} = \text{Median}\{| y_i - m | / 0.674\ 5\}$(Riley,2007;郭海荣,2006)。该方法通常只应用于频率数据,本书是将钟差数据转换为频率数据后再进行异常值探测的。

探测出异常值之后,一般是将该异常数据设为 0 或者通过剩余数据对其进行内插。但是,这两种异常值处理方式都会引入新的数据,从而造成原始数据一定程度上的失真。为了避免这种情况,在处理长时间段较多的钟差数据时,本书在探测出异常频率数据后直接将其对应的卫星钟差数据设为空,即这些历元时刻的卫星钟差数据缺失。同时,为了区别于常用的 MAD 方法,本书将采用该处理方式的 MAD 方法称为改进的 MAD 方法。

3.3.2　基于改进的 MAD 方法处理长时间段的钟差数据

在处理长时间段的卫星钟差数据时,一般是基于每天的钟差数据采用 MAD 方法进行数据预处理。但是,在处理长时间段 BDS 卫星钟差数据时,发

现此处理策略不能有效地实现数据的预处理。例如，武汉大学 GNSS 中心提供的 BDS 最终精密钟差数据在 2013 年 2 月 14 日和 15 日存在整体的异常变化（通常，在原子钟的实际运行中不太可能出现这种情况，出现这种情况或与基于多星定轨联合解算卫星轨道和钟差的解算方式有关），如图 3.7 所示。同时为了便于对比，图中还给出了该时间段前后相邻两天的钟差数据。从图中可以看出，正常情况下卫星钟差数据的变化都是相对平稳的，正如异常波动时间段前后相邻两天的钟差数据，即使数据出现间断现象，但仍平稳变化。而对于像图 3.7 这样的异常数据段是不能以天为长度使用 MAD 方法进行处理的；要有效处理这种异常数据，需结合图示并且单独提取数据片段来进行确认处理，但这在数据量较大的钟差数据预处理中是一项较为繁琐的工作。

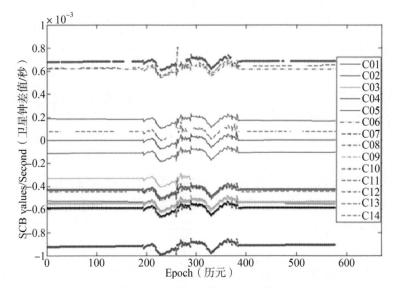

图 3.7　2013.02.12～2013.02.17 期间 14 颗 BDS 卫星的钟差数据

　　基于此，本书提出一种适合长时间段钟差数据预处理的策略。第一步，首先对长时间段卫星钟差数据的非空数据进行提取，然后将提取的非空钟差数据转换为对应的频率数据，采用改进的 MAD 方法进行处理，得到预处理后的钟差数据，并且恢复这些数据跟其原来时刻的对应关系。第二步，在第一步处理结果的基础上再对长时间段的钟差序列基于每天的数据采用改进的 MAD 方法进行再次预处理。经过两步处理，可得到相对干净的卫星钟差数据。

　　同时，对本书所提预处理策略的工作原理进行分析。在第一步的处理中，因为 BDS 卫星钟差的长期数据序列中不可避免地存在数据间断(周佩元等,2015a),所以提取的长时间段非空钟差数据组成了一个连续的、非等间隔的数据序列。正常情况下,钟差数据相邻历元之间的变化值较小,其对应频率数据的变化也较小;对于上面提到的异常数据片段或者单个、多个异常的数据点,其对应的频率数值则较大;同时,对于所提取的钟差序列,如果相邻两个钟差数据的间隔时间较长或相邻钟差数据表现为跳变,则其对应的频率数值也较大。而在长时间段的钟差序列中,正常数据片段占绝大多数,对于提取后的数据序列所对应的频率序列中出现的峰值点,基于改进的 MAD 方法可以较为容易地探测出并进行处理。此时为了避免正常数据被误判剔除,改进的 MAD 方法中参数 n 取大于 5 的数值,具体数值结合实际情况来确定。由于第一步是将长时间段的所有数据视为一个整体来处理显著的异常值,其中的参数 n 取较大值,所以会导致钟差数据中含较小粗差的异常数据没有被识别处理,因此需要进行第二步处理,即基于每天的数据采用改进的 MAD 方法进行再次预处理。第二步主要是处理含有较小粗差的异常值,所以此时 MAD 方法中参数 n 取较小的值,一般取 3~5。

需要注意的是,本书长时间段卫星钟差数据预处理的目的是剔除数据序列中的异常值,提供相对干净的卫星钟差数据。而在基于预处理后的数据计算卫星钟的性能指标时,还要满足具体方法对数据的要求。例如,在基于频谱分析提取钟差数据的周期项时,数据的个数要满足 2^L 个($L=0, 1, 2, \cdots, n$),若个数达不到要求则通过补充 0 元素来满足;为了符合公式的要求,在具体的计算中就需要对间断点和序列最后补 0 填充。

3.3.3 算例分析

本节卫星钟差数据采用 IGS MGEX 武汉大学 GNSS 中心提供的 wum ∗ ∗ ∗ ∗ ∗.sp3 文件中的 BDS 精密卫星钟差数据,数据的采样间隔为 15 分钟。该钟差产品的精度较好,可以较为客观地用来开展与 BDS 卫星钟相关的研究和实验(周佩元等,2015a;余航,2015)。实验数据采集的时间段为 2013 年 1 月 1 日到 2013 年 12 月 31 日,共 1 年。

为了验证本书所提预处理策略的有效性,同时顾及 BDS 卫星的轨道类型,选取 GEO 卫星 C02、IGSO 卫星 C10 和 MEO 卫星 C14 进行实验。通过预处理后的钟差数据、频率数据以及钟差数据基于二次多项式进行逐日拟合的拟合残差来分析所提预处理策略的效果。图 3.8 给出了三颗卫星的原始钟差数据和其对应的频率数据以及处理后的钟差数据、频率数据和钟差数据的拟合残差。此时预处理策略第一步中 MAD 方法的 n 分别取值 5、15、5，第二步中 MAD 方法的 n 分别取值 5、5、3。

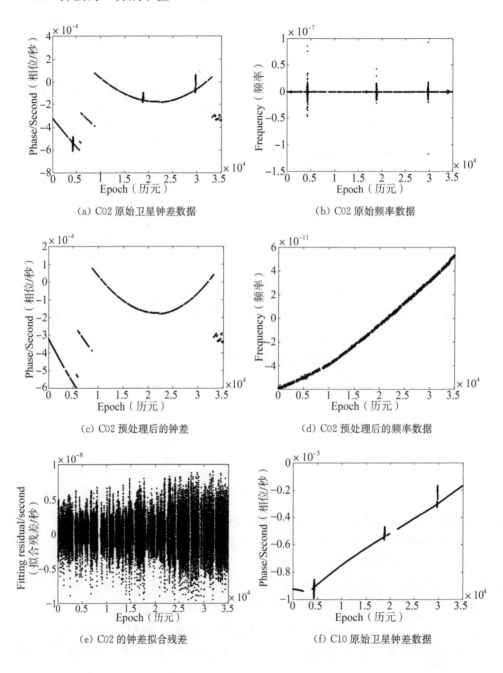

(a) C02 原始卫星钟差数据

(b) C02 原始频率数据

(c) C02 预处理后的钟差

(d) C02 预处理后的频率数据

(e) C02 的钟差拟合残差

(f) C10 原始卫星钟差数据

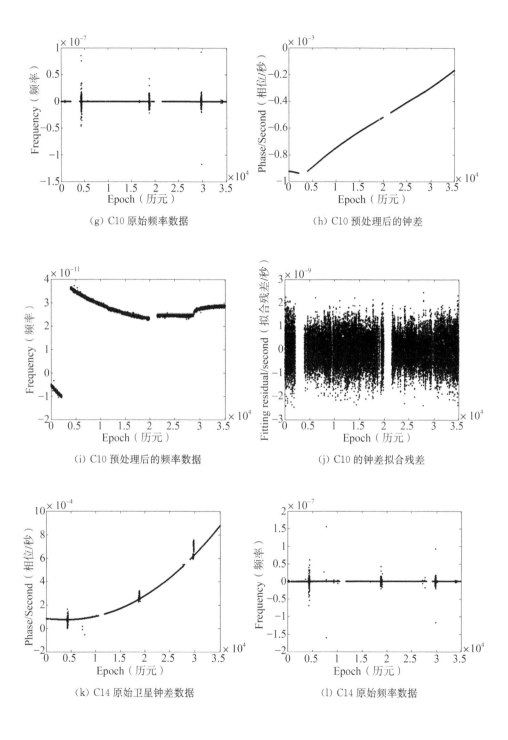

（g）C10 原始频率数据

（h）C10 预处理后的钟差

（i）C10 预处理后的频率数据

（j）C10 的钟差拟合残差

（k）C14 原始卫星钟差数据

（l）C14 原始频率数据

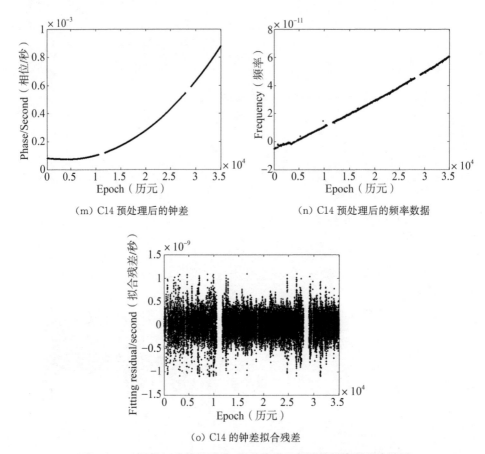

（m）C14 预处理后的钟差　　　　　　　（n）C14 预处理后的频率数据

（o）C14 的钟差拟合残差

图 3.8　三颗 BDS 卫星的钟差、频率数据及其钟差数据的拟合残差

对比预处理前后的卫星钟差数据和频率数据，可以看出由于异常数据的影响，三颗卫星原始的钟差数据中存在三处较为显著的异常波动，所对应的原始频率数据也存在明显的异常波动。采用本书所提预处理策略进行处理后，卫星钟差数据中的显著异常波动值被剔除，钟差数据整体上呈相对光滑的变化趋势；预处理后的频率数据图示整体上减小了 4 个数量级，从而使得频率数据的真实变化情况得到充分反映；这些都充分说明了本节所提预处理策略的有效性。同时，根据卫星钟差数据的拟合残差可以看出，预处理后的钟差数据可以有效地进行拟合；此时三颗卫星的钟差数据拟合残差的均方根误差值分别为 $2.5×10^{-9}$ s、$0.6×10^{-9}$ s、$0.2×10^{-9}$ s，该拟合精度与已有文献（余航，2015；周佩元等，2015b）中计算的拟合精度具有很好的一致性，进一步验证了本节所提预处理策略的有效性。

3.4　基于小波理论的异常钟差处理方法

小波分析作为傅里叶分析的突破性进展,目前已经被广泛应用于多个领域 (Souza and Monico,2007;王宇谱等,2012;Pugliano et al,2016)。基于小波分析能同时在时频域中对信号进行分析,从而有效区分信号中突变部分与噪声的特性(吕瑞兰,2003),本节研究利用小波分析处理钟差异常值的方法。

3.4.1　小波分析的基本原理

设 $\varphi(t) \in L^2(R)$,若其傅里叶变换满足容许性条件,则称 $\varphi(t)$ 为一个小波或者母小波(冯遂亮,2009)。对母小波 $\varphi(t)$ 进行伸缩和平移得

$$\varphi_{a,b}(t) = \frac{1}{\sqrt{|a|}} \varphi\left(\frac{t-b}{a}\right) \tag{3.9}$$

则 $\varphi_{a,b}(t)$ 称为一个小波序列,其中 a 和 b 分别为伸缩因子和平移因子(耿则勋,2002;周伟,2011)。

小波的多分辨分析是对信号的低频空间作进一步分解,在不同尺度或分辨率上对原始信号的近似或者逼近,在某一尺度上的近似信号可以用粗分辨率下的近似信号加上相应尺度上的细节信号表示。多分辨分析对信号空间用正交变换在不同尺度上的分解可表示为(耿则勋,2002;冯遂亮,2009)

$$\begin{aligned}
V_N &= W_{N+1} \oplus V_{N+1} \\
&= W_{N+1} \oplus W_{N+2} \oplus V_{N+2} \\
&\cdots\cdots \\
&= W_{N+1} \oplus W_{N+2} \oplus \cdots \oplus W_{N+k} \oplus V_{N+k}
\end{aligned} \tag{3.10}$$

对于 $f_N(t) \in V_N$,则有

$$f_N(t) = Df_{N+1}(t) + Df_{N+2}(t) + \cdots + Df_{N+k}(t) + Af_{N+k}(t) \tag{3.11}$$

式中, $Df_{N+i}(t)(i=1, 2, \cdots, k)$ 分别为分解各层高频细节信号的重建新号, $Af_{N+k}(t)(i=1, 2, \cdots, k)$ 为最后一尺度低频信号的重建近似信号,此即为小波变换的基本思想。

3.4.2　利用小波分析处理钟差数据中的粗差

若某台原子钟在相同的条件下被测量,则获得的钟数据通常会符合一定的变化趋势,如果测得的某些测量值跟其周围的值相比出现了较大起伏,则有理由认为该观测值为粗差(冯遂亮,2009)。在小波分析中,若把测得的数据视为一个信号,则对应的粗差问题便是将信号中突变点的位置进行提取,并且判定其奇异性(或光滑性)。信号中的突变点在小波变换域常对应于小波变换系数模的极值点或过零点,而且信号奇异性的大小同小波变换系数的极值随尺度的变化规律相互对应,因此可以利用小波函数对测量数据进行分解,根据小波系数的异常情况判别粗差点,通过小波重构得到去除粗差后的数据。

目前,已经有将小波分析方法用于 GPS 原子钟数据粗差处理的初步研究和分析(冯遂亮,2009),其将原始频率数据进行小波多分辨分析,然后提取小波分解的结果,得到分解的各层小波系数,再利用经验公式对高低频小波系数进行处理。但是,本书在对 BDS 卫星钟差数据的处理中发现,使用已有的小波分析方法不能有效处理 BDS 卫星钟差数据中的粗差。这是由于在实际处理中现有的阈值探测方法很难探测出低频小波系数中的异常点,而对数据异常点引起低频小波系数变化值的准确定位和处理是钟差数据中粗差探测的关键(具体参见 3.3.3 节中分析)。因此,本书提出的利用小波分析对卫星钟差数据进行粗差处理的步骤如下:

首先,卫星钟差数据转换为对应的频率数据,然后对频率数据进行小波分解,提取得到分解的低频小波系数 ca_i 和各层的高频小波系数 cd_j。

其次,对各层分解的小波系数进行分析,根据小波系数图初步判断异常点的位置;对于小波分解法而言,影响粗差处理效果最大的因素是对低频小波系数的处理,由于低频小波系数的变化量较小,因此采用低频小波系数的中位数作为阈值,即 $med = median\{|ca_i|\}$,若 $ca_i > med/3$,则判定该点小波系数为粗差点。因为低频小波系数值比较接近,将探测得到的系数异常点 ca_i 用中位数 med 代替。当粗差点值较小时,引起低频小波系数突变量较小,往往突变起始点的低频小波系数不能被阈值发现,此时需要结合图示法判断并处理。

再次,由于小波系数处理会使粗差点周围的频率值发生改变,为了减小对周围数据的影响,针对高频小波系数 cd_j,基于经验公式 $\sigma_i = median\{|cd_j|/0.6745\}$ 计算各层小波系数的方差值,把 $|cd_j| > 3\sigma_j$ 的小波系数点确定为异常点,对异常点采取置零的处理方式。

最后,将处理后的小波重构,得到粗差处理后的钟差数据序列。

3.4.3　试验分析

为了验证本节所提方法的有效性并对其特性进行较为全面的分析,本节从新方法对粗差点的处理结果、不同尺度的小波分解对处理效果的影响,以及不同小波函数处理效果的差异三个方面设计试验算例来进行验证和分析。

1)利用本节所提方法处理 BDS 卫星钟差数据的粗差点

在基于小波分析进行异常信号的处理时,常采用 db3 小波的 4 尺度变换,所以这里的实验使用该小波来验证所提方法的有效性。实验数据采用 MGEX 武汉大学 GNSS 中心提供的 5 分钟采样间隔的 BDS 精密卫星钟差数据(本节下面实验中 BDS 卫星钟差数据的来源与之类似)。以 C06 卫星 2015 年 2 月 15 日的数据为例,给其中随机加入一个历元的粗差。图 3.9 给出了钟差数据处理前后的相位、频率以及小波分解过程中各层的小波系数。

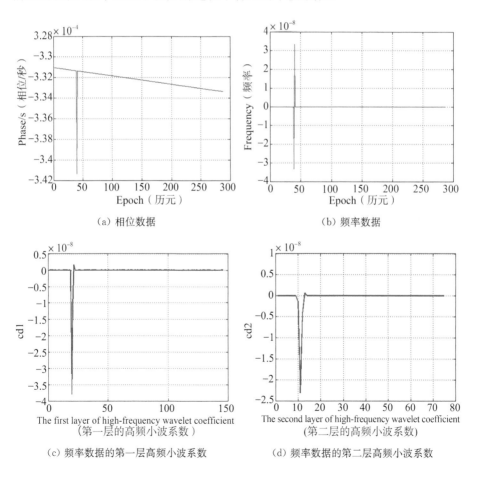

(a) 相位数据

(b) 频率数据

(c) 频率数据的第一层高频小波系数

(d) 频率数据的第二层高频小波系数

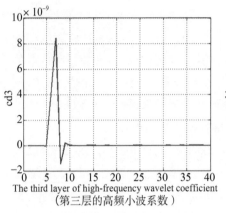

The third layer of high-frequency wavelet coefficient
（第三层的高频小波系数）

（e）频率数据的第三层高频小波系数

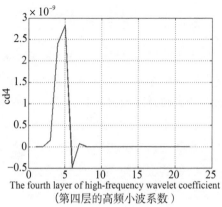

The fourth layer of high-frequency wavelet coefficient
（第四层的高频小波系数）

（f）频率数据的第四层高频小波系数

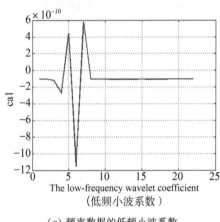

The low-frequency wavelet coefficient
（低频小波系数）

（g）频率数据的低频小波系数

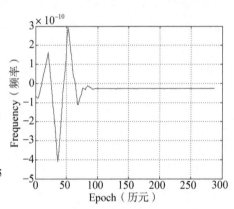

（h）仅处理高频系数后的频率数据

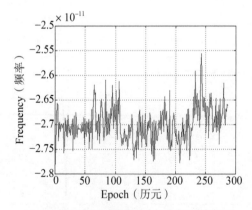

（i）高频系数和低频系数同时处理后的频率数据

图 3.9　C06 卫星的钟差数据基于小波分解的处理过程

根据图 3.9 可以看出,加入粗差点后各层小波系数能很好地表征出异常点的位置,并且可以看出低频小波系数的值总体很小,且第一个数据异常点的变化量很小,在实际实验中,现有的阈值探测方法很难探测出,但是结合低频小波系数的图示则很容易识别出该点为小波系数的突变点。此外,对比图 3.9(h)和 3.9(i)可知,若只处理高频小波系数而不对低频小波系数进行处理,则会造成数据粗差点周围的数据产生较大的波动,从而出现新的异常值。而对低频小波系数进行粗差处理后,则能够取得较好的粗差处理效果。说明利用小波函数处理钟差数据中粗差的关键是对低频小波分解系数中异常情况的处理。

为了进一步验证所提方法的有效性,采用不同类型卫星在不同天的精密钟差数据进行实验分析。选用 GEO 卫星 C01、C04(2015 年 1 月 8 日的数据),IGSO 卫星C08(2015 年 2 月 15 日的数据),MEO 卫星 C11(2015 年 2 月 15 日的数据)、C14(2015 年 3 月 5 日的数据),在五颗卫星各一天的精密钟差数据中随机加入一个历元的粗差,然后基于小波分析进行粗差的处理。处理前后的频率数据对比如图 3.10

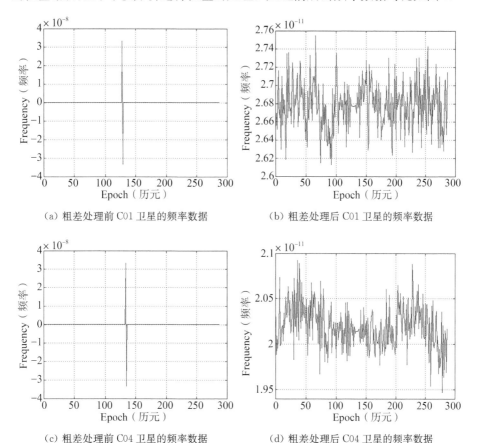

（a）粗差处理前 C01 卫星的频率数据　　　（b）粗差处理后 C01 卫星的频率数据

（c）粗差处理前 C04 卫星的频率数据　　　（d）粗差处理后 C04 卫星的频率数据

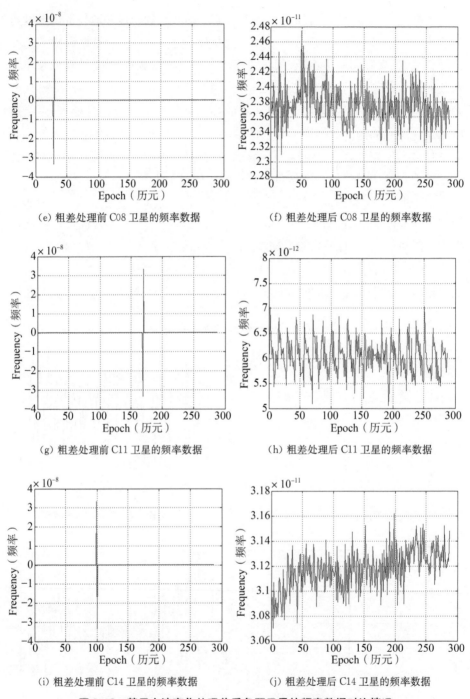

（e）粗差处理前 C08 卫星的频率数据　　　　（f）粗差处理后 C08 卫星的频率数据

（g）粗差处理前 C11 卫星的频率数据　　　　（h）粗差处理后 C11 卫星的频率数据

（i）粗差处理前 C14 卫星的频率数据　　　　（j）粗差处理后 C14 卫星的频率数据

图 3.10　基于小波变化处理前后各颗卫星的频率数据对比情况

所示。从图 3.10 可以看出,采用本书所提方法可以有效处理 BDS 卫星钟差数据中的粗差。

2) 不同尺度的小波分解对处理效果的影响分析

如上所述,用小波变换处理粗差时常用的是 db3 小波的 4 尺度分解。为了分析同一小波不同的分解尺度对粗差探测和处理结果的影响,基于本节前面提到的 C06、C08 和 C11 所使用的钟差数据进行实验。三颗卫星的钟差数据中都随机加入一个历元的粗差,用 db3 小波的多个尺度函数进行分解,基于所提方法进行粗差处理,其过程和结果如图 3.11 所示,并将不同分解尺度处理后的相位数据精度值(用 RMS 值表征,计算方式为:预处理后的钟差序列与不含粗差的原钟差序列作差,差值的平方和取平均再开平方)统计到表 3.1 中。

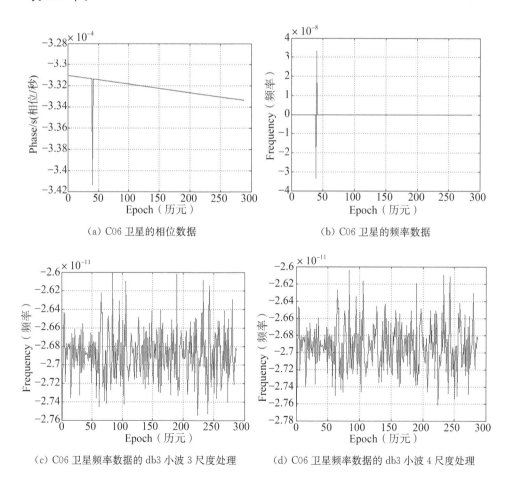

(a) C06 卫星的相位数据

(b) C06 卫星的频率数据

(c) C06 卫星频率数据的 db3 小波 3 尺度处理

(d) C06 卫星频率数据的 db3 小波 4 尺度处理

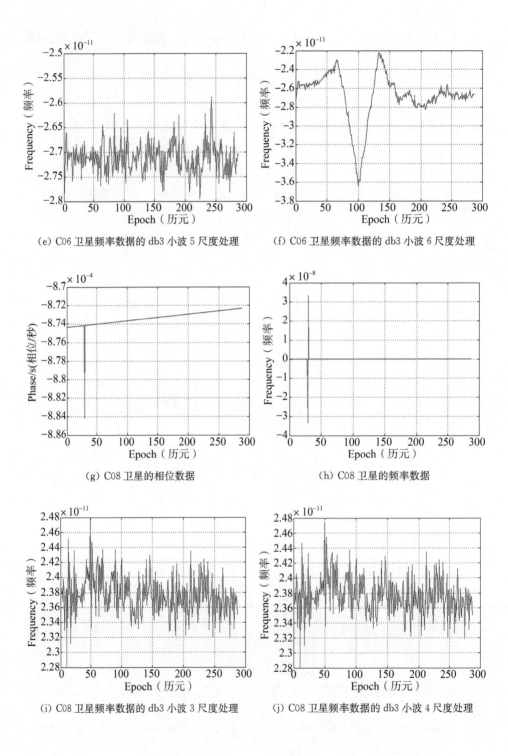

（e）C06 卫星频率数据的 db3 小波 5 尺度处理

（f）C06 卫星频率数据的 db3 小波 6 尺度处理

（g）C08 卫星的相位数据

（h）C08 卫星的频率数据

（i）C08 卫星频率数据的 db3 小波 3 尺度处理

（j）C08 卫星频率数据的 db3 小波 4 尺度处理

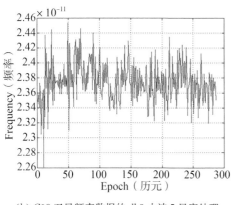

（k）C08 卫星频率数据的 db3 小波 5 尺度处理

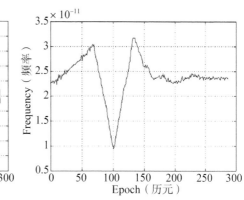

（l）C08 卫星频率数据的 db3 小波 6 尺度处理

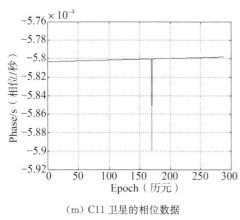

（m）C11 卫星的相位数据

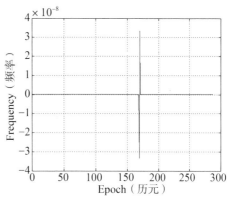

（n）C11 卫星的频率数据

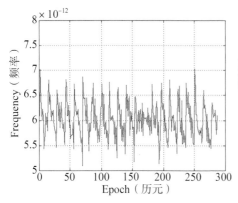

（o）C11 卫星频率数据的 db3 小波 3 尺度处理

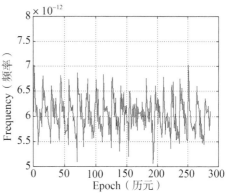

（p）C11 卫星频率数据的 db3 小波 4 尺度处理

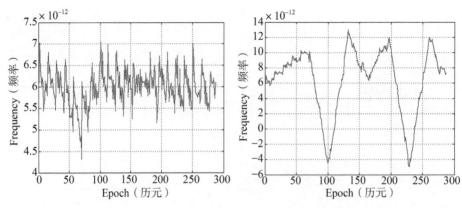

(q) C11 卫星频率数据的 db3 小波 5 尺度处理　　(r) C11 卫星频率数据的 db3 小波 6 尺度处理

图 3.11　db3 小波不同分解尺度函数处理粗差的结果

表 3.1　不同分解尺度处理后相位数据的 RMS 值　　　　　　　　　秒

卫星	分解层数			
	3 尺度	4 尺度	5 尺度	6 尺度
C06	5.20×10^{-11}	5.20×10^{-11}	1.95×10^{-9}	-2.25×10^{-8}
C08	-3.17×10^{-9}	-3.34×10^{-9}	3.02×10^{-9}	-4.78×10^{-8}
C11	6.08×10^{-12}	5.44×10^{-12}	5.65×10^{-12}	3.44×10^{-8}

　　从图 3.11 可以看出,3 尺度、4 尺度和 5 尺度分解都能探测到粗差点,并能得到较好的粗差处理效果,但 6 尺度分解在进行粗差处理时,会对粗差点周围的数据产生大的影响。根据表 3.1 也可以看出,3、4 尺度分解能取得较高的处理精度,5 尺度分解能探测到粗差点但处理效果略差,6 尺度分解处理后的数据与原始数据相差较大。造成这种结果的原因是当分解层数越多时分解得到的低频小波系数越少,当低频小波系数量较少时,不能准确地表征原始数据异常值的细节变化。也就是说,低频小波系数分解量较少时,异常数据引起低频小波系数变化不明显,很难设定合理的阈值进行探测并处理,因此处理效果不好。故在选用同种小波对精密钟差数据进行异常值探测处理时,选用 3 尺度或 4 尺度的小波分解较好,能准确反映出数据异常点的变化并精确地对其进行处理。

　　3) 不同小波函数处理 BDS 钟差数据异常值的差异分析

　　利用小波函数进行钟差数据的粗差处理时,可选的小波函数有多种。目前常用的小波函数有 Daubechies 小波（记为 db 小波）、Symlets 小波（记为 sym 小波）和 Coiflet 小波（记为 coif 小波）等，并且依据小波长度的不同形成了不同的小波族系。db 系中的小波基表示为 db$N$（$N=1$，2，3，$\cdots$，45，代表序号）；sym 小波函数系常用的表达式是 sym$N$（$N=2$，3，$\cdots$，45），coif 小波函数的表达式是 coif$N$（$N=1$，2，$\cdots$，5）。本节选取 db 小波系、sym 小波系以及 coif 小波系里面的部分小波函数进行不同小波对粗差处理结果的影响分析。试验选取 C14 卫星 2015 年 3 月 5 日的数据，其中随机加入一个历元的粗差，基于 db 系与 sym 系中的 3—7 小波、coif 系的 1—5 小波，分别进行粗差的处理，将处理结果与不含粗差的原钟差数据作差求取对应的 RMS 值，其结果如表 3.2 所示。

表 3.2　不同小波处理粗差后的精度对比　　　　　　　　秒

db 系		sym 系		coif 系	
所用小波	RMS	所用小波	RMS	所用小波	RMS
db3	-4.67×10^{-11}	sym3	-4.67×10^{-11}	coif1	1.05×10^{-9}
db4	3.43×10^{-11}	sym4	2.17×10^{-9}	coif2	-9.94×10^{-10}
db5	2.79×10^{-9}	sym5	4.37×10^{-9}	coif3	3.89×10^{-9}
db6	-2.79×10^{-9}	sym6	5.25×10^{-9}	coif4	3.10×10^{-9}
db7	-2.88×10^{-9}	sym7	3.93×10^{-9}	coif5	3.96×10^{-9}

根据表 3.2 可以看出，不同的小波函数处理钟差异常值的效果不同。而对比同种小波系的不同函数处理结果的精度值可知，当 N 的值比较小时，粗差处理结果的精度较高。Daubechies 小波中 db3、db4 的效果较好，db5、db6、db7 的处理精度与前两者相比差了两个数量级。Symlets 小波中 sym3 的效果较好，sym4、sym5、sym6、sym7 与 sym3 相比处理精度低两个数量级；Coiflet 小波中的 coif1 和 coif2 函数的处理精度较高，其余的则较差。此外，从表中还可以看出用这三类小波函数进行粗差探测时，随着 N 值的增大，其粗差处理的精度会逐渐变差。这是因为随着 N 值的增大，低频小波系数的数量也随之增多，同时低频小波系数的变化量则变得越小，而当原始数据中出现数据异常点时，引起低频小波系数数据突变点的变化变小，导致无法准确判断和处理所有的小波系数突变点，故其粗差处理的效果不好。从不同小波函数的粗差处理精度可以看

出，Daubechies 小波的处理精度要高于 Symlets 和 Coiflet 小波，其中 Coiflet 小波的处理精度较差。综上可知，用小波方法对 BDS 精密钟差数据进行粗差处理时选取 db3、db4、sym3 这三种小波函数可以取得较好的效果。

3.5 卫星钟差产品的质量评定

本节在分析 MGEX 和 IGR、IGU 以及 RTS 卫星钟差特点的基础上，通过设计相应的质量评定指标来实现对不同卫星钟差产品的质量评定。

3.5.1 MGEX 卫星钟差产品的质量评定

本书主要评定 MGEX 事后精密星历钟差产品的精度。在分析该类产品数据特点的基础上，从评价数据精度的内符合精度和外符合精度两个方面设计了用于其精度评定的指标，然后，基于所设计的精度评定指标，对 MGEX 中的 CODE、GFZ 和 WHU 三个分析中心两年的精密卫星钟差进行了精度分析。

1) 精度评定指标的设计

测量数据的精度通常从内符合精度和外符合精度两个方面来进行评定。本书在设计 MGEX 精密星历卫星钟差的精度评定指标时也从这两个方面出发。从 1.3.3 节中的表 1.2 可以看出，在已有公开的卫星钟差产品中，IGS 最终精密卫星钟差的精度最高，其标称精度优于 0.1 ns，可以用来作为计算外符合精度时各时刻的参考真值。计算内符合精度时，取各分析中心对应时刻卫星钟差的平均值作为该时刻卫星钟差的最或然值。此外，考虑目前 IGS 最终精密卫星钟差产品只提供 GPS 的卫星钟差，所以在计算分析精度指标时，本书以 GPS 卫星钟差的精度评定结果来反映其所对应的 MGEX 分析中心的卫星钟差精度情况。

MEGX 的精密星历钟差产品是由多个分析中心提供的，但是不同的分析中心在解算卫星钟差时由于解算策略和其他一些原因使得各分析中心所得卫星钟差的精度存在差异；同时，在解算卫星钟差的过程中需要选择基准钟，不同分析中心存在所选基准钟的差异；因此，在评定不同分析中心的卫星钟差精度时，需要消除由于基准钟的差异等所造成的系统性误差的影响。此外，目前 MGEX 的精密星历文件中只有 CODE、GFZ 和 WHU 所提供的精密星历中包含较为连续且相对完整的 BDS 卫星钟差；所以，为了能够较为全面地分析 GNSS 卫星钟差的精度，本节选择这三个分析中心的精密星历卫星钟差进行精度评定。

计算精度指标时，首先消除不同分析中心由于解算过程中基准钟差异等因素对卫星钟差精度评定所产生的系统性误差的影响

$$\Delta_{\text{CENTER}j,\,i}(k) = T_{\text{CENTER}j,\,i}(k) - T_{\text{CENTER}j,\,\text{datumSat}}(k) \qquad (3.12)$$

式中，$\text{CENTER}j$ 表示 IGS 或某一个分析中心，$T_{\text{CENTER}j,\,\text{datumSat}}$ 表示 IGS 或某一分析中心所选参考卫星对应的钟差，$T_{\text{CENTER}j,\,i}$ 表示 IGS 或某一分析中心除参考卫星之外的 i 卫星所对应的钟差，$\Delta_{\text{CENTER}j,\,i}$ 表示 IGS 或某一分析中心的 i 卫星消除系统性误差影响之后的钟差一次差分数据，k 表示历元（时刻）。以 CODE 所提供的 GPS 卫星钟差为例，PRN01 卫星选为参考卫星，此时 $T_{\text{CENTER}j,\,\text{datumSat}}$ 为 $T_{\text{CENTER}code,\,\text{PRN01}}$，其表示 CODE 提供的 PRN01 卫星的钟差；则 PRN02 卫星在 k 时刻消除系统性误差影响后的钟差一次差分值为 $\Delta_{\text{CENTER}code,\,\text{G02}}(k) = T_{\text{CENTER}code,\,\text{PRN02}} - T_{\text{CENTER}code,\,\text{PRN01}}(k)$。基于钟差一次差分值的 j 分析中心 i 卫星的钟差内符合精度计算公式为

$$\text{RMS1}(i,\,j) = \sqrt{\sqrt{\frac{1}{n-1}\sum_{k=1}^{n}(\Delta_{\text{CENTER}j,\,i}(k) - \bar{\Delta}_i(k))^2}}$$

$$\bar{\Delta}_i(k) = \frac{(\Delta_{\text{CENTER}code,\,i}(k) + \Delta_{\text{CENTER}gfz,\,i}(k) + \Delta_{\text{CENTER}wum,\,i}(k))}{3} \qquad (3.13)$$

式中，n 为数据的总个数；相应的 j 分析中心 i 卫星的钟差外符合精度计算公式为

$$\text{RMS2}(i,\,j) = \sqrt{\frac{1}{n}\sum_{k=1}^{n}(\Delta_{\text{CENTER}j,\,i}(k) - \Delta_{\text{CENTER}igs,\,i}(k))^2} \qquad (3.14)$$

2）实验与分析

提取 IGS 以及 MGEX 中 CODE、GFZ 和 WHU 的 SP3 星历文件中 GPS 精密卫星钟差数据进行精度分析，数据的采样间隔为 15 分钟，数据采集的时间段为 2014.01.01～2015.12.31，为期两年整。选取该时间段内不存在钟切换且数据较为连续完整的 24 颗卫星的钟差数据进行实验，各颗卫星的钟类型如表 3.3 所示。

表 3.3　实验中所选的 GPS 卫星及其钟类型

卫星钟类型	卫星号
BLOCK IIA Rb 钟（铷钟）	04 32
BLOCK IIR Rb 钟（铷钟）	02 11 13 14 16 18 20 21 22 23 28
BLOCK IIR‑M Rb 钟（铷钟）	05 07 12 15 17 29 31
BLOCK IIF Cs 钟（铯钟）	24
BLOCK IIF Rb 钟（铷钟）	01 25 27

此外，卫星钟在长期运行过程中会受到多种不确定因素的影响，因而在获取的卫星钟差数据中不可避免地经常会出现粗差等数据异常情况，在进行卫星钟差精度分析之前需要对钟差数据进行预处理。本节钟差数据预处理使用 3.2 节提出的预处理策略。然后，基于预处理后的卫星钟差，计算 IGS 精密钟差数据和三个分析中心精密钟差数据同时非空的公共历元所对应钟差数据的内符合精度和外符合精度，并且在计算卫星钟差一次差分值时统一将各自的 PRN05 卫星作为参考卫星。图 3.12 和图 3.13 分别给出了除参考卫星之外剩余 23 颗卫星在实验数据段内其钟差数据的内符合精度值和外符合精度值。

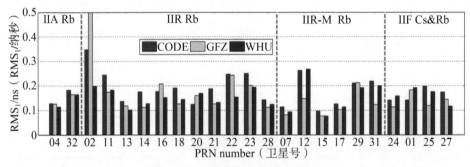

图 3.12　卫星钟差的内符合精度

从图 3.12 可以看出，三个分析中心的卫星钟差内符合精度大多在 0.2 纳秒以内，各分析中心所提供的各颗卫星的钟差内符合精度之间存在一定的差异。BLOCK IIF Rb 钟对应的各颗卫星之间的钟差内符合精度差异相对较小。

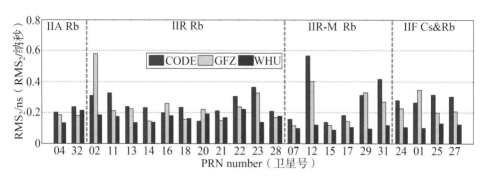

图 3.13　卫星钟差的外符合精度

根据图 3.13 可以看出，三个分析中心所提供的大多数卫星的钟差外符合精度也都在 0.2 纳秒以内，并且 WHU 的钟差外符合精度整体上最高，而其他两个分析中心的卫星钟差外符合精度则相对差一些；同时 WHU 钟差的外符合精度随着卫星的不同变化相对较小，而 CODE 和 GFZ 的钟差外符合精度随卫星的不同变化差异较大。此外，WHU 提供的 BLOCK IIR - M Rb 钟的钟差外符合精度差异较小且精度比其他类型卫星钟的钟差外符合精度都要高。最后，按照卫星钟类型统计三个分析中心的卫星钟差内外符合精度，其结果如表 3.4 所示。

表 3.4　内外符合精度的统计值 　　　　　　　　　　　　　　　　　　　纳秒

统计值	CODE		GFZ		WHU		3 个中心平均值	
	RMS_1	RMS_2	RMS_1	RMS_2	RMS_1	RMS_2	RMS_1	RMS_2
IIA Rb 的平均值	0.156	0.220	0.145	0.182	0.140	0.174	0.147	0.192
IIR Rb 的平均值	0.202	0.252	0.189	0.243	0.152	0.169	0.181	0.221
IIR - M Rb 的平均值	0.171	0.295	0.124	0.230	0.157	0.104	0.151	0.210
IIF Rb 的平均值	0.171	0.294	0.149	0.251	0.161	0.117	0.160	0.221
IIF Cs 的平均值	0.141	0.277	0.114	0.226	0.158	0.105	0.138	0.203
23 颗卫星的平均值	0.183	0.267	0.160	0.234	0.154	0.143	0.166	0.215

分析表中的数据可知：三个分析中心的卫星钟差产品精度之间的差异较小，其质量都比较高。具体而言，CODE、WHU 和 GFZ 所提供的 23 颗卫星的钟差内符合精度平均值分别为 0.183 纳秒、0.160 纳秒和 0.154 纳秒，三个分析中心的卫星钟差内符合精度的平均值为 0.166 纳秒；三个分析中心所提供的

23 颗卫星的钟差外符合精度平均值分别为 0.267 纳秒、0.234 纳秒和 0.143 纳秒,三个分析中心的卫星钟差外符合精度的平均值为 0.215 纳秒。最后,对比三个分析中心的精度结果,虽然其精度差异较小,但是对比而言,WHU 所提供的卫星钟差产品的内外符合精度均较好,其钟差数据的质量比另外两个分析中心所提供的钟差产品的质量要好。此外,卫星钟差的精度与卫星钟的类型有关。

3.5.2 IGR、IGU‐O 及 IGU‐P 卫星钟差产品的精度评定

采用 2014 年 1 月 1 日到 2015 年 12 月 31 日共两年的 15 分钟采样间隔的 IGR 和 IGU(数据文件格式为 igu＊＊＊＊_00.sp3)卫星钟差数据,以对应的 IGS 最终精密星历卫星钟差为参考真值来进行钟差产品的精度评定。在进行卫星钟差精度分析的时候,首先基于 3.2 节的预处理策略对钟差数据进行预处理来消除异常值对评估结果可靠性的影响;在此基础上,使用 IGS、IGR、IGU‐O 及 IGU‐P 卫星钟差同时非空的公共历元上的数据进行相应的精度评定。此外,参与钟差精度评定所选取的卫星和上一节相同。

首先以实验数据时间段内每类卫星钟所对应 1 颗卫星的钟差数据为例进行分析,此处选取的是 PRN11(BLOCK IIR Rb 钟)、PRN17(BLOCK IIR‐M Rb 钟)、PRN24(BLOCK IIF Cs 钟)、PRN25(BLOCK IIRF Rb 钟)和 PRN32(BLOCK IIA Rb 钟)。图 3.14 给出了所选卫星 2014 年 1 月 31 日前 6 小时共 24 个历元的 IGR、IGU‐O、IGU‐P 和 IGS 卫星钟差以及前三种钟差数据与最后一种钟差数据的差值。图 3.14 中 IGUO 和 IGUP 分别表示的是 IGU‐O 卫星钟差和 IGU‐P 卫星钟差。

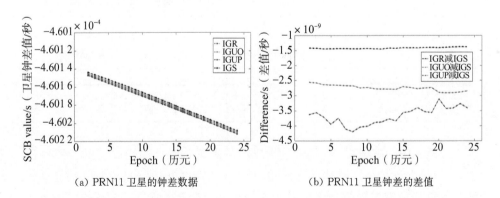

(a) PRN11 卫星的钟差数据　　　　　　(b) PRN11 卫星钟差的差值

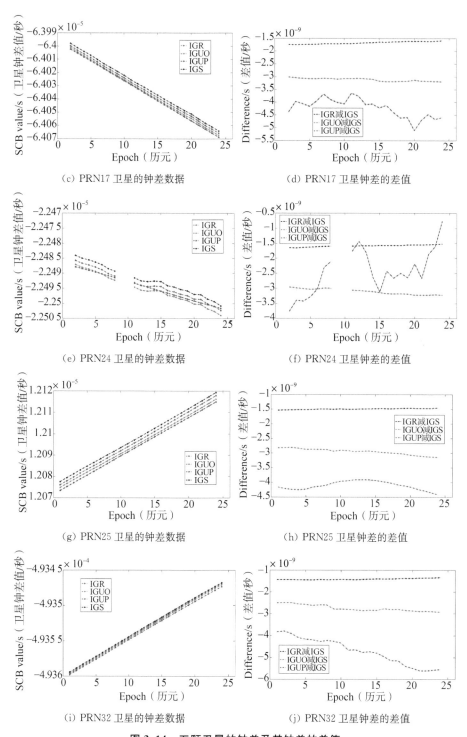

(c) PRN17 卫星的钟差数据　　　　　(d) PRN17 卫星钟差的差值

(e) PRN24 卫星的钟差数据　　　　　(f) PRN24 卫星钟差的差值

(g) PRN25 卫星的钟差数据　　　　　(h) PRN25 卫星钟差的差值

(i) PRN32 卫星的钟差数据　　　　　(j) PRN32 卫星钟差的差值

图 3.14　五颗卫星的钟差及其钟差的差值

从图 3.14 可以看出,IGR、IGU－O 卫星钟差与 IGS 最终精密卫星钟差的变化趋势基本一致但其数据不重叠,并且三种数据点的分布接近平行关系,说明三种钟差数据之间存在系统性的偏差;同时根据 IGR、IGU－O 与 IGS 的差值可以进一步确定这种系统性偏差的存在。而这种系统性偏差的产生主要是因为不同卫星钟差产品在解算获取的过程中存在基准钟的选取不同、解算策略的差异以及时间基准的不一致等。但是,这种系统性偏差并不是卫星钟差产品本身的误差,而且在精密单点定位中这种系统性偏差将会被接收机钟差与模糊度参数吸收从而不会影响精密单点定位解(Zhang et al,2011)。对于 IGU－P 卫星钟差产品而言,它是基于 IGU－O 卫星钟差进行拟合预报得到的一种预报钟差,因此其与 IGS 卫星钟差之间也存在系统性偏差;并且 IGU－P 卫星钟差和 IGU－O 卫星钟差之间还存在一种起点偏差(Huang et al,2014),这就是图中这两种卫星钟差与 IGS 卫星钟差的差值在起点处不接近重合的主要原因。因此,在进行 IGR、IGU－O 及 IGU－P 卫星钟差产品的精度分析时,需要消除系统性偏差的影响。

本节采用一种二次差比较的方法消除系统性偏差的影响,从而进行不同钟差产品的精度对比和分析。以 IGR 卫星钟差的精度分析为例,具体的比较策略为:首先对 IGR 卫星钟差与 IGS 精密星历卫星钟差分别进行一次差分处理,即选择一颗卫星作为参考卫星(本节选取 PRN05 卫星),其余卫星的钟差与参考卫星的钟差作差,消除由基准钟不同等因素对卫星钟差产生的系统性偏差的影响;此后把各颗卫星作差后的 IGR 卫星钟差一次差分序列和作差后的 IGS 钟差一次差分序列再对应作差。图 3.15 给出了对应于前面五颗卫星的 IGR、IGU－O 及 IGU－P 卫星钟差的二次差分值。

从图 3.15 可以看出,二次差的起始位置均在零点附近,较好地消除了系统性偏差对不同卫星钟差产品精度的影响,说明通过二次差的方式可以有效地反映 IGR、IGU－O 及 IGU－P 卫星钟差与 IGS 精密星历卫星钟差之间的符合程度。

此外,为了定量地评定 IGR、IGU－O 及 IGU－P 卫星钟差的精度,采用二次差序列对应的均方根(RMS)值作为表征卫星钟差精度的指标,其计算公式为

$$RMS = \sqrt{\frac{1}{n} \sum_{i=1}^{n} \Delta_i^2} \tag{3.15}$$

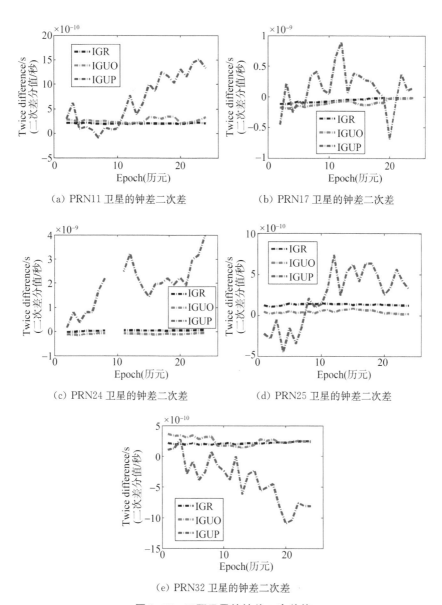

（a）PRN11 卫星的钟差二次差　　　（b）PRN17 卫星的钟差二次差

（c）PRN24 卫星的钟差二次差　　　（d）PRN25 卫星的钟差二次差

（e）PRN32 卫星的钟差二次差

图 3.15　五颗卫星的钟差二次差值

式中，Δ_i 为第 i 历元卫星钟差的二次差。统计 23 颗卫星的钟差数据所对应二次差序列的 RMS 值，其结果如图 3.16 所示。从图中可以看出，大多数卫星的 IGR 钟差精度在 0.1 纳秒以内、IGU - O 钟差精度在 0.15 纳秒以内、IGU - P 钟差精度在 3 纳秒以内，该精度结果与表 1.2 中 IGS 官方给的评定结果保持一致，说明本节采用的钟差精度评定方法及其精度表征指标是合理的；同时，根据图中结果可知,不同卫星的钟差精度差异较为显著,表 1.2 所提供的精度指标不能反映不同卫星钟差精度的差异,而本节的精度评定结果则较好地给出了不同 GPS 卫星的钟差精度。此外,从图中还可看出卫星钟差的精度与星载原子钟的类型有关,例如对于 IGR 卫星钟差而言,BLOCK IIA Rb 钟的钟差精度较差,其精度值都大于 0.1 纳秒;而对于 IGU‐O 和 IGU‐P 卫星钟差,BLOCK IIR‐M Rb 钟的精度整体较好。最后,为了定量地对比分析不同类型卫星钟的钟差精度差异并给出本节精度评定的结果,表 3.5 按照卫星钟类型统计了二次差的 RMS 值。

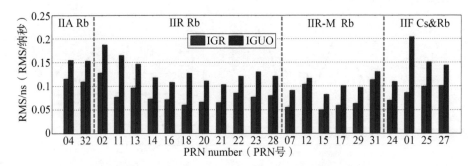

(a) IGR 和 IGU‐O 卫星钟差的二次差 RMS 统计值

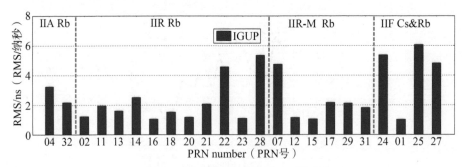

(b) IGU‐P 卫星钟差的二次差 RMS 统计值

图 3.16　二次差的 RMS 统计值

表 3.5　根据卫星钟类型统计的二次差 RMS 值　　　　　　　　纳秒

平均值	钟差产品		
	IGR	IGU‐O	IGU‐P
IIA Rb	0.112	0.154	2.692
IIR Rb	0.080	0.131	2.190

（续表）

平均值	钟差产品		
	IGR	IGU - O	IGU - P
IIR - M Rb	0.074	0.103	2.170
IIF Rb	0.087	0.155	1.097
IIF Cs	0.070	0.109	5.378
23 颗卫星	0.082	0.128	2.224

分析表中的数据：三种卫星钟差产品中 IGR 的精度最好，IGU - O 次之，精度最差的是 IGU - P，三者的精度分别为 0.082 纳秒、0.128 纳秒和 2.224 纳秒。其中，由于 IGU - P 钟差是基于预报所得的产品而并非是根据观测数据解算得到或者直接测得，所以该钟差产品的精度明显低于 IGR 和 IGU - O 钟差的精度。同时，在五类星载原子钟中，BLOCK IIF Rb 钟的 IGU - P 钟差精度最好，而 GPS 系统早期的 BLOCK IIA Rb 钟的 IGU - P 钟差精度最差，星载 Cs 钟 IGU - P 钟差的精度明显低于星载 Rb 钟 IGU - P 钟差的精度；结合本书后面章节中对 GPS 星载原子钟性能与钟差预报的分析结果，可知卫星钟的类型及其性能影响着钟差预报的精度，并且随着 GPS 星载原子钟性能的提高，钟差预报的精度有所提高。对于 IGR 和 IGU - O 钟差产品而言，前者较后者在获取过程中进行了更为细致的处理和综合，所以前者的精度优于后者；同时对于这两种钟差产品，BLOCK IIR - M Rb 钟和 IIF Cs 钟的钟差精度接近且相对较好，而早期的 BLOCK IIA Rb 钟的钟差精度则要差一些。

3.5.3　IGS RTS 钟差的质量评定

实时钟差改正是对广播星历算得的卫星钟差的修正值。精密钟差的恢复是根据广播星历计算出卫星钟差再采用实时数据中的改正数进行修正得到，用公式可表示为（王胜利等，2013）

$$T_{sat} = T_{Broadcast} + \frac{\Delta_t}{c} \qquad (3.16)$$

式中，Δ_t 为实时产品中以距离为量纲的钟差改正数，c 为光速，$T_{Broadcast}$ 为广播星历钟差，T_{sat} 为实时钟差。实时钟差改正数在具体应用中对数据流本身的连续稳定性和精确程度等的要求较高，因此本节从稳定性和精度两个方面对其质量进行分析。

1）稳定性分析

在实时产品的接收过程中，因为各种不确定因素的影响，导致接收的数据存在不连续或者中断等现象，这对实时应用该产品造成一定的影响。目前，对于 IGS 提供的实时服务数据流 IGS02、IGS03，可采用 BNC 软件进行接收。本书接收 2015 年 12 月 22 日（DOY 356）至 2015 年 12 月 26 日（DOY 360）五天的数据，基于本节设计的实时钟差改正接收比例计算公式［式（3.17）］，对 IGS02、IGS03 实时数据流中 GPS 钟差改正数的接收比例进行计算和分析。需要说明的是，在该时间段内，PRN04 卫星处于异常状态，因此该卫星不予考虑；同时，IGS02、IGS03 数据流的采样间隔为 10 秒。表 3.6 给出了实时钟差改正数据接收比例。

$$实时钟差改正接收比例 = \frac{接收到的钟差改正信息数}{正常工作的卫星数 \times 历元数} \times 100\% \quad (3.17)$$

表 3.6　GPS RTS 钟差改正数据的接收比例

数据流	年积日					
	356	357	358	359	360	平均值
IGS02	97.4%	98.1%	99.9%	99.4%	96.7%	98.3%
IGS03	99.9%	99.7%	99.8%	99.6%	96.9%	99.2%

从表 3.6 可以看出，IGS02 数据流和 IGS03 数据流每天接收的钟差改正数比例不同，总体而言，IGS03 数据流比 IGS02 数据流的钟差改正数接收比例要高，说明 IGS03 数据流的钟差改正数连续性较好且较为稳定。

对造成实时数据流不完整的原因进行分析，其原因主要包括：①数据流中断造成所有数据的缺失，例如 IGS02 数据流在 2015 年 DOY 356 6:17:40～6:27:20 出现数据中断，导致所有卫星钟差改正数缺失。②某些卫星在一些时间段内数据不完整，例如 IGS02 数据流在 DOY357 2:43:00～9:33:00、9:48:00～10:32:20、10:47:50～11:28:30 这几个时间段内 PRN10 卫星的钟差改正数缺失。同时，数据流不完整造成某段时间钟差改正数的缺失，导致难以对广播星历计算的钟差进行改正。但是，针对数据流发生间断而出现的缺失，可以采用间断前的钟差改正数进行建模来预报缺失的数据，该问题将在本书 5.3.5 节中进行详细的研究。

2）精度分析

在广播星历计算出的卫星钟差加入实时数据钟差改正之后，采用目前在评定实时钟差精度中普遍使用的消除系统误差的二次差方法（实时卫星钟差数据目前在大地测量领域中主要用于实时定位，考虑该应用背景此处精度评定不采用上一节的二次差方法）对其进行精度计算（Zhang et al，2011）

$$RMS = \sqrt{\frac{\sum_{i=1}^{n}(\Delta_i - \bar{\Delta})(\Delta_i - \bar{\Delta})}{n}} \qquad (3.18)$$

式中，Δ_i 为第 i 历元的二次差，$\bar{\Delta}$ 为二次差的平均值；$\Delta_i - \bar{\Delta}$ 是为了消去可能存在的系统误差，因为该系统误差在定位时可以被模糊度参数吸收（王胜利等，2013；夏炎等，2013）。该式即为本节计算精度指标的公式。

因广播星历每两小时更新一次，所以把实时精密钟差数据恢复为 2 小时的采样间隔。采用 2015 年 12 月 22 日 2：00 至 2015 年 12 月 26 日 0：00 共 48 个历元的数据，按照式（3.16）的修复方法对广播星历钟差进行改正，然后计算广播星历钟差的精度以及广播星历加入改正后钟差的精度。由于该时间段 GPS 系统的 PRN04、PRN10 两颗卫星的钟差数据不完整，所以基于其余 30 颗 GPS 卫星进行实验。将参与实验的各颗卫星相应的 IGS 精密星历卫星钟差（记作 IGS）、广播星历卫星钟差（记作 BRDC）、广播星历加入 IGS02 数据流改正后的实时卫星钟差（记作 IGS02）和广播星历加入 IGS03 数据流改正后的实时卫星钟差（记作 IGS03）进行对比，同时分别将改正后的实时钟差、广播星历钟差与 IGS 精密钟差作差，顾及 GPS 星载原子钟的类型及本书篇幅原因，图 3.17 仅给出了 PRN02（BLOCK IIR Rb）、PRN06（BLOCK IIF Rb）、PRN17（BLOCK IIR‐M Rb）、PRN24（BLOCK IIF Cs）、PRN32（BLOCK IIA Rb）五颗卫星的情况。

根据图 3.17 可以看出，IGS 最终精密卫星钟差、广播星历卫星钟差、广播星历加入 IGS02 数据流改正后的实时卫星钟差和广播星历加入 IGS03 数据流改正后的实时卫星钟差，其数值不相等但是变化趋势相似；广播星历卫星钟差与 IGS 最终星历卫星钟差的差值随时间的变化较大；但是，广播星历加上实时数据改正后，其卫星钟差与 IGS 最终精密卫星钟差的差值随时间的变化较小。因此可知，实时数据改正能够提高广播星历卫星钟差的精度。

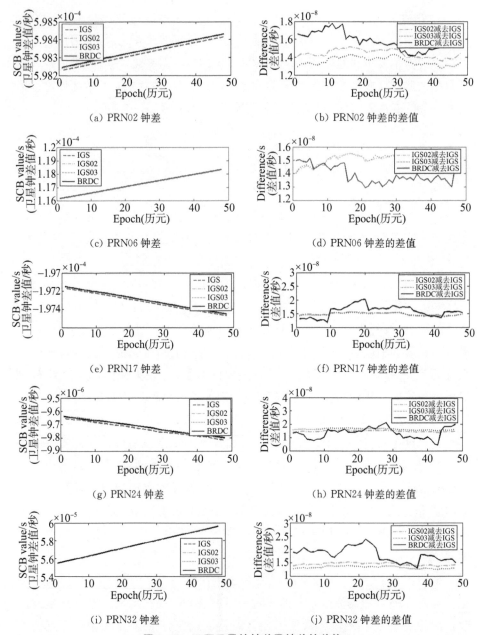

图 3.17　五颗卫星的钟差及钟差的差值

最后，为了定量地评估广播星历卫星钟差和广播星历钟差加上 IGS02、IGS03 改正数后实时卫星钟差的精度，采用 PRN02 卫星为基准卫星，按照式（3.18）计算各颗卫星对应钟差的 RMS 值，结果如图 3.18 和图 3.19 所示。

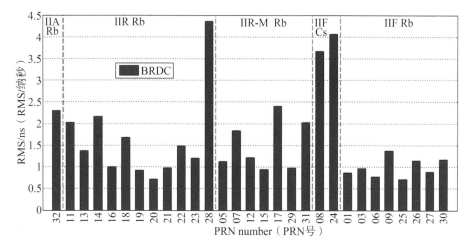

图 3.18　广播星历卫星钟差的 RMS

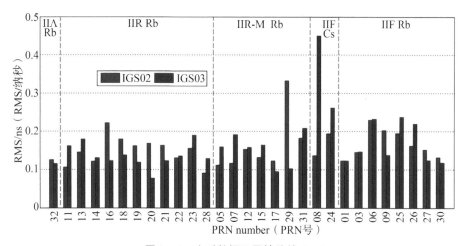

图 3.19　实时数据卫星钟差的 RMS

根据图 3.18 看出，广播星历卫星钟差的 RMS 值约 2 纳秒，难以满足实时精密单点定位的要求。此外，铷钟的广播星历钟差精度整体上优于铯钟的钟差精度，并且 BLOCK IIF Rb 钟的钟差精度最高，其精度值在 1.0 纳秒左右；说明随着 GPS 星载原子钟性能的提高，对应卫星的广播星历钟差精度也得到了提高。

由图 3.19 可知，实时钟差数据的精度基本上在 0.2 纳秒以内，其对广播星历钟差的精度有较大改善。加入 IGS02 实时钟差改正后的 RMS 平均值与加入 IGS03 实时钟差改正后的 RMS 平均值都为 0.16 纳秒,其精度对实时精密单点定位的影响都在 5 厘米以内,因此可以认为 IGS02、IGS03 数据流的钟差改正数精度相当,且都能满足实时精密单点定位的要求。但是结合前面的稳定性分析可知,IGS03 数据流的稳定性要好一些。所以,在实际应用中建议采用 IGS03 数据流对广播星历钟差进行改正。

第4章

GNSS 星载原子钟的长期性能分析

　　基于较长时间段的卫星钟差数据分析 GNSS 星载原子钟的性能对于 GNSS 系统的完好性监测、系统性能评估和卫星钟差确定及预报等具有重要作用。本章主要对 BDS 卫星和 GPS BLOCK IIF 卫星的星载原子钟长期性能进行较为全面的评估和分析。

　　导航卫星星载原子钟的性能分析和评估大多是基于已知的钟差产品来开展研究的(Huang et al,2013)。本章采用较长时间段的卫星钟差数据,综合 GNSS 星载原子钟的钟差数据长期变化特点、钟差模型参数长期变化特征、观测噪声长期变化特性、频率准确度长期变化规律、频率稳定度长期变化特点、频率漂移率长期变化规律和钟差周期特性等指标较为全面地分析和评估星载原子钟的长期性能。

　　星载原子钟的钟差模型可以基于已知卫星钟差数据拟合求得表征卫星钟时频特性的参数和反映钟差模型噪声的拟合残差。在构造精密卫星钟差模型时通常采用包含表征星载原子钟时频特性的钟差、钟速和钟漂的二次多项式模型,该模型的表达式为(王宇谱等,2016)

$$\Delta t_i = a_0 + a_1(t_i - t_0) + a_2(t_i - t_0)^2 + \Delta_i (i = 1, 2, \cdots, n) \quad (4.1)$$

式中,Δt_i 为第 i 历元的卫星钟差(相位),t_0 为星钟参数的参考时刻,t_i 为历元时刻;待估参数 a_0、a_1 和 a_2 分别表示参考时刻 t_0 的相位(钟差)、频率(钟速)及频率漂移率(钟漂);Δ_i 为观测误差。当已知钟差数据不少于 3 个时,便可拟合求得待估参数和拟合残差。

　　星载原子钟钟差的周期特性分析能够精确星载原子钟的钟差模型并

为联合定轨轨道动力学模型的完善提供参考(周佩元等,2015a)。因此,本书将钟差周期特性分析也作为评估星载原子钟性能的一项指标。基于频谱分析的方法可以有效地提取并分析卫星钟差的周期项。在提取卫星钟差的周期项时,要求数据序列不宜含有较为明显的趋势项;所以,首先使用二次多项式对每天的卫星钟差进行拟合来消除钟差的趋势项,然后基于拟合残差进行周期项的提取。对于离散傅里叶变换(DFT)而言,其表达式为(黄观文等,2008)

$$X(k) = \sum_{n=0}^{N-1} x(n) e^{-j\frac{2\pi}{N}kn} \tag{4.2}$$

式中,$X(k)$ 为 k 时段的频谱值,$x(n)$ 为钟差的拟合残差序列,n 为残差序列中元素的序号,j 为虚数单位,e 为数学常数,N 为残差的个数,求解时通常要求满足 $N=2^L$,$L=0, 1, 2, \cdots$,若个数达不到要求则通过增加 0 元素来满足;通过该式便可求出残差序列中各点对应的频谱值。在实际应用中,对于频谱值可采用快速傅里叶变换(fast fourier transform,FFT)求解得到。然后,根据残差数列对应的频谱图便可较为容易地确定周期项。

图 4.1 给出了本书分析和评估 GNSS 星载原子钟性能的整个流程。图中黑体字表示 GNSS 星载原子钟性能分析时所采用的评估指标。

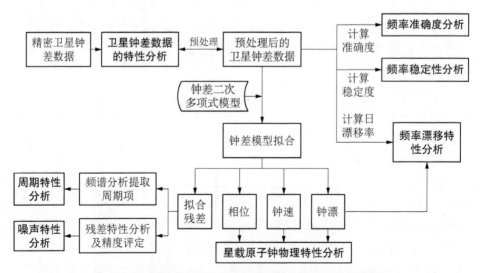

图 4.1 星载原子钟性能分析的流程及其所采用的评价指标

4.1 BDS 星载原子钟长期性能分析

BDS 目前正在实施其第三步发展规划,开展 BDS 星载原子钟性能分析的相关研究,对于提升系统的服务性能和系统的建设、维护等具有重要的意义。近年针对 BDS 星载原子钟的性能分析进行了一些初步探讨(Steigenberger et al,2013;罗璠等,2014;余航,2015;Chen et al,2015),但与 GPS 相比,对于 BDS 星载原子钟性能分析的研究仍十分有限,更重要的是目前的研究成果存在一定的局限性,主要表现在:首先,目前对星载原子钟性能的分析,大多集中在某一特性方面,并没有形成较为全面的星载原子钟性能评价体系;其次,BDS 星载原子钟性能分析的研究主要集中在使用一年左右的数据进行较短时间的分析和评估,长期性能分析的相关研究目前还较少。因此,本节基于 3 年的卫星钟差数据对 BDS 星载原子钟的长期性能进行较为全面的分析和评估。

当前,BDS 卫星钟差主要通过两种方式来获取,分别是基于星地双向无线电时间比对确定卫星钟差(Han et al,2013)和通过多星定轨联合解算卫星轨道和钟差(Zhao et al,2013)。前者供 BDS 运控方用来进行高精度的星地时间同步,其相关数据尚未公开;后者所得钟差产品为 BDS 卫星钟相关的研究提供免费、公开的可靠数据源。针对这两种数据产品的相关特性,有学者(Shi et al,2016)进行了对比分析研究,结果表明两种数据之间存在某种表现为常量的系统误差和以天为周期的周期性误差,但是这两种数据产品均能较好地评价 BDS 星载原子钟的性能;两种数据计算的频率漂移率和频率准确度具有很好的一致性,两者计算的频率稳定度结果均能达到系统所要求的精度范围;但是由于后者受未完全分离的定轨误差等的影响,前者频率稳定性的计算结果优于后者。

本书 BDS 星载原子钟性能分析所采用的卫星钟差数据来自 IGS MGEX 武汉大学 GNSS 中心通过多星定轨联合解算(Zhao et al,2013)得到的精密星历钟差产品。该产品自 2013 年 1 月 1 日公开发布,数据精度优于 0.5 纳秒,是目前国际上精度较好的 BDS 卫星钟差产品,可以较为客观地用来开展与 BDS 卫星钟相关的研究和试验(余航,2015)。本书数据收集的时间段为 2013 年 1 月 1 日到 2015 年 12 月 31 日,共 3 年,数据的采样间隔为 15 分钟。

4.1.1　BDS 卫星钟差及其对应频率数据的特性分析

图 4.2 给出了实验数据段内 BDS 的卫星钟差（相位），图 4.3 是其对应的频率数据。图中的两条红色竖线是对 3 年数据的划分，本节接下来的图亦是如此。

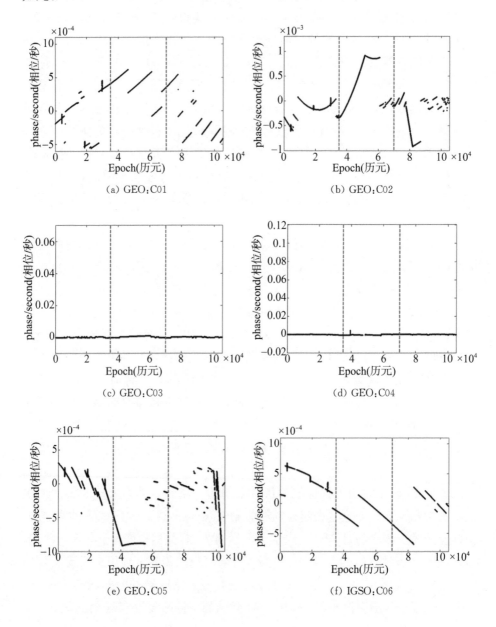

(a) GEO：C01

(b) GEO：C02

(c) GEO：C03

(d) GEO：C04

(e) GEO：C05

(f) IGSO：C06

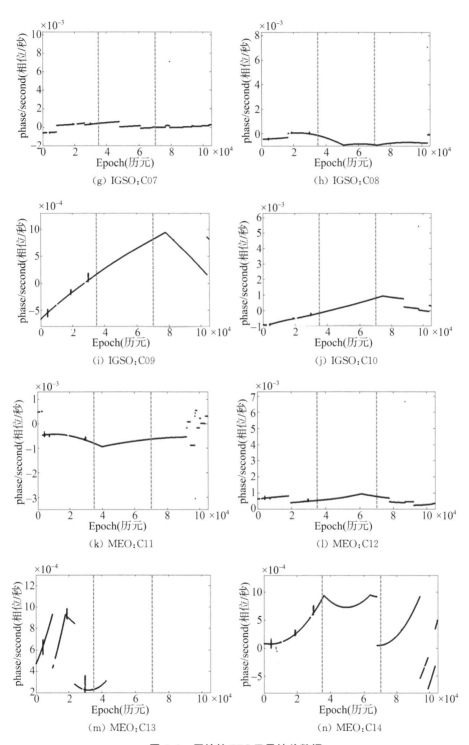

(g) IGSO: C07

(h) IGSO: C08

(i) IGSO: C09

(j) IGSO: C10

(k) MEO: C11

(l) MEO: C12

(m) MEO: C13

(n) MEO: C14

图 4.2　原始的 BDS 卫星钟差数据

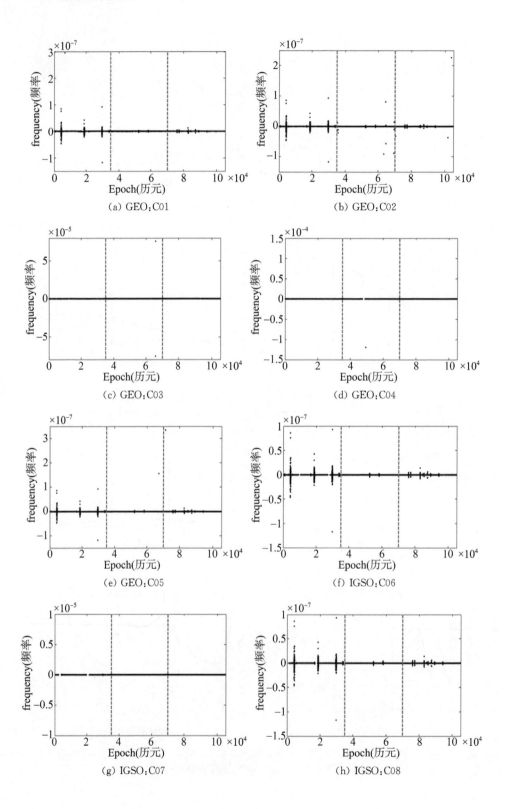

(a) GEO：C01

(b) GEO：C02

(c) GEO：C03

(d) GEO：C04

(e) GEO：C05

(f) IGSO：C06

(g) IGSO：C07

(h) IGSO：C08

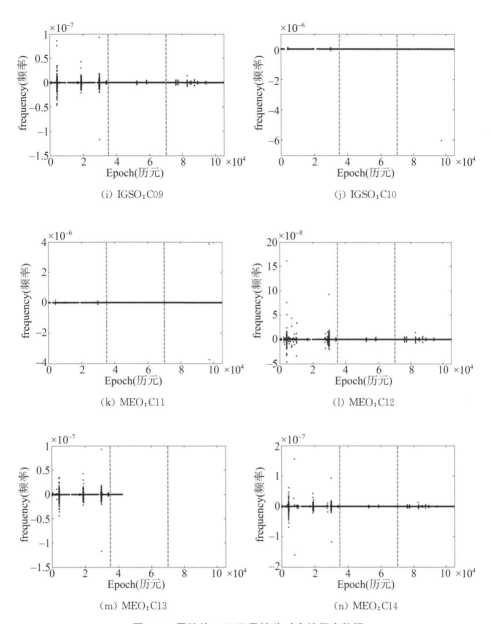

(i) IGSO：C09　　　　　　　　　(j) IGSO：C10

(k) MEO：C11　　　　　　　　　(l) MEO：C12

（m）MEO：C13　　　　　　　　（n) MEO：C14

图 4.3　原始的 BDS 卫星钟差对应的频率数据

从图 4.2 和图 4.3 中可以看出,与下一节 GPS BLOCK IIF 卫星钟差数据对比,长期 BDS 卫星钟差(相位)数据中存在着较多的数据间断和较为频繁的数据跳变,这说明了其星载原子钟在长期连续运行过程中存在较多的数据异常,也说明了即使是最终解算得到的精密钟差数据产品,其中仍然存在着数据异常等情况。另一方面还说明了在使用钟差数据之前，适当的数据预处理是非常必要的。采用前面 3.2 节所提的预处理策略对 BDS 卫星钟差数据进行预处理，图 4.4 和图 4.5 分别是预处理之后的钟差数据及其对应的频率数据。

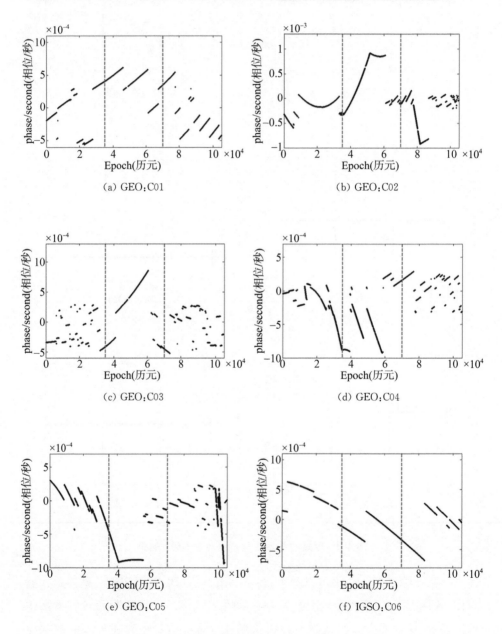

(a) GEO：C01

(b) GEO：C02

(c) GEO：C03

(d) GEO：C04

(e) GEO：C05

(f) IGSO：C06

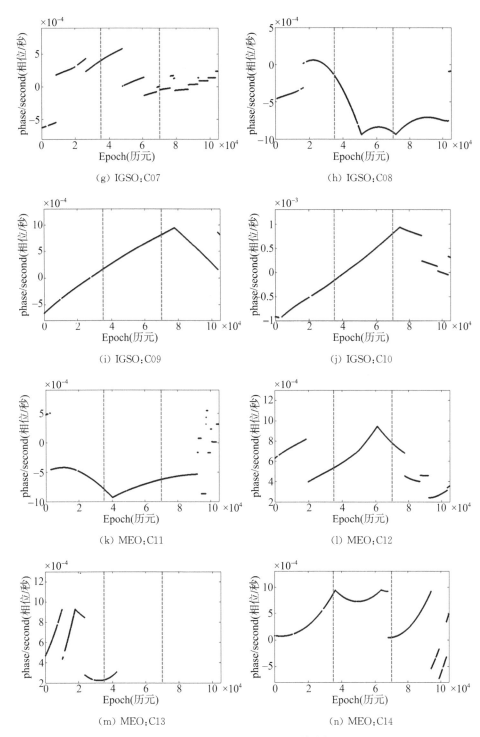

（g）IGSO：C07

（h）IGSO：C08

（i）IGSO：C09

（j）IGSO：C10

（k）MEO：C11

（l）MEO：C12

（m）MEO：C13

（n）MEO：C14

图 4.4　预处理后的 BDS 卫星钟差数据

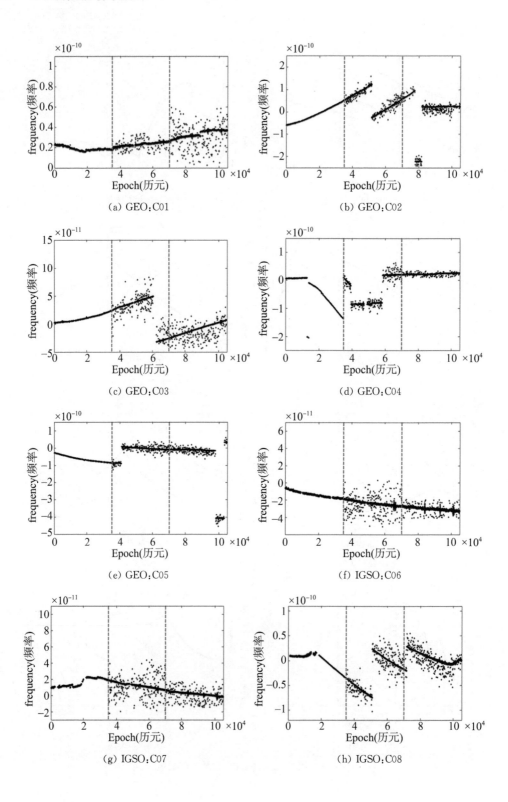

(a) GEO:C01

(b) GEO:C02

(c) GEO:C03

(d) GEO:C04

(e) GEO:C05

(f) IGSO:C06

(g) IGSO:C07

(h) IGSO:C08

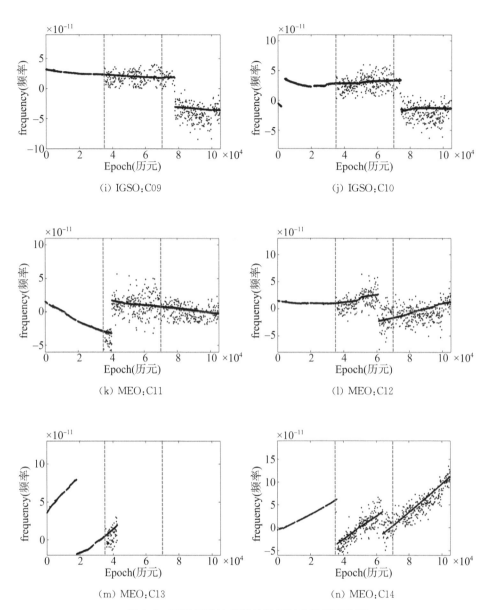

(i) IGSO:C09

(j) IGSO:C10

(k) MEO:C11

(l) MEO:C12

(m) MEO:C13

(n) MEO:C14

图 4.5 BDS 卫星钟差预处理后对应的频率数据

从图 4.4 和图 4.5 可以看出,预处理后的钟差(相位)数据和频率数据的质量都有显著的改善,特别是 C03 和 C04 两颗卫星的钟差(相位)数据,其随着时间的实际变化过程得到了充分的展示。同时,这些结果也更进一步说明了基于本书的数据预处理策略能够有效地处理长时间段钟差数据序列中的异常值。此外,对比图 4.5 中各颗卫星三年的频率数据可以发现,后两年频率数据的波动范围更大且平滑性较差;而后两年频率数据中这些波动大的数据点是在相邻两天的前一天最后一个历元的钟差与后一天第一个历元的钟差所对应的频率数据点上;这种情况的出现与卫星钟差数据的获取方式有密切的关系,跟卫星钟本身的性能基本无关,这是因为在多星定轨联合解算轨道和钟差的过程中,通常采用若干天的弧段进行解算,而数据产品则按天发布,所以在卫星钟差每天的交点处可能出现一定的跳变;并且据报告(Deng et al,2014),2014 年武汉大学 GNSS 分析中心对定轨策略进行了小幅度的调整,虽然已有研究(周佩元等,2015b)表明定轨策略的调整对卫星钟差产品的精度有较小幅度的提升,但其却造成了卫星钟差产品每天交点处的跳变增多且变大,这种跳变对基于该卫星钟差产品进行 BDS 星载原子钟较长时间的频率稳定度(例如天稳定度)计算是不利的(参考接下来关于频率稳定度分析的内容)。

4.1.2 钟差(相位)、钟速(频率)、钟漂(频漂)指标的长期变化规律

采用钟差二次多项式模型对预处理后的卫星钟差数据进行逐天拟合,得到卫星钟的相位、钟速和钟漂参数的长期数据序列,其结果如图 4.6~图 4.8 所示。此外图 4.8 中还给出了数据序列按年统计的均方根(RMS)值及该数据序列的不确定度(uncertainty,U)(JJF 1059.1‑2012;李金海,2003),本书采用的是标准不确定度的 A 类评定方法,结果均保留两位有效数字,其中式(4.3)和式(4.4)分别是 RMS 和 U 的计算公式,式中 a_i 为数据序列$\{a_i, i=1, 2, \cdots, n\}$的第 i 个非空元素,n 为数据的个数;图中 RMS_i、$U_i(i=1, 2, 3)$表示第 i 年数据序列的均方根值及其不确定度。后面频率准确度、稳定度、日漂移率和钟差模型噪声对应的 RMS 和 U 的计算亦是如此。

$$RMS = \sqrt{\frac{1}{n}\sum_{i=1}^{n}(a_i)^2} \tag{4.3}$$

$$U = \sqrt{\frac{1}{n(n-1)}\sum_{i=1}^{n}(a_i - \bar{a})^2}, \ \bar{a} = \frac{1}{n}\sum_{i=1}^{n}a_i \tag{4.4}$$

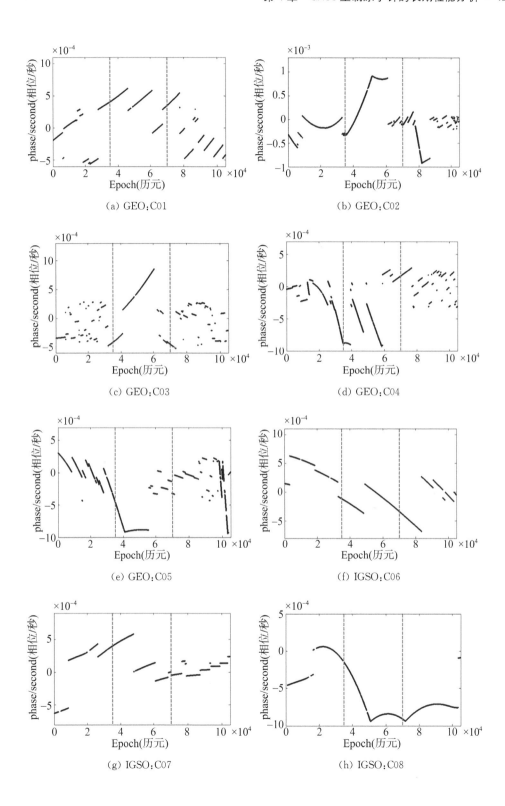

(a) GEO：C01

(b) GEO：C02

(c) GEO：C03

(d) GEO：C04

(e) GEO：C05

(f) IGSO：C06

(g) IGSO：C07

(h) IGSO：C08

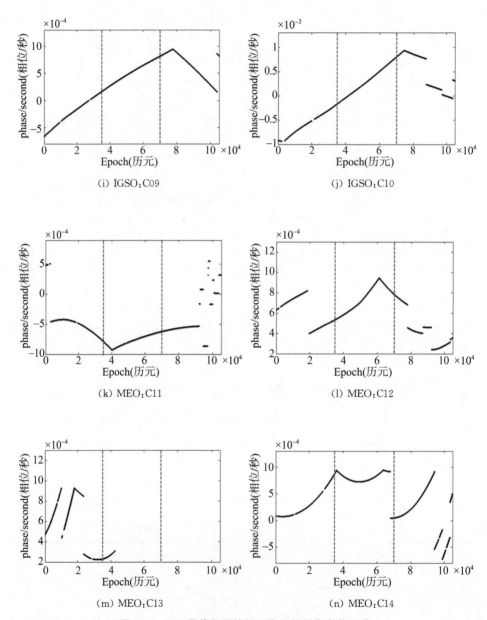

(i) IGSO：C09

(j) IGSO：C10

(k) MEO：C11

(l) MEO：C12

(m) MEO：C13

(n) MEO：C14

图 4.6　BDS 星载原子钟相位指标的长期变化规律

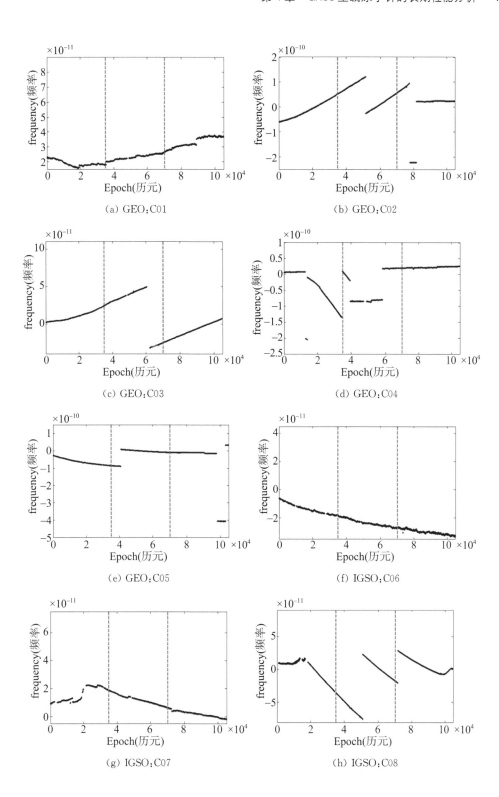

(a) GEO:C01

(b) GEO:C02

(c) GEO:C03

(d) GEO:C04

(e) GEO:C05

(f) IGSO:C06

(g) IGSO:C07

(h) IGSO:C08

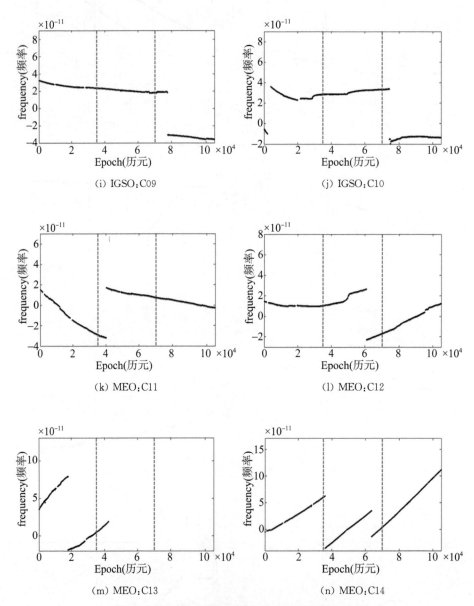

图 4.7　BDS 星载原子钟频率指标的长期变化规律

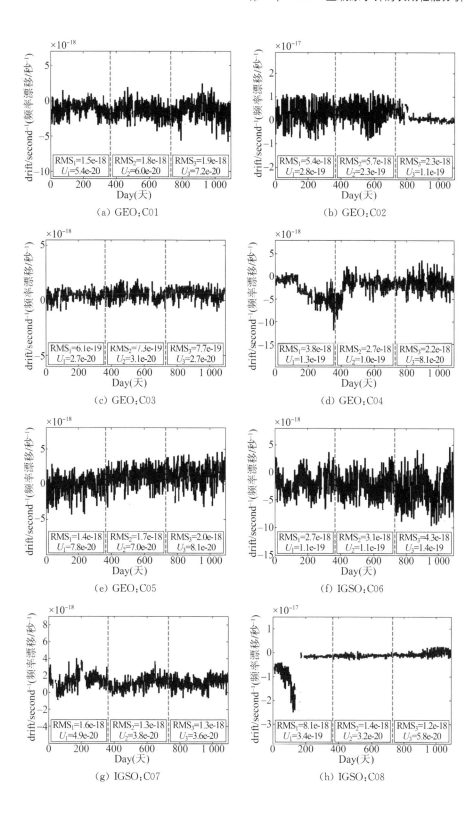

(a) GEO：C01

(b) GEO：C02

(c) GEO：C03

(d) GEO：C04

(e) GEO：C05

(f) IGSO：C06

(g) IGSO：C07

(h) IGSO：C08

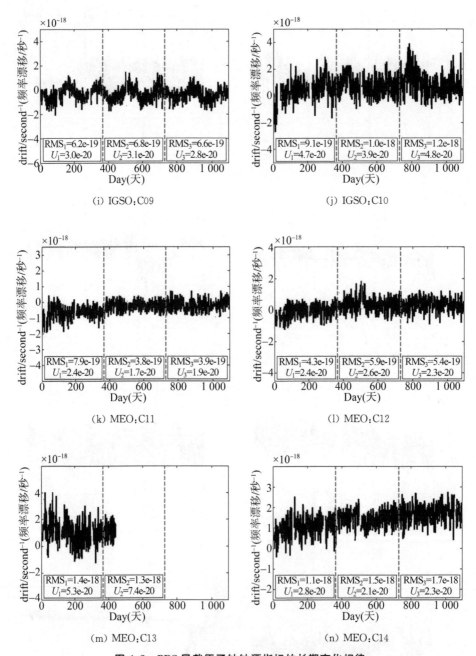

图 4.8 BDS 星载原子钟钟漂指标的长期变化规律

根据图 4.6 的相位指标序列可以发现,BDS 星载原子钟在长期运行过程中存在着一定次数的相位跳变,这说明 BDS 星载原子钟在运行期间可能存在多次的调相操作,但是这种频繁的相位调整使得卫星钟差数据的稳定性和连续性变差。而在三类卫星中,GEO 卫星相位跳变的次数最多,所以其相位的稳定性和连续性最差。此外,在第 3 年的时候,相位调整的次数明显增多,出现这种情况的主要原因可能是星载原子钟随着运行时间的积累,自身硬件设备出现了一定程度的老化,导致输出相位随时间累计偏差增大得更快,所以为了保证相位的准确性,需要进行频繁的切换来予以校准。

根据图 4.7 的频率序列可看出,在 3 年的运行过程中,BDS 所有卫星的星载原子钟也同样存在一定次数的频率跳变(C06 卫星在第三年刚开始的阶段出现了一段短时间的频率跳变段),但是其跳变次数比相位跳变的次数要少得多,说明整体上而言频率数据的稳定性和连续性较好。同时,在三类卫星中,MEO 卫星整体上的频率跳变最少,其频率序列的稳定性和连续性最好。

从图 4.8 中各颗卫星的钟漂序列可以看出,BDS 星载原子钟短期的频漂值都在每秒 10^{-18} 量级,并且每颗卫星在不同时间的情况各不相同。GEO 卫星中的 C03 卫星、IGSO 卫星中的 C09 卫星、MEO 卫星中的 C11 和 C12 卫星,其在同类型卫星中的原子钟频漂特性最好,频漂值能够取到 10^{-19}/秒量级。同时,观察可以发现,在一定时间段内,随着时间的推移,频漂会逐渐发散变大,但是,当增大到一定程度的时候,频漂参数又会被调整到较好的状态,特别是 C04 和 C08 卫星表现最为显著;这可能是因为当地面监测站监测到星载原子钟频漂不断变大对卫星钟的准确性造成影响时会对星载原子钟进行一定的处理来校准频漂。此外,从 C06 和 C09 的频漂序列可以看出,这两颗卫星的原子钟频漂序列存在近似的周期性变化规律,其周期大约是半年。分析其原因可能是这两颗卫星在基于多星定轨联合解算卫星钟差时存在对频漂产生周期性影响的系统误差。

4.1.3　钟差模型噪声的长期变化特点

星载原子钟钟差模型的噪声水平决定着钟差实时估计和预报的精度与稳定性(Huang et al,2013),本书将该特性作为反映 BDS 星载原子钟性能的一项指标。采用钟差二次多项式模型对预处理后的卫星钟差数据进行逐天拟合得到其对应的拟合残差。图 4.9 给出了拟合残差及其按年统计的精度结果。

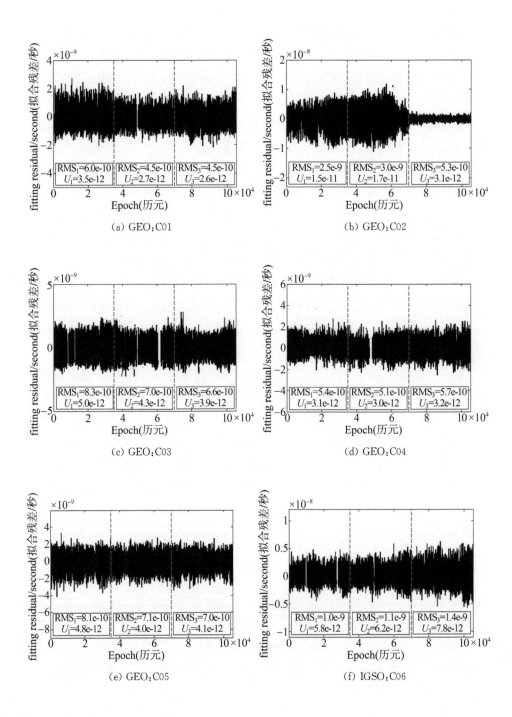

(a) GEO：C01

(b) GEO：C02

(c) GEO：C03

(d) GEO：C04

(e) GEO：C05

(f) IGSO：C06

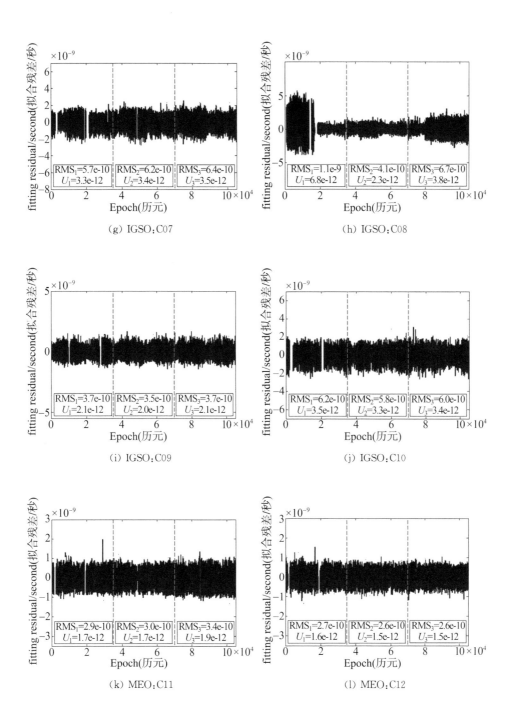

(g) IGSO：C07

(h) IGSO：C08

(i) IGSO：C09

(j) IGSO：C10

(k) MEO：C11

(l) MEO：C12

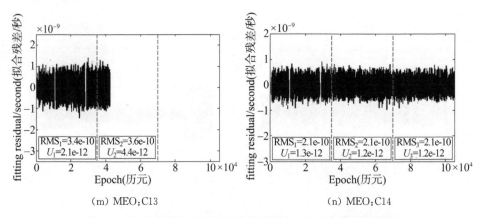

（m）MEO：C13　　　　　　　　　　　（n）MEO：C14

图 4.9　BDS 星载原子钟钟差模型的噪声水平及其精度统计值

根据图 4.9 可以发现，不论是噪声的随机分布还是噪声水平，3 年时间里 MEO 星载原子钟都要明显好于 GEO 和 IGSO 星载原子钟；并且 MEO 卫星钟的噪声分布是最为均匀和平稳的，特别是 C14 卫星，说明 MEO 卫星钟的噪声特性较好。此外，在 GEO 和 IGSO 卫星里面，C02 卫星钟噪声大小随着时间尺度呈现出先逐渐变大后迅速变小并趋于平稳的变化趋势，C08 卫星第一年前期原子钟的噪声较大，后续时间段的噪声较小，但随着时间增加逐渐变大，C06 卫星钟噪声随着时间增加逐渐变大并呈现出一定的周期性，C09 卫星钟噪声大小变化相对平稳但却呈现出较为显著的周期特性，可能是 C06 和 C09 这两颗卫星在基于多星定轨联合解算卫星钟差时存在周期性影响的系统误差。同时结合图 4.8，对比 MEO 卫星钟的频漂和噪声可以看出，即使钟漂随时间尺度有间断性的增大趋势，但其卫星钟噪声的波动范围都基本保持在近似的水平之内，说明对于该类卫星，即使其星载原子钟包含较大噪声也不会显著影响钟差自身的物理模型参数值。

4.1.4　频率准确度的长期变化规律

以 1 天为取样时间间隔，计算 BDS 各卫星钟每天的频率准确度，得到频率准确度的数据序列及其统计结果，如图 4.10 所示。根据图 4.10 可以看出，14 颗 BDS 星载原子钟的频率准确度序列，除了 C06 和 C07 的长期变化相对平稳之外，其余星钟的频率准确度长期变化波动较大。BDS 卫星钟的频率准确度整体保持在 10^{-11} 量级，除了 C05 的准确度 RMS 值在第三年达到了 10^{-10} 量级以及 C07、C11 和 C12 的准确度 RMS 值在第三年达到了 10^{-12} 量级。此外，

C02、C04 和 C05 的频率准确度较差且其不同年份之间的变化差异较大。

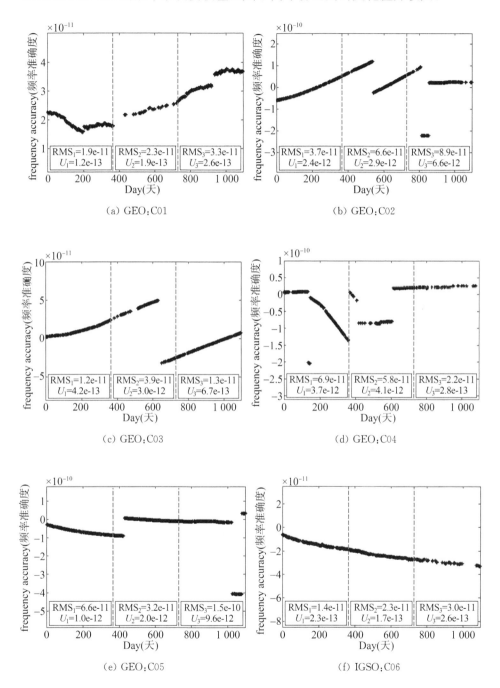

(a) GEO：C01　　　　　　　(b) GEO：C02

(c) GEO：C03　　　　　　　(d) GEO：C04

(e) GEO：C05　　　　　　　(f) IGSO：C06

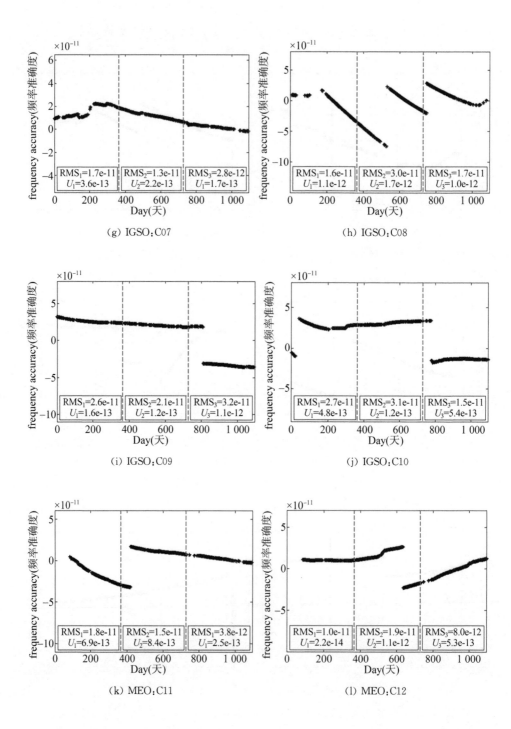

(g) IGSO：C07

(h) IGSO：C08

(i) IGSO：C09

(j) IGSO：C10

(k) MEO：C11

(l) MEO：C12

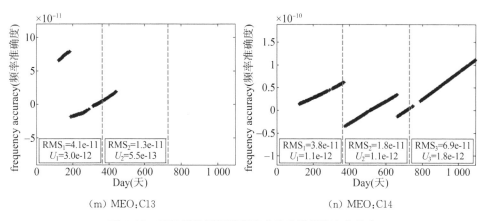

（m）MEO：C13　　　　　　　　（n）MEO：C14

图 4.10　BDS 星载原子钟频率准确度的长期变化特点

4.1.5　频率稳定度的长期特性分析

　　星载原子钟评估天稳定度（简称天稳，平滑时间 $\tau=24$ 小时×3 600 秒/小时=86 400 秒）是频率稳定性分析的一个重要指标。同时，为了从不同时间尺度较为全面地分析星载原子钟的频率稳定性，在计算天稳的同时，本书还计算 2 小时、6 小时和 12 小时（平滑时间分别为 7 200 秒、21 600 秒和 43 200 秒）的频率稳定度结果。而计算天稳通常需要至少 15 天的连续钟差数据，但是从前面对基于多星定轨得到的 BDS 卫星钟差数据的特性分析可知，该钟差产品的数据缺失较为严重，三年实验数据中满足连续 15 天的数据都完整、不存在缺失和间断的时间段比较少，个别卫星甚至出现一整年都没有一个时间段满足 15 天的数据连续完整（例如 C05 卫星第二年的钟差数据）。因此，为了获得较多时间段的稳定度计算结果并且保证结果的可靠性，同时为了便于对比分析不同年份稳定度的变化情况，本书采取的策略是：基于每年的卫星钟差数据，以 15 天为取样时间间隔，当取样的这 15 天钟差数据缺失率低于数据段数据总量的 2.78% 时（15 天正常情况包含了 96 历元/天×15 天=1 440 历元，也就是当一个时间段的钟差总数多于 1 400 个的时候），通过该数据段钟差数据所对应的频率数据拟合一次多项式模型来补充缺失历元的数据，然后基于补充后的连续完整数据计算该时间段的频率稳定度结果；否则，不计算该时间段的稳定度结果，其对应的频率稳定度值记为空。此外，连续取样到最后剩余时间不满 15 天的数据不参与计算（1 年 365 天，以 15 天为取样间隔有 24 个数据段，剩余的 5 天不参与计算）。

在计算稳定度结果之前,首先分析本书稳定度计算策略中数据缺失情况对计算结果的影响情况。15 天的钟差数据缺失 40 个历元是该时间段数据缺失最多的情况,此时对稳定度计算结果的影响最大。而缺失的这 40 个历元的钟差数据出现在数据段中的不同位置,对稳定度计算结果的影响也不一样:当其分散于整个数据段时,基于一次多项式补充时可以看作是一般的数据插值问题,并且是根据较多的数据插值相对较少的数据,此时能够得到较高精度的数据补充结果,其对频率稳定度计算结果的影响也相对小;而当 40 个缺失数据集中在一起时,特别是其位于整个数据段的最后和起始位置时,补充这些缺失的数据相当于通过已有的数据对其进行预报,而通常在相同数据条件下数据内插的精度要高于数据(外推)预报的精度,此时得到的数据补充结果精度较差,对稳定度计算结果的影响也最大。因此,这里分析对稳定度计算结果影响最大的两种数据缺失情况,即 40 个缺失数据集中在整个数据段的首尾两端。以 C01 卫星 2013 年 1 月 16 日到 2013 年 1 月 30 日的连续卫星钟差数据为例进行实验分析(其他卫星 2013 年期间连续完整数据段亦可,分析结果与之类似),该时间段的卫星钟差数据连续完整无缺失。图 4.11 给出了分别模拟该数据段起始 40 个历元数据缺失[图 4.11(a)]和最后 40 个历元数据缺失[图 4.11(b)]时,基于补充数据计算的频率稳定度计算结果(Deviation2)和真实数据计算结果(Deviation1)的对比情况,并且将两种结果之差的绝对值记为 Error。从图中计算结果可以看出,平滑时间从 2 小时到 1 天的稳定度结果基本都在 10^{-14} 量

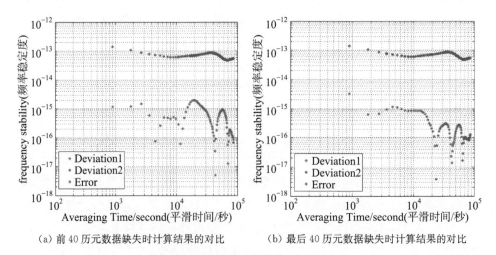

(a) 前 40 历元数据缺失时计算结果的对比　　(b) 最后 40 历元数据缺失时计算结果的对比

图 4.11　频率稳定度计算结果的对比

级,并且两种补充数据与真实数据计算得到的稳定度结果差异较小,其结果之差基本都小于 1.0×10^{-15},比稳定度计算结果本身低了近两个数量级,所以这种较小差异对稳定度计算结果的影响可以忽略不计。对于 15 天数据段的其他数据缺失情况,这样的差异更小,更可以忽略其影响。以上的计算和分析说明了本书计算频率稳定度时所采取的数据补充策略是相对合理有效的。

最后,以 15 天为取样时间间隔,分别计算各颗卫星不同时间段(简称时段)的频率稳定结果及其对应的 RMS 和 U,结果如图 4.12 所示。图中,黑色、蓝色、红色和绿色分别表示当稳定度计算的平滑时间为 2 小时、6 小时、12 小时和 1 天时的频率稳定度计算结果。从图 4.12 中可以看出,各颗卫星第一年的频率稳定度结果明显优于后两年的结果,结合前面对 BDS 卫星钟差数据及其对应频率数据的分析可知,后两年的卫星钟差数据在每天的交点处出现了较多明显的跳变,这些跳变使得基于这两年数据计算得到的稳定度结果较差,从而导致基于多于 1 天的较长时间段数据计算较长平滑时间的频率稳定度结果变得不可信。因此,在评估 BDS 星载原子钟的天稳时,本书取基于第一年卫星钟差数据计算得到的结果,同时计算的 2 小时、6 小时和 12 小时稳定度结果也是取第一年的。从第一年的结果可以看出,除了 C02 卫星之外,其余 13 颗 BDS 卫星的星载原子钟天稳定度都在 10^{-14} 量级;并且这 13 颗卫星中,除了 C06 卫星之外,剩余的 12 颗卫星的星载原子钟在 4 个不同平滑时间中的频率稳定度结果均达到了 10^{-14} 量级。具体而言,GEO 卫星的 2 小时、6 小时、12 小时和天稳定度的平均值分别为 7.9×10^{-14}($\pm 3.8 \times 10^{-15}$)、1.2×10^{-13}($\pm 8.5 \times 10^{-15}$)、1.1×10^{-13}($\pm 1.1 \times 10^{-14}$)和 7.2×10^{-14}($\pm 8.1 \times 10^{-15}$),IGSO 卫星对应平滑时间的稳定度平均值分别为 6.6×10^{-14}($\pm 1.1 \times 10^{-15}$)、6.4×10^{-14}($\pm 2.6 \times 10^{-15}$)、7.3×10^{-14}($\pm 3.9 \times 10^{-15}$)和 3.5×10^{-14}($\pm 2.4 \times 10^{-15}$),MEO 卫星对应平滑时间的稳定度平均值分别为 4.6×10^{-14}($\pm 9.8 \times 10^{-16}$)、3.5×10^{-14}($\pm 2.0 \times 10^{-15}$)、2.4×10^{-14}($\pm 1.2 \times 10^{-15}$)和 2.2×10^{-14}($\pm 1.3 \times 10^{-15}$),14 颗 BDS 卫星对应各平滑时间的频率稳定度平均值分别为 6.5×10^{-14}($\pm 2.1 \times 10^{-15}$)、7.4×10^{-14}($\pm 4.5 \times 10^{-15}$)、7.1×10^{-14}($\pm 5.7 \times 10^{-15}$)和 4.4×10^{-14}($\pm 4.1 \times 10^{-15}$)。根据这些频率稳定度的结果可知,MEO 星载原子钟频率稳定性最好,其次是 IGSO 卫星,GEO 卫星的星载原子钟频率稳定较差。BDS 星载原子钟的天稳定度整体保持在 $(2.0 \sim 8.0) \times 10^{-14}$。

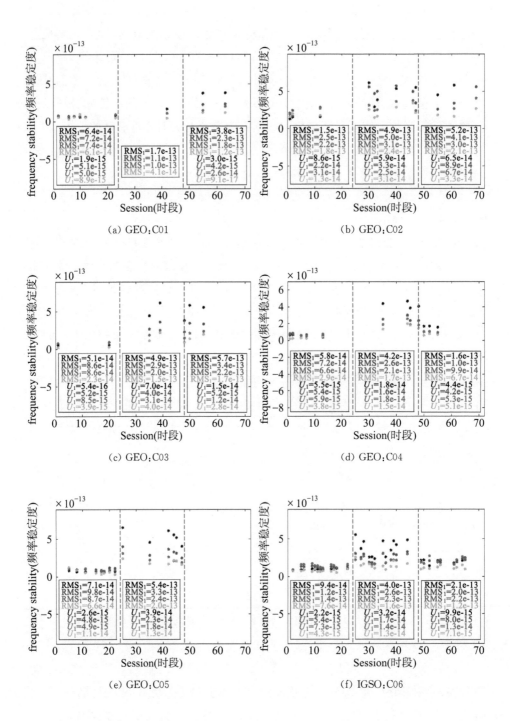

(a) GEO：C01

(b) GEO：C02

(c) GEO：C03

(d) GEO：C04

(e) GEO：C05

(f) IGSO：C06

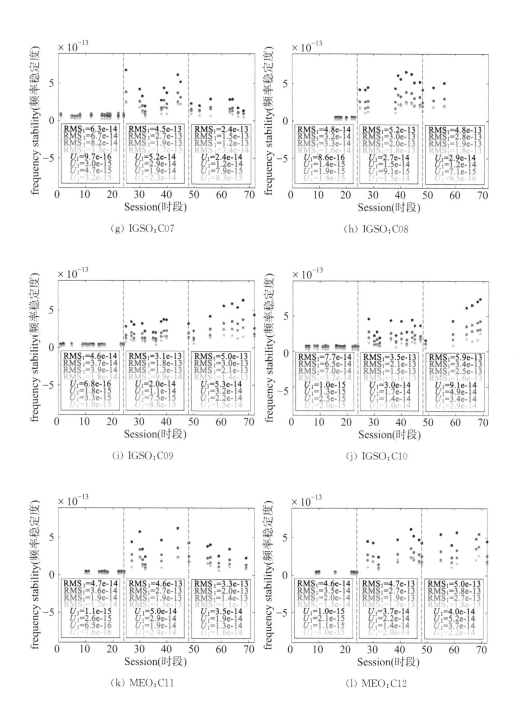

(g) IGSO：C07

(h) IGSO：C08

(i) IGSO：C09

(j) IGSO：C10

(k) MEO：C11

(l) MEO：C12

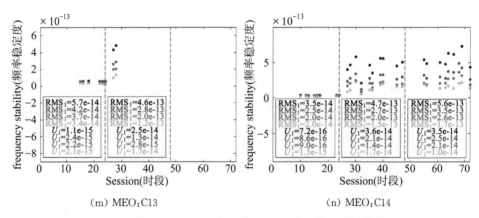

（m）MEO：C13　　　　　　　　（n）MEO：C14

图 4.12　基于较长时间段数据计算的 BDS 星载原子钟频率稳定度

此外，为了对比分析三年时间里 BDS 星载原子钟频率稳定度的变化情况，同时考虑本书所采用的 BDS 精密卫星钟差数据是基于多星定轨联合解算轨道和钟差得到的并且数据产品是按天发布的特点，本书基于每天的卫星钟差数据计算各卫星钟较短平滑时间的频率稳定度及其序列对应的 RMS 和 U，结果如图 4.13 所示。图中，黑色、绿色和红色分别表示平滑时间为 15 分钟、1 小时和 2 小时的稳定度计算结果。需要说明的是，通常稳定性分析算法的前提是要求数据为等间隔连续采样，因此大多文献中对钟差数据采用插值的方法补缺，对残差采用补 0。但是，内插或者补零的方式都不是真实的钟差数据，这样会造成钟差数据一定程度上失真，从而影响基于较少（1 天）数据计算结果的准确性。所以，此处在计算稳定度时只有当这一天的数据完整（即不存在数据间断，数据历元个数为 96 个）时才进行计算，否则对应频率稳定度的值则为缺失。根据图 4.13 可以看出，3 个不同平滑时间下，14 颗 BDS 卫星钟的频率稳定序列整体上的长期变化相对平稳，15 分钟稳定度基本保持在 10^{-13} 量级，1 小时和 2 小时稳定度都基本在 10^{-14} 量级，个别星载原子钟内部存在着一定程度的差异。因此可以认为，相同的平滑时间下各 BDS 星载原子钟之间的稳定度差异不显著。此外，C08 卫星三年时间里的稳定度变化比较异常，后面两年分别出现了一个时间段稳定度比较差的序列；C02 和 C06 卫星的星载原子钟频率稳定度三年时间里在 14 颗卫星中最差；C14 的星载原子钟稳定度序列波动最小且 3 年不同平滑时间下的 RMS 值也都最小，说明该卫星的星载原子钟频率稳定性最好。最后，将基于 1 天卫星钟差数据计算的 2 小时稳定度与前面基于第一年卫星钟差数据以 15 天为采样间隔计算的 2 小时稳定度进行对比，可以看出两种数据条件计算的结果在同一量级且数值差异较小,这进一步说明了前面计算较长时间稳定度时所采取的策略及得到的结果是有效可靠的。

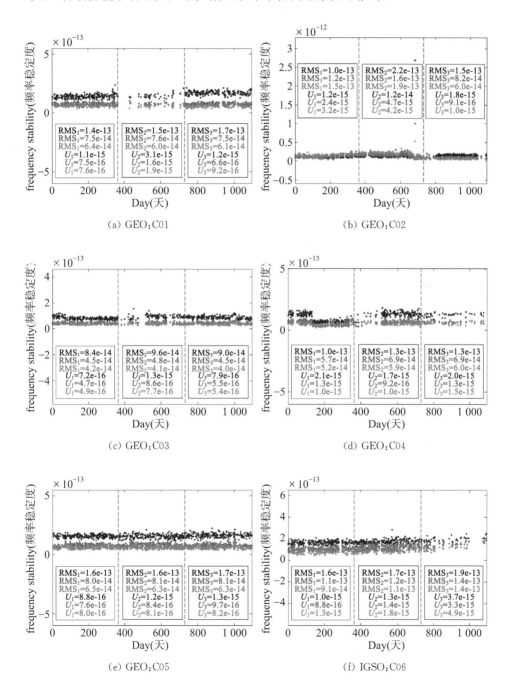

(a) GEO:C01　　　　　　　　　(b) GEO:C02

(c) GEO:C03　　　　　　　　　(d) GEO:C04

(e) GEO:C05　　　　　　　　　(f) IGSO:C06

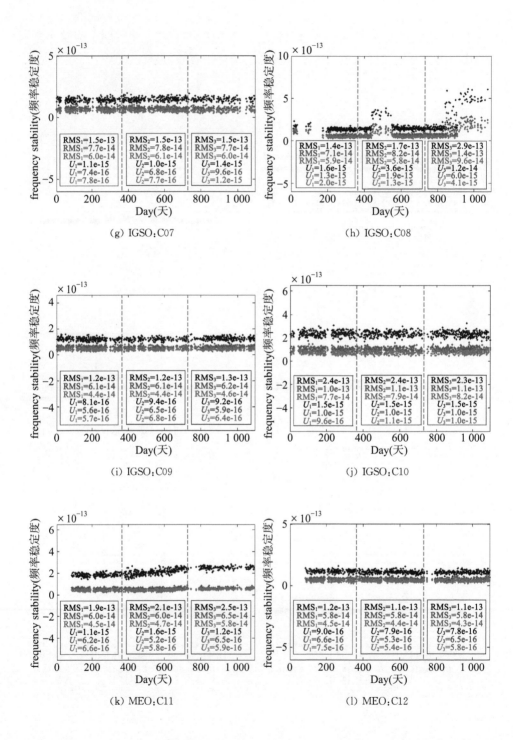

(g) IGSO：C07

(h) IGSO：C08

(i) IGSO：C09

(j) IGSO：C10

(k) MEO：C11

(l) MEO：C12

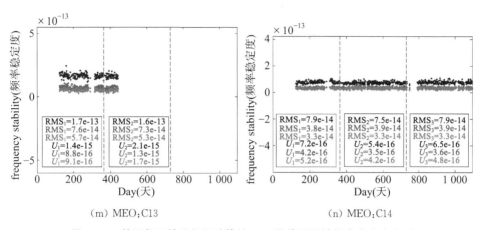

（m）MEO：C13　　　　　　　（n）MEO：C14

图 4.13　基于每天钟差数据计算的 BDS 星载原子钟频率稳定度序列

4.1.6　频率漂移率的长期变化特性

前面通过二次多项式模型对预处理后的卫星钟差数据进行逐天拟合，分析了 BDS 星载原子钟短时间的频漂，这里以 15 天为取样时间间隔，采用式（4.3）、式（4.4）计算各颗卫星不同时间段的日漂移率及其序列对应的 RMS 和 U。此处基于 15 天的卫星钟差数据计算频漂的策略与前面计算频率稳定度时所采取的策略类似。同样的，在计算并分析日漂移率结果之前，首先分析本书日漂移率计算策略中数据缺失情况对计算结果的影响。实验的相关条件与前面分析稳定度计算策略中数据缺失情况对计算结果影响的一样，图 4.14 给出了分别模拟该数据段起始 40 个历元数据缺失（Drift1）和最后 40 个历元数据缺失（Drift2）时日漂移率的计算结果，真实数据计算的日漂移率结果记为 Drift0，两种补充数据的计算结果与真实数据的计算结果之差的绝对值分别记为 Error1 和 Error2。从图 4.14 的计算结果可以看出，三种数据条件计算的日漂移率值都在 10^{-14} 量级，并且两种补充数据情况与真实数据情况计算得到的日漂移率结果差异较小，其结果之差低于真实值一个数量级，因此这种较小差异对日漂移率计算结果的影响本书忽略不计。对于 15 天数据段的其他数据缺失情况，这样的差异更小，更可以忽略其影响。

最后，以 15 天为取样时间间隔，基于每年的数据分别计算各颗卫星不同时段的日漂移率及其对应的 RMS 和 U，结果如图 4.15 所示。从图中可以看出，除了 C02 卫星之外，其余各颗卫星三年时间的日漂移率变化较小，说明后两年的卫星钟差数据中的跳变对日漂移率计算结果没有显著的影响；为了检核日漂

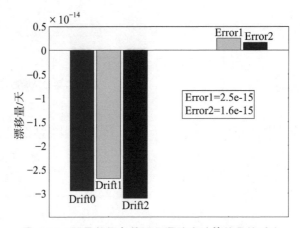

图 4.14 不同数据条件下日漂移率计算结果的对比

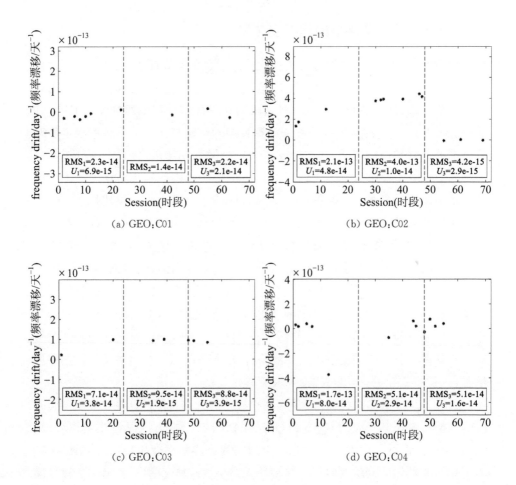

(a) GEO：C01

(b) GEO：C02

(c) GEO：C03

(d) GEO：C04

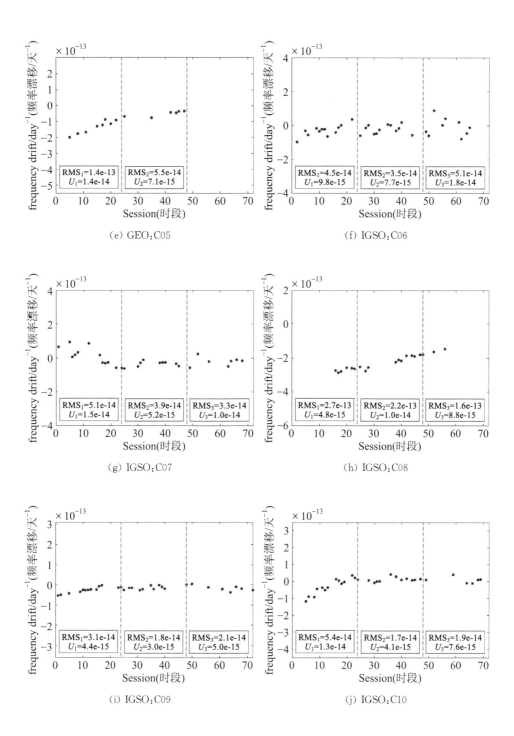

(e) GEO：C05

(f) IGSO：C06

(g) IGSO：C07

(h) IGSO：C08

(i) IGSO：C09

(j) IGSO：C10

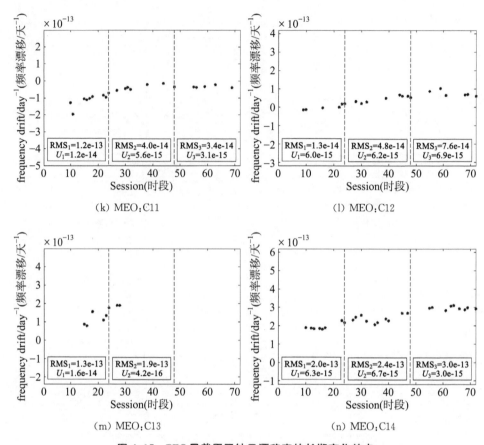

图 4.15　BDS 星载原子钟日漂移率的长期变化特点

移率结果的正确性，将其结果除以 86 400 与基于二次多项式模型计算得到的每秒频漂值进行对比，以 C02 卫星第三年的结果为例，发现两种结果存在较大差异；同时为了与前面天稳结果形成对比，在评估 BDS 星载原子钟的日漂移率时，此处亦是取基于第一年卫星钟差数据计算得到的结果。从第一年的结果可以看出，C01、C03、C06、C07、C09、C10、C12 的日漂移率在 $10^{-14}/d$ 量级，而 C02、C04、C05、C08、C11、C13、C14 的日漂移率在 $10^{-13}/d$ 量级。具体而言，GEO 卫星的星载原子钟日漂移率平均值为 $1.2 \times 10^{-13}(\pm 3.7 \times 10^{-14})/d$，IGSO 的日漂移率平均值为 $9.0 \times 10^{-14}(\pm 9.4 \times 10^{-15})/d$，MEO 的日漂移率平均值为 $1.2 \times 10^{-13}(\pm 1.0 \times 10^{-14})/d$，14 颗 BDS 卫星的星载原子钟日漂移率平均值为 $1.1 \times 10^{-13}(\pm 2.0 \times 10^{-14})/d$。根据日漂移率结果可知，IGSO 卫星的星载原子钟日漂移率特性最好，MEO 和 GEO 卫星的星载原子钟日漂移率特性相对差一些。此外,与前面天稳指标进行对比可以发现天稳和日漂移率之间没有明显关系,同一颗卫星或者同一类卫星天稳较差时其对应日漂移率不一定差,两者之间不存在显著的相互影响。

4.1.7　钟差周期特性分析

使用频谱分析的方法对 3 年的 BDS 卫星钟差数据进行周期项提取,以 C03 卫星为例,图 4.16 是其频谱分析的结果图示。从图中可以看出该卫星钟差数据中存在着显著的周期项。这里提取周期项时取到前 9 项,因为这样既能保留主要的周期项并反映数据真实的周期特性又能避免提取过多周期项导致周期项提取不准,避免不必要的工作量。剩余卫星的钟差数据周期项提取与之类似,表 4.1 给出了所有卫星的钟差周期项提取结果。

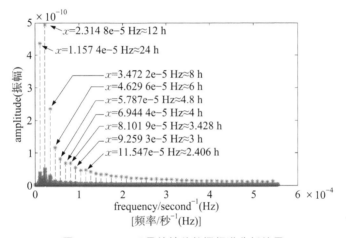

图 4.16　C03 卫星的钟差数据频谱分析结果

表 4.1　BDS 卫星钟差数据的周期项提取结果　　　　　　　　　　　小时

轨道类型	卫星	周期 1	周期 2	周期 3	周期 4	周期 5	周期 6	周期 7	周期 8	周期 9
GEO	C01	12	24	8	6	4	4.8	3.428	3	2.667
	C02	12	24	8	14.376	17.054	17.902	13.408	12.857	11.547
	C03	12	24	8	6	4.8	3.428	4	3	2.406
	C04	12	24	4.8	6	8	4	3.428	3	2.667
	C05	12	24	8	6	4	3.428	3	4.8	2.667

（续表）

轨道类型	卫星	周期1	周期2	周期3	周期4	周期5	周期6	周期7	周期8	周期9
IGSO	C06	12	24	8	6	4.8	4	3.428	3	2.667
	C07	24	12	8	6	4.8	4	3.429	3	2.667
	C08	12	24	6	8	4	4.8	3.428	2.667	3
	C09	24	12	8	6	4.8	4	3.428	3	2.667
	C10	24	12	6	8	4	4.8	3.428	3	2.667
MEO	C11	12.908	6.443	27.928	12.826	13.186	12.562	11.994	13.964	15.217
	C12	12.908	6.443	27.928	13.964	14.616	11.994	12.379	13.313	15.252
	C13	12.908	6.443	12.635	11.891	13.964	27.928	14.805	12.156	15.821
	C14	6.443	12.908	13.964	11.994	12.385	14.306	14.698	13.477	17.244

从表 4.1 所列结果可以看出，14 颗 BDS 卫星的长期钟差数据中均存在显著的周期项，并且不同轨道类型的卫星其钟差周期项不同，而同种轨道类型的卫星其钟差周期项也存在差异；具体表现为：所有的 GEO 卫星以及 IGSO 中的 C06、C08 卫星，其钟差的两个主周期依次是 12 小时和 24 小时，剩余的 IGSO 卫星，其钟差的两个主周期依次是 24 小时和 12 小时，MEO 卫星中除了 C14 钟差的两个主周期依次是 6.443 小时和 12.908 小时之外，其余卫星钟差的两个主周期依次是 12.908 小时和 6.443 小时。分析出现这种情况的原因，主要是因为基于多星联合定轨同时解算卫星轨道和钟差的过程中钟差解算的结果受到了轨道误差的影响，导致出现不同轨道类型的卫星其钟差周期项不同，而对于同种轨道类型的卫星，其在运行过程中星载原子钟受外界环境等因素的影响也存在差异，因此会出现同种轨道类型的卫星其钟差周期项也存在差异的现象。

同时，根据表 4.1 中的数据可以发现，GEO 和 IGSO（轨道周期为 23 小时 56 分钟）钟差数据最显著的周期是 12 小时或者是 24 小时，MEO（轨道周期为 12 小时 53 分钟）钟差数据最显著的周期项是 12.908 小时（约为 12 小时 55 分钟）或 6.443 小时（约为 6 小时 27 分钟），3 类卫星的钟差数据主周期分别近似为其卫星轨道周期的 1/2 或 1 倍。考虑到本书 BDS 卫星钟差数据是基于多星联合定轨解算得到的,所以可以认为在同时解算卫星轨道和钟差的过程中一部分的轨道误差被钟差吸收。

此外,GEO 和 IGSO 钟差都含 24 小时这一主周期项,说明基于多星联合定轨解算得到的卫星钟差除了跟轨道周期耦合之外还可能与外界昼夜环境变化有一定的联系;而 MEO 卫星钟差则存在相对较长的周期项(27.928 小时),可能是在解算卫星轨道和钟差时由于 MEO 卫星的光压模型摄动力存在昼夜环境变化周期而造成的。

最后,统计 3 年时间基于每天数据计算的各颗卫星的钟差模型拟合残差序列、钟漂序列、频率准确度序列和频率稳定度序列的 RMS 值和 U 值,同时根据卫星轨道类型计算对应结果的平均值,统计情况如表 4.2 所示。根据表中的结果可以看出,在星载原子钟的噪声特性和短期钟漂特性方面,MEO 卫星钟的性能最好,其次是 IGSO 卫星钟,最差的是 GEO 卫星钟;所有星载原子钟的噪声水平大约为 0.7 ns,短期频漂的平均值为 $1.9(\pm 0.047) \times 10^{-18}/\mathrm{s}$;此外,根据 MEO 星载原子钟的噪声水平和钟漂结果,以 C14 卫星为例,虽然其钟漂值在同类型卫星中最大,但是其钟噪声特性却是最好的,说明对于该类型卫星,当其星载原子钟含有较大噪声时不会直接影响钟差自身的物理模型参数值。频率准确度的统计结果表明,14 颗 BDS 卫星的星载原子钟频率准确度都在 10^{-11} 量级,并且除了 C06 和 C07 的长期变化相对平稳之外,其余星钟的频率准确度长期变化波动较大;IGSO 和 MEO 的频率准确度较好,其平均值分别为 $2.2(\pm 0.068) \times 10^{-11}$ 和 $2.8(\pm 0.12) \times 10^{-11}$,GEO 卫星的频率准确度平均值 $5.4(\pm 0.19) \times 10^{-11}$,所有卫星钟频率准确度的平均值为 $3.5(\pm 0.13) \times 10^{-11}$。从表中的频率稳定度统计结果可以看出,GEO 和 MEO 卫星钟的 15 分钟稳定度较好,其平均值分别为 $1.4(\pm 0.017) \times 10^{-13}$ 和 $1.4(\pm 0.0084) \times 10^{-13}$,而 IGSO 的相对较差,其平均值为 $1.8(\pm 0.015) \times 10^{-13}$,所有卫星钟的 15 分钟稳定度平均值为 $1.5(\pm 0.014) \times 10^{-13}$;对于 1 小时和 2 小时稳定度而言,都是 MEO 卫星钟的性能最好;所有卫星钟的 1 小时和 2 小时稳定度的平均值分别为 $7.8(\pm 0.075) \times 10^{-14}$ 和 $5.5(\pm 0.078) \times 10^{-14}$。

表 4.2　BDS 星载原子钟不同性能指标 3 年的结果统计值

卫星		噪声(×10⁻⁹秒)		频漂(×10⁻¹⁸/秒)		准确度(×10⁻¹¹)		15分钟稳定度(×10⁻¹³)		1小时稳定度(×10⁻¹⁴)		2小时稳定度(×10⁻¹⁴)	
		RMS	U	RMS	U	RMS	U	RMS	U	RMS	U	RMS	U
GEO	C01	0.51	0.0017	1.7	0.037	2.6	0.034	1.5	0.010	7.5	0.049	6.2	0.057
	C02	2.3	0.0077	4.7	0.13	6.7	0.28	1.7	0.046	13	0.23	1.5	0.29
	C03	0.73	0.0025	0.71	0.017	2.1	0.086	0.89	0.0054	4.5	0.034	4.1	0.033
	C04	0.54	0.0018	3.0	0.063	6.2	0.26	1.2	0.016	6.3	0.083	5.6	0.069
	C05	0.75	0.0025	1.71	0.049	9.2	0.31	1.6	0.0067	8.1	0.049	6.4	0.047
	平均	0.97(±0.0032)		2.4(±0.059)		5.4(±0.19)		1.4(±0.017)		7.8(±0.089)		4.8(±0.099)	
IGSO	C06	1.2	0.0039	3.4	0.073	2.0	0.029	1.7	0.0090	11	0.092	10	0.12
	C07	0.61	0.0020	1.4	0.024	1.3	0.027	1.5	0.0066	7.8	0.045	6.1	0.050
	C08	0.76	0.0025	4.6	0.13	2.3	0.095	2.0	0.043	9.9	0.21	7.1	0.15
	C09	0.37	0.0012	0.66	0.018	2.7	0.11	1.2	0.0052	6.2	0.035	4.5	0.036
	C10	0.60	0.0020	1.1	0.026	2.5	0.077	2.4	0.0088	11	0.060	7.9	0.059
	平均	0.71(±0.0023)		2.2(±0.054)		2.2(±0.068)		1.8(±0.015)		9.2(±0.088)		7.1(±0.083)	
MEO	C11	0.31	0.0010	0.55	0.014	1.4	0.060	2.1	0.013	6.1	0.035	4.9	0.042
	C12	0.27	0.00088	0.52	0.015	1.4	0.050	1.1	0.0049	5.8	0.035	4.4	0.035
	C13	0.35	0.0019	1.4	0.046	3.6	0.23	1.7	0.012	7.5	0.074	5.6	0.081
	C14	0.21	0.00070	1.5	0.016	4.6	0.14	0.77	0.0037	3.9	0.022	3.3	0.027
	平均	0.29(±0.0011)		0.99(±0.022)		2.8(±0.12)		1.4(±0.0084)		5.8(±0.042)		4.6(±0.046)	
总的平均值		0.68(±0.0023)		1.9(±0.047)		3.5(±0.13)		1.5(±0.014)		7.8(±0.075)		5.5(±0.078)	

4.2　GPS BLOCK IIF 星载原子钟长期性能分析

GPS BLOCK IIF 系列卫星自 2010 年到 2016 年间陆续发射并完成部署，其在接下来一段时间将成为星座的主体，开展该类型卫星的星载原子钟性能分析，对于提升系统的服务性能和下一步系统的建设、维护等具有重要的意义。近年来针对 BLOCK IIF 星载原子钟性能的分析进行了一些初步的研究（白锐锋等，2012；付文举，2014；张清华等，2014），但已有的研究成果仍存在一定的局限性：首先，由于前期该类型卫星没有部署完成，因此没有对该类型所有卫星的星载原子钟进行较为全面系统的分析和评估；其次，较长时间段性能评估的相关研究还相对较少；最后，目前对星载原子钟性能的分析大多集中在某个指标值或某个特性方面，没有形成较为全面的星载原子钟性能评价体系。基于此，本节采用所有 GPS BLOCK IIF 卫星自开始运行到 2016 年 8 月 27 日的卫星钟差数据，分析和评估 GPS BLOCK IIF 星载原子钟的长期性能。

其中，所使用的卫星钟差数据来自 IGS 提供的 15 分钟采样间隔的最终精密星历钟差产品，该卫星钟差也是基于多星定轨联合解算卫星轨道和钟差的方式得到的，在卫星钟差的解算过程中扣除了相对论改正、潮汐改正和大气负荷等误差改正（Kouba J，2013；楼益栋等，2009），精度优于 0.1 纳秒，是目前公开精度最高的一种免费 GPS 卫星钟差数据产品。补充说明一下，同样是基于精密定轨方式解算得到的卫星钟差数据，GPS 精密卫星钟差产品的质量显著优于 BDS 精密钟差，这是因为提供 GPS 轨道和钟差解算观测值的监测站基本是全球范围均匀布设的，且 GPS 精密星历卫星钟差是 IGS 组织对多家分析中心提供的精密钟差数据进行全面综合之后的高精度产品，这就使得其最终卫星钟差数据不论是精度还是连续性、平滑性等各方面性能都较好；而 BDS 多星定轨的全球观测站网正处于不断的完善之中且各分析中心的解算策略与数据处理方式还在持续改进，从而导致其最终卫星钟差产品的质量相对较差。表 4.3 给出了 BLOCK IIF 卫星的相关信息（http://www. navcen. uscg. gov/? Do = constellationStatus），表中的运行时间即为每颗卫星在数据采集时间段内的运行天数。图 4.17 是各颗卫星运行天数内所对应的钟差数据，从图中可以看出，BLOCK IIF 星载原子钟的原始钟差长期变化较为平滑且连续性好、数据缺失少，但是钟差数据中仍然存在一定的数据异常（例如 PRN01 卫星的钟差数据中所标记出来的数据点）。因此，这里首先使用前面所提出的长期钟差数据预处理策略对卫星钟差数据进行预处理，然后根据 4.1 节所述方法计算各项性能指标并分析 BLOCK IIF 星载原子钟的长期性能。

表 4.3 GPS BLOCK IIF 卫星的相关信息

卫星	钟类型	运行时间起点	运行时间（天）
PRN01	铷钟	2011.10.14	1 782
PRN03	铷钟	2014.12.12	625
PRN06	铷钟	2014.06.10	810
PRN08	铯钟	2015.08.12	382
PRN09	铷钟	2014.09.17	711
PRN10	铷钟	2015.12.09	263
PRN24	铯钟	2012.11.14	1 383
PRN25	铷钟	2010.08.27	2 193
PRN26	铷钟	2015.04.20	496
PRN27	铷钟	2013.06.21	1 164
PRN30	铷钟	2014.05.30	820
PRN32	铷钟	2016.03.09	172

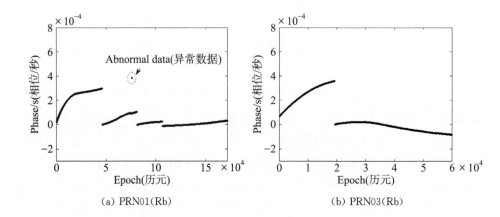

(a) PRN01(Rb) 　　　　(b) PRN03(Rb)

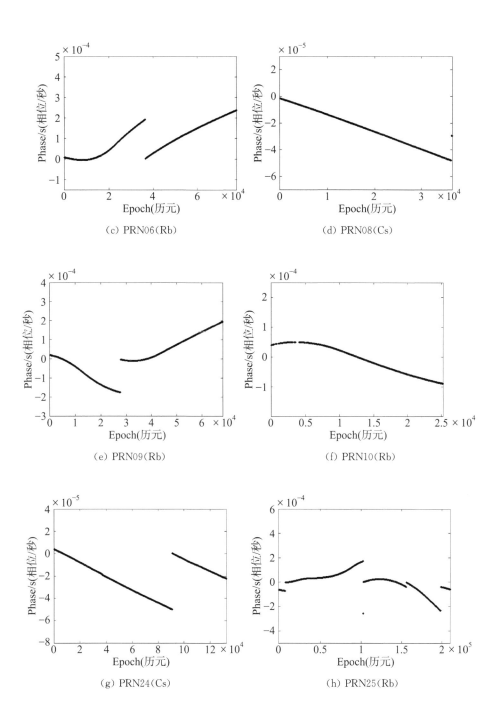

（c）PRN06（Rb）

（d）PRN08（Cs）

（e）PRN09（Rb）

（f）PRN10（Rb）

（g）PRN24（Cs）

（h）PRN25（Rb）

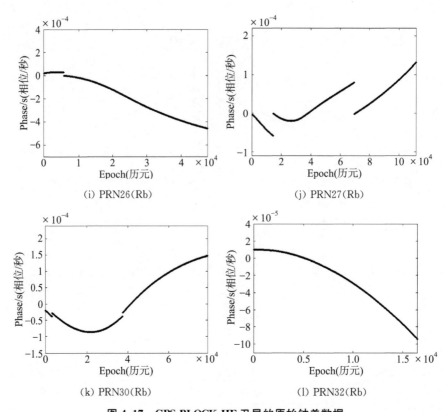

(i) PRN26(Rb)

(j) PRN27(Rb)

(k) PRN30(Rb)

(l) PRN32(Rb)

图 4.17　GPS BLOCK IIF 卫星的原始钟差数据

4.2.1　钟差(相位)、钟速(频率)、钟漂(频漂)指标的长期变化规律

采用钟差二次多项式模型对预处理后的卫星钟差数据进行逐天拟合,得到卫星钟的相位、钟速和钟漂的长期数据序列以及钟漂序列的 RMS 和 U,其结果如图 4.18～图 4.20 所示。

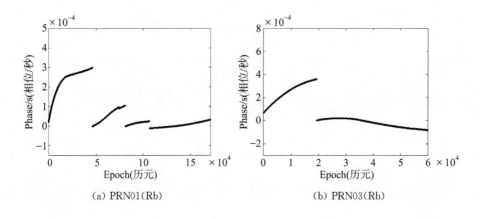

(a) PRN01(Rb)

(b) PRN03(Rb)

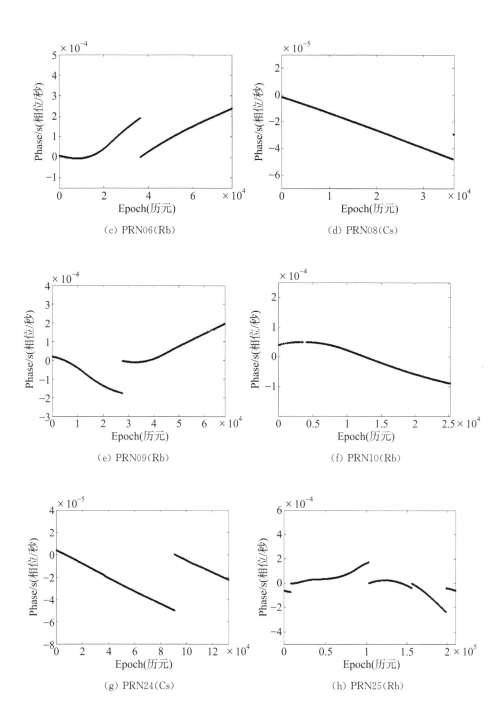

(c) PRN06(Rb)

(d) PRN08(Cs)

(e) PRN09(Rb)

(f) PRN10(Rb)

(g) PRN24(Cs)

(h) PRN25(Rb)

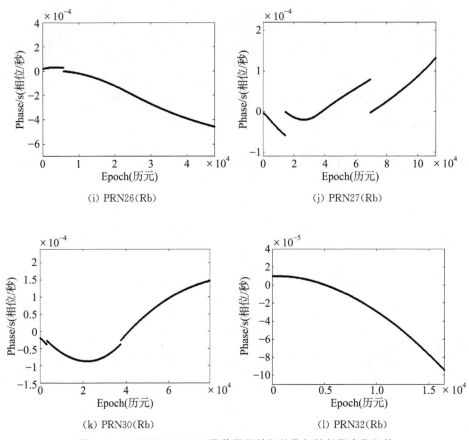

(i) PRN26(Rb) (j) PRN27(Rb)

(k) PRN30(Rb) (l) PRN32(Rb)

图 4.18 GPS BLOCK IIF 星载原子钟相位指标的长期变化规律

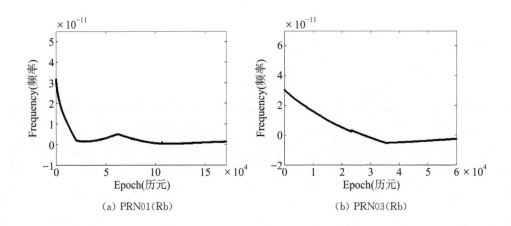

(a) PRN01(Rb) (b) PRN03(Rb)

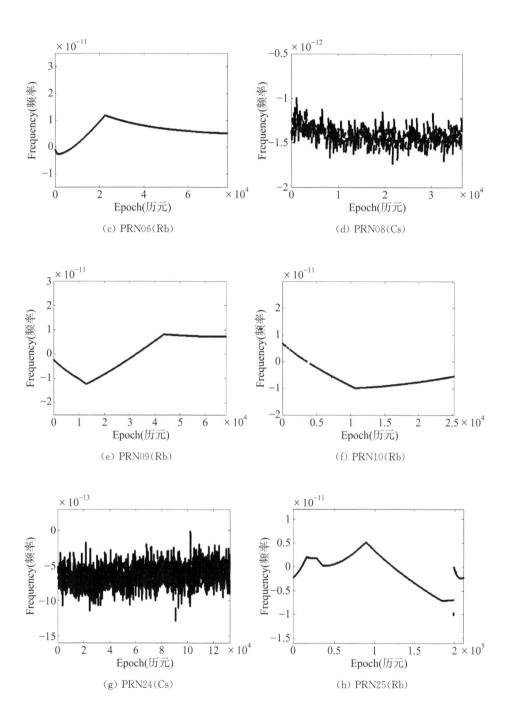

（c）PRN06(Rb)

（d）PRN08(Cs)

（e）PRN09(Rb)

（f）PRN10(Rb)

（g）PRN24(Cs)

（h）PRN25(Rb)

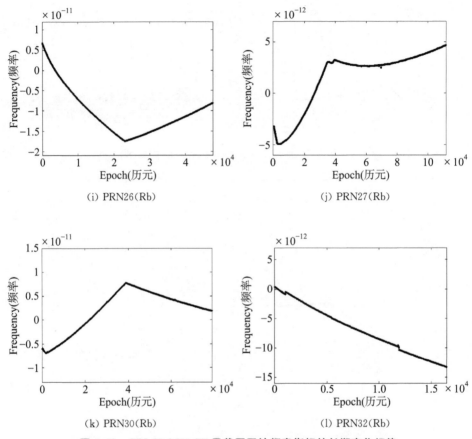

图 4.19　GPS BLOCK IIF 星载原子钟频率指标的长期变化规律

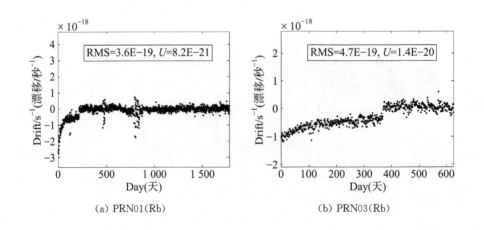

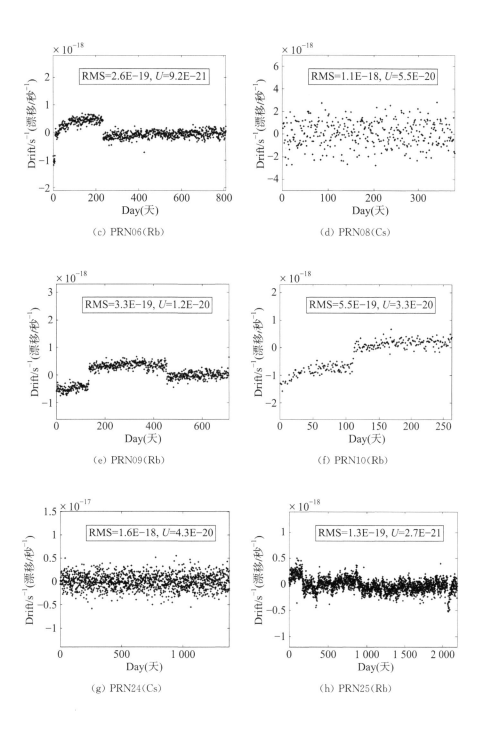

(c) PRN06(Rb)

(d) PRN08(Cs)

(e) PRN09(Rb)

(f) PRN10(Rb)

(g) PRN24(Cs)

(h) PRN25(Rb)

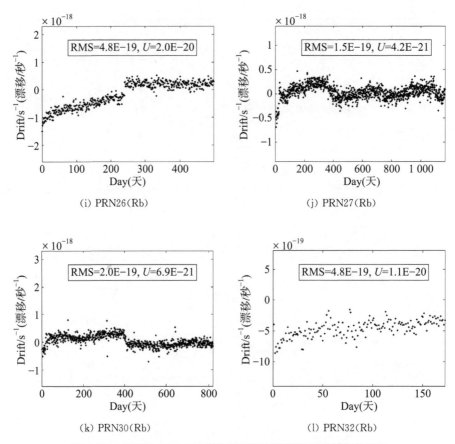

图 4.20　GPS BLOCK IIF 星载原子钟频漂指标的长期变化规律

　　从图 4.18 的相位指标序列可看出，GPS BLOCK IIF 星载原子钟在长期运行过程中相位数据的变化比较平滑，但大多数星载原子钟仍存在着一定次数的相位跳变，这说明其星载原子钟运行期间可能存在调相操作，但是这种相位调整同样使得卫星钟差数据的连续性变差。而在这些卫星里面运行时间较长的 PRN25、PRN01 和 PRN27 相位跳变的次数较多，运行时间较短的 PRN32 和 PRN10 则没有出现相位跳变，说明星载原子钟随着工作时间的积累，硬件设备出现了一定程度的老化，为了保证星上时间的准确性需进行钟切换等操作来予以校准。

　　从图 4.19 的频率序列可以发现，PRN08 和 PRN24 的频率序列变化比较平稳，而其余 10 颗卫星的频率序列均存在较大的波动，说明在运行过程中 GPS BLOCK IIF 星载铯原子钟的频率序列比铷原子钟的频率序列变化平稳。同时,星载铷钟的频率序列还存在频率跳变,例如 PRN25 卫星,但是其跳变次数比相位跳变的次数要少得多,说明整体上而言频率数据的稳定性和连续性相对较好。

从图 4.20 各颗卫星钟的频漂序列可以看出,大多数 BLOCK IIF 星载铷钟短时间的频漂值在 $10^{-19}/s$ 量级,个别的在 $10^{-18}/s$ 量级;而两颗使用铯钟的卫星,其短时间频漂值则都在 $10^{-18}/s$ 量级,但是其频漂序列的长期变化比较平稳,而铷钟频漂序列的长期变化趋势波动较大,平稳性相对较差。具体而言,所有铷钟频漂的平均值为 $3.4\times10^{-19}(\pm1.2\times10^{-20})/s$,而两台铯钟频漂的平均值为 $1.4\times10^{-18}(\pm4.9\times10^{-20})/s$,说明星载铷钟的短期频漂特性优于星载铯钟的短期频漂特性。同时观察可以发现,铷钟在刚开始运行的一定时间内随着时间的推移频漂会逐渐发散变大,但是之后频漂参数序列的变化则会趋于平稳,这可能是由于卫星在刚开始运行阶段各种相关的设备和处理还不够稳定造成的。此外,从 PRN27 的频漂序列可以看出,其存在近似的周期性变化规律,变化周期大约是一年,分析其原因可能是在解算卫星钟差时存在对频漂产生周期性影响的系统误差(推测该误差可能与地球公转对卫星的影响有关)。

4.2.2　钟差模型噪声的长期变化特点

采用钟差二次多项式模型对预处理后的卫星钟差数据进行逐天拟合得到对应的拟合残差,同时计算残差序列对应的 RMS 和 U,其结果如图 4.21 所示。根据图中结果可以看出,两铯钟的钟差模型噪声分布相对平稳,其模型噪声的平均值约为 $1.0\,ns$;铷钟钟差模型噪声的精度在亚纳秒量级,其噪声的 RMS 值均在 $0.23\,ns$ 以内,所有铷钟的模型噪声平均值约为 $0.2\,ns$;说明 BLOCK IIF 星载铯钟长期运行过程中的噪声水平比较稳定但精度相对较差,而星载铷钟长期运行过程中虽然噪声起伏较大但整体而言其噪声水平的精度却相对较好。此外,除了运行时间相对较短的 PRN32 之外,其余铷钟的模型噪声序列均存在以大约半年为周期的长周期项。

4.2.3　频率准确度的长期变化规律

以 1 天为取样时间间隔,计算各卫星钟每天的频率准确度,得到频率准确度的数据序列及其对应的 RMS 和 U,其结果如图 4.22 所示。根据图 4.22 可以看出,星载铯钟频率准确度的长期序列不但变化比较平稳且精度相对较高,

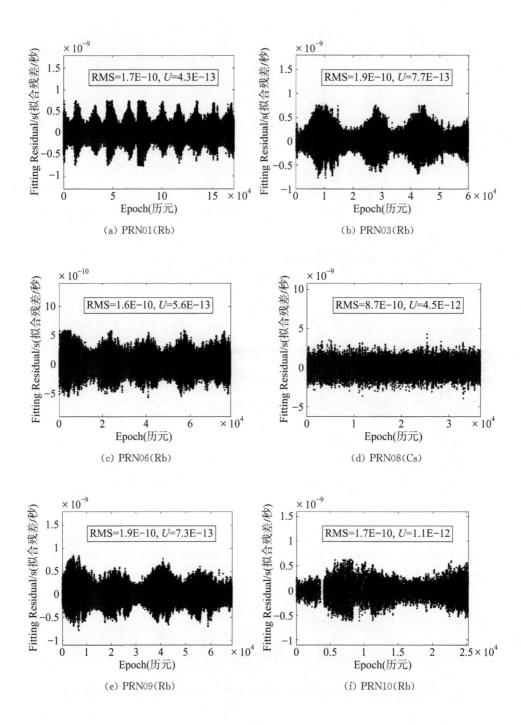

(a) PRN01(Rb)

(b) PRN03(Rb)

(c) PRN06(Rb)

(d) PRN08(Cs)

(e) PRN09(Rb)

(f) PRN10(Rb)

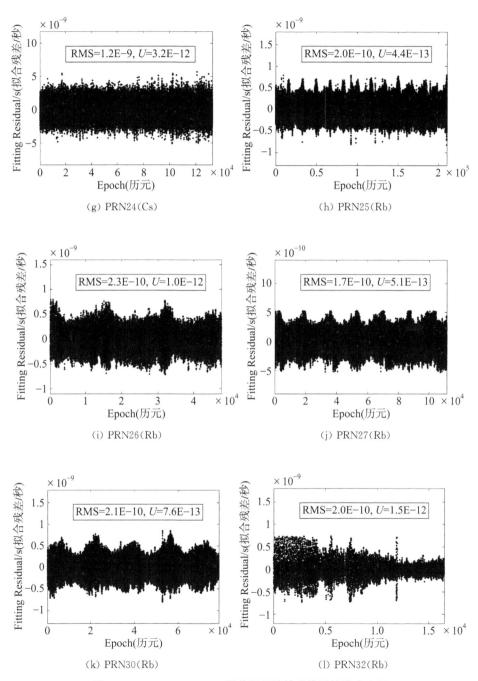

(g) PRN24(Cs)

(h) PRN25(Rb)

(i) PRN26(Rb)

(j) PRN27(Rb)

(k) PRN30(Rb)

(l) PRN32(Rb)

图 4.21　GPS BLOCK IIF 星载原子钟钟差模型的噪声水平

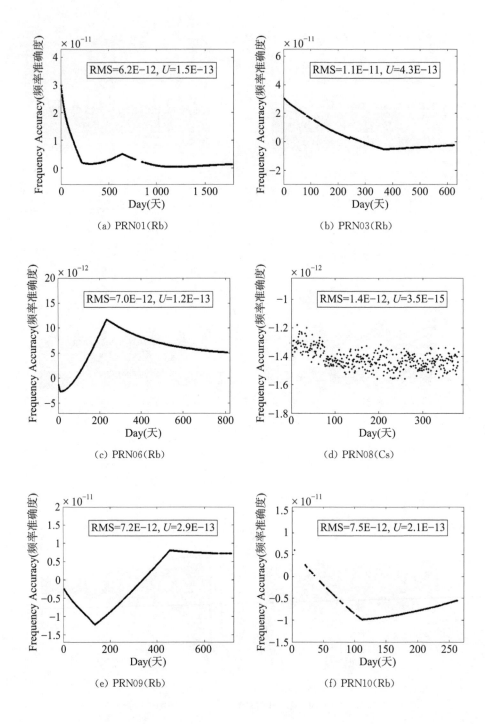

(a) PRN01(Rb)

(b) PRN03(Rb)

(c) PRN06(Rb)

(d) PRN08(Cs)

(e) PRN09(Rb)

(f) PRN10(Rb)

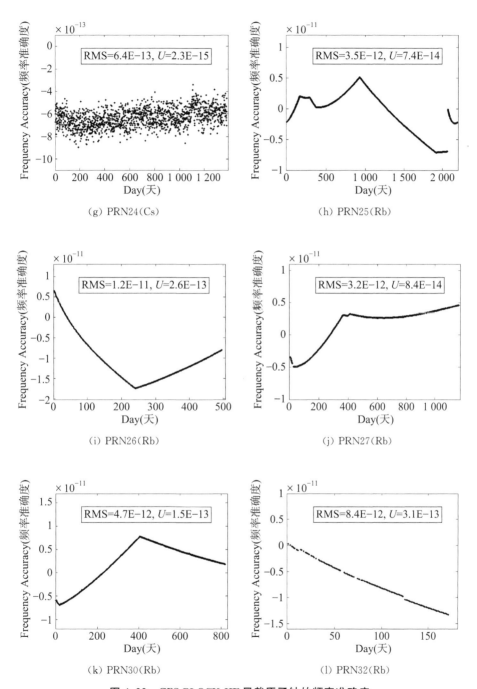

图 4.22　GPS BLOCK IIF 星载原子钟的频率准确度

两台铯钟频率准确度的平均值为 $1.0\times10^{-12}(\pm2.9\times10^{-15})$；而星载铷钟频率准确度的长期序列变化波动较大，且各颗卫星间的差异比较明显，所有铷钟频率准确度的平均值为 $7.1\times10^{-12}(\pm2.1\times10^{-13})$；因此，GPS BLOCK IIF 星载铯钟的频率准确度优于其铷钟的频率准确度。此外，从运行时间比较长的 PRN01 和 PRN27 可以看出，星载铷钟在前期运行过程钟频率准确度的变化波动较大，但随着运行时间的增加，到后面一段时间，其准确度的波动比较平稳；这可能是因为星载铷钟的铷灯在初始老化阶段光强变化较快，而在进入稳定阶段之后光强的变化较小。

4.2.4　频率稳定度的长期特性分析

以 15 天为取样时间间隔计算各颗卫星不同时段的频率稳定结果及其对应的 RMS 和 U。为了不影响计算结果的准确性，当取样的 15 天数据连续且无缺失时计算该时段不同平滑时间下的稳定度结果，否则相应的稳定度值记为空；同时，连续取样到最后剩余不满 15 天的数据不参与计算；结果如图 4.23 所示。图中，黑色、绿色、红色和紫色分别表示当稳定度计算的平滑时间为 2 小时、6 小时、12 小时和 1 天时的频率稳定度计算结果。

从图 4.23 中可以看出，铷钟的天稳定度基本都在 10^{-15} 量级，而铯钟的天稳定度基本保持在 10^{-14} 量级；但是，铯钟频率稳定度序列的长期变化比较平稳，而铷钟的 2 小时和 6 小时稳定度序列的长期变化波动较大且呈现一定的周期性变化特点（PRN01、PRN10 和 PRN32 参与计算的时段较少，其周期性变化未能体现出来），该变化周期的时间大约是半年；与 4.3.2 节铷钟钟差模型噪声序列进行对比可以发现：铷钟的频率稳定性影响着铷钟钟差模型的噪声分布，其频率稳定度的周期变化特点会使得钟差模型噪声具有近似周期项的周期性变化特点。所有铷钟 2 小时、6 小时、12 小时和天稳定度的平均值分别为 $3.4\times10^{-14}(\pm2.0\times10^{-15})$、$2.3\times10^{-14}(\pm1.7\times10^{-15})$、$7.3\times10^{-15}(\pm5.7\times10^{-16})$ 和 $6.4\times10^{-15}(\pm7.7\times10^{-16})$，而铯钟对应稳定度指标的平均值分别 $1.9\times10^{-13}(\pm1.1\times10^{-15})$、$1.1\times10^{-13}(\pm1.1\times10^{-15})$、$7.9\times10^{-14}(\pm1.2\times10^{-15})$ 和 $5.6\times10^{-14}(\pm1.2\times10^{-15})$。因此可知，BLOCK IIF 星载铷钟的频率稳定度优于其铯钟的频率稳定度，且在一定的时间范围内随着平滑时间的变长星载原子钟的频率稳定性变得更好。

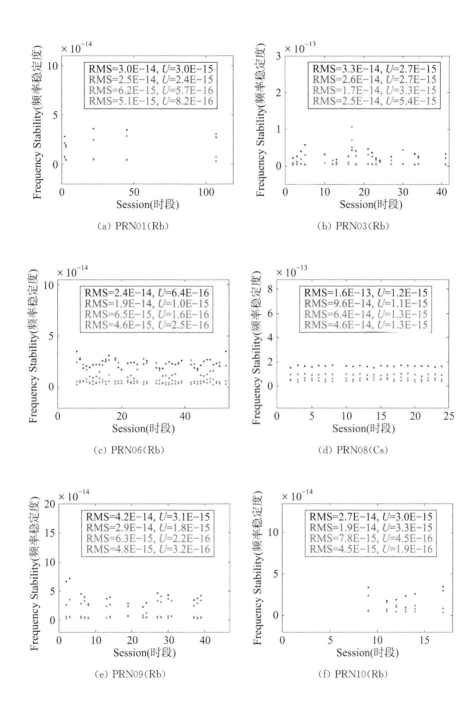

（a）PRN01(Rb)

（b）PRN03(Rb)

（c）PRN06(Rb)

（d）PRN08(Cs)

（e）PRN09(Rb)

（f）PRN10(Rb)

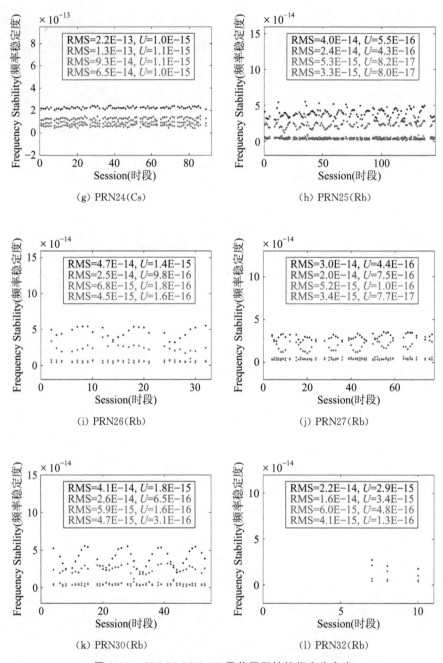

图 4.23　GPS BLOCK IIF 星载原子钟的频率稳定度

4.2.5 频率漂移率的长期变化特性

以 15 天为取样时间间隔,计算各颗卫星不同时段的日漂移率及其序列对应的 RMS 和 U。与 4.3.4 节计算稳定度类似,当取样的 15 天数据连续且无缺失时计算该时段的日漂移率值,各颗卫星日漂移率的计算结果如图 4.24 所示。

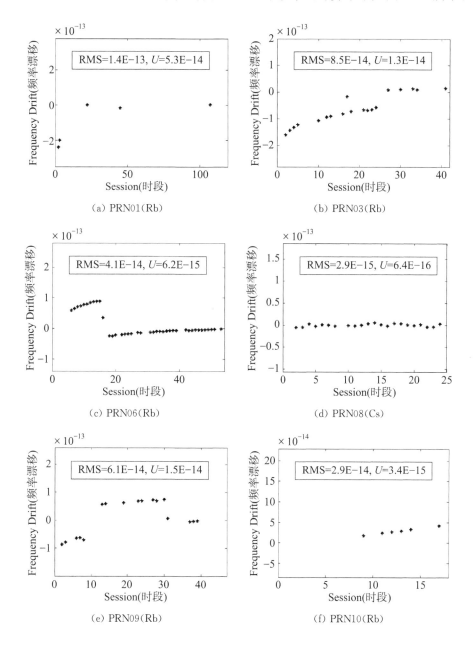

(a) PRN01(Rb)　　　　　　(b) PRN03(Rb)

(c) PRN06(Rb)　　　　　　(d) PRN08(Cs)

(e) PRN09(Rb)　　　　　　(f) PRN10(Rb)

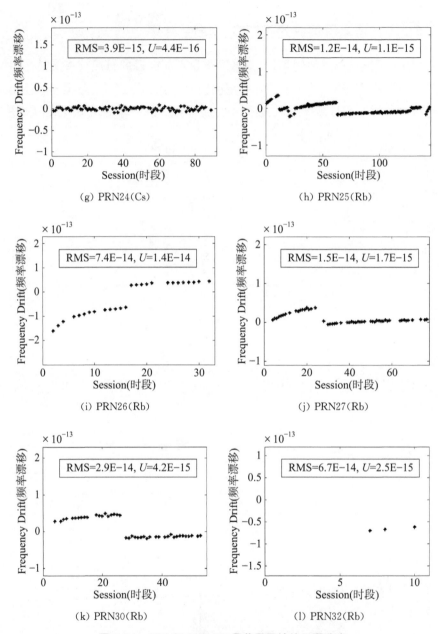

图 4.24   GPS BLOCK IIF 星载原子钟的日漂移率

根据图 4.24 可以看出，星载铷钟的日漂移率基本都在 10^{-14} 量级，所有铷钟日漂移率的平均值为 5.5×10^{-14}（$\pm1.1\times10^{-14}$）；而星载铯钟的日漂移率则在 10^{-15} 量级，两台铯钟日漂移率的平均值为 3.4×10^{-15}（$\pm5.4\times10^{-16}$）。而且,铯钟日漂移率序列的长期变化比较平稳;而铷钟日漂移率序列的长期变化波动较大。因此,GPS BLOCK IIF 星载铯钟日漂移率的长期特性优于其铷钟日漂移率的长期特性。

4.2.6　卫星钟差周期特性分析

基于拟合残差使用频谱分析的方法提取卫星钟差的周期项,其结果如表 4.4 所示。此处在提取周期项时,取频谱分析结果中幅值较大且突出的频率点,铷钟取到前 6 项,铯钟取到前 4 项。从表 4.4 可以看出,GPS BLOCK IIF 卫星的钟差数据均存在较为显著的周期项,具体表现为:铷钟钟差的 3 个主周期依次是 12 小时、6 小时(PRN26 和 PRN30 的前 2 项分别为 6 小时、12 小时)和 24 小时,铯钟钟差的 2 个主周期依次是 12 小时、6 小时。顾及 GPS 卫星轨道的周期(11 小时 58 分钟),可以发现 GPS BLOCK IIF 卫星钟差数据的主周期分别近似为卫星轨道周期的 1 倍、1/2 倍或 2 倍。同时,考虑 IGS 最终精密卫星钟差数据是基于精密定轨方法得到的,所以可以认为在同时解算卫星轨道和钟差的过程中一部分的轨道误差被钟差吸收。

表 4.4　卫星钟差数据周期项的提取结果　　　　　　　　　　小时

钟类型	卫星	周期 1	周期 2	周期 3	周期 4	周期 5	周期 6
铷钟	PRN01	12	6	24	4	3	2.4
	PRN03	12	6	24	4	8	3
	PRN06	12	6	24	4	3	8
	PRN09	12	6	24	4	8	3
	PRN10	12	6	24	4	17	8
	PRN25	12	6	24	4	3	8
	PRN26	6	12	24	4	3	8
	PRN27	12	6	24	4	3	2.4
	PRN30	6	12	24	4	8	3
	PRN32	12	6	24	4	8	4.8
铯钟	PRN08	12	6	13.7	15.2		
	PRN24	12	6	13.7	15.7		

第 5 章

GNSS 卫星钟差的精确建模与预报

GNSS 星载原子钟由于自身复杂的时频特性和极易受外界环境影响的特点,使得高精度的卫星钟差建模预报成为卫星导航定位领域和时频领域中需要解决的难点之一。本章一方面通过进一步分析星载原子钟的特性及其钟差数据的特点,建立能够更好地反映卫星钟差特性的模型,从而提高卫星钟差预报的性能;另一方面则通过对钟差数据进行一次差分实现钟差建模数据与建模策略的改变,研究基于钟差一次差分数据的卫星钟差预报。具体而言,在介绍几种常用的卫星钟差预报模型的基础上,分别通过组合模型的方式和完善模型数学表达式的方式建立能够更加准确地反映卫星钟差特性的卫星钟差模型。同时提出了基于钟差一次差分数据的预报原理及其预处理方法,分析了常用的几种模型在常规数据条件下和钟差一次差分预报原理进行钟差预报时的相关特性,并从理论上推导建立了基于一次差分的 GPS 卫星钟差改正数预报方法。最后基于一次差分预报原理,根据卫星钟差数据的特点提出了一种卫星钟差预报的小波神经网络模型。

5.1 几种常用的卫星钟差预报模型

正如绪论中研究现状所述,目前针对卫星钟差预报建立了大量的模型。在这些模型中较为常用的预报模型主要包括:多项式模型、谱分析模型、灰色系统模型、时间序列模型和 Kalman 滤波模型。本节主要论述这几种常用钟差预报模型的工作原理及其特性。

5.1.1　多项式模型

用于钟差预报的多项式模型主要包括：一次多项式（linear polynomial model，LP）模型、二次多项式（quadratic polynomial model，QP）模型以及其他的高次多项式模型。

其中，QP 模型是较为常用的多项式模型，该模型的观测方程为（郑作亚，2008；于合理等，2014）

$$L_i = a_0 + a_1(t_i - t_0) + a_2(t_i - t_0)^2 + \int_{t_0}^{t_s} f(t)\mathrm{d}t \ (i=0,\ 1,\ 2,\ \cdots,\ n) \tag{5.1}$$

式中，L_i 为 t_i 时刻的卫星钟钟差，t_i 为历元时刻，t_0 为参考时刻；待估参数 a_0、a_1 和 a_2 分别表示参考时刻 t_0 时的相位、钟速及钟漂；$\int_{t_0}^{t_s} f(t)\mathrm{d}t$ 为频率随机误差造成的一种随机钟差，无法知道其确切数值。

若简单地认为 $\int_{t_0}^{t_s} f(t)\mathrm{d}t$ 服从正态分布，则对于 t_i 时刻的观测钟差数据 L_i，由上式便可写为

$$L_i = a_0 + a_1(t_i - t_0) + a_2(t_i - t_0)^2 + \Delta \ (i=0,\ 1,\ 2,\ \cdots,\ n) \tag{5.2}$$

式中，Δ 为满足 $N(0,\ 1)$ 分布的观测误差。当取 $a_2=0$ 时该式即为钟差预报的 LP 模型，其模型参数的求解与 QP 模型的参数求解类似。

根据该观测方程可得其对应的误差方程为

$$v_i = a_0 + a_1(t_i - t_0) + a_2(t_i - t_0)^2 - L_i \tag{5.3}$$

当相应钟差数据不少于 3 个时，按照最小二乘平差原理，解得参数最或然值为

$$\hat{a} = (\boldsymbol{B}^\mathrm{T}\boldsymbol{B})^{-1}\boldsymbol{B}^\mathrm{T}\boldsymbol{L} \tag{5.4}$$

其中，$\hat{a} = \begin{bmatrix} \hat{a}_0 \\ \hat{a}_1 \\ \hat{a}_2 \end{bmatrix}$，$\boldsymbol{B} = \begin{bmatrix} 1 & t_1-t_0 & (t_1-t_0)^2 \\ 1 & t_2-t_0 & (t_1-t_0)^2 \\ \vdots & \vdots & \vdots \\ 1 & t_n-t_0 & (t_1-t_0)^2 \end{bmatrix}$，$\boldsymbol{L} = \begin{bmatrix} L_1 \\ L_2 \\ \vdots \\ L_n \end{bmatrix}$。

则得钟差预报的 QP 模型为

$$\hat{L}_i = \hat{a}_0 + \hat{a}_1(t_i - t_0) + \hat{a}_2(t_i - t_0)^2 \tag{5.5}$$

QP 模型具有建模简单、物理意义明确、短期预报效果好等优点,存在的不足是预报精度随着预报时间的增加而变差。

5.1.2 谱分析模型

对于 GNSS 卫星钟差数据,其谱分析(spectrum analysis model,SA)模型,也就是附有周期项的二次多项式模型,可以表示为(郑作亚,2010)

$$L_i = a_0 + a_1(t_i - t_0) + a_2(t_i - t_0)^2 + \sum_{k=1}^{p} A_k \sin[2\pi f_k(t_i - t_0) + \varphi_k] + \Delta_i \tag{5.6}$$

式中,常数项 a_0 和系数项 a_1、a_2 所代表的含义与式(5.1)相同,p 为主要周期函数的个数,A_k、f_k、φ_k 分别为对应周期项的振幅、频率和相位,Δ_i 为模型残差。

p 与 f_k 的值可利用频谱分析的方法来确定(黄观文等,2008;郑作亚等,2010):首先利用二次多项式对已知钟差数据进行拟合得到残差,然后将残差分解为若干简单的正余弦信号的叠加,这些信号的频率都可通过其对应的功率谱体现出来,功率谱大的对应频率信号在原始信号中作用大,反之则作用小;根据最大功率谱的量级确定周期函数的阶数 p 及其功率谱对应的频率 f_k。

p 与 f_k 确定后便可进行模型参数的估计。实际应用中为了便于计算,可令

$$\begin{cases} b_k = A_k \cos \varphi_k \\ c_k = A_k \sin \varphi_k \end{cases} \tag{5.7}$$

进而可得式(5.6)的线性形式为

$$L_i = a_0 + a_1(t_i - t_0) + a_2(t_i - t_0)^2$$
$$+ \sum_{k=1}^{p} \{b_k \sin[2\pi f_k(t_i - t_0)] + c_k \cos[2\pi f_k(t_i - t_0)]\} + \Delta_i \tag{5.8}$$

写成矩阵表达式为

$$\boldsymbol{L} = \boldsymbol{A}\boldsymbol{X} + \boldsymbol{\Delta} \tag{5.9}$$

式中，L 向量为 n 维已知钟差数据构成的观测向量；Δ 向量为 n 维误差向量；$X =$ $\begin{bmatrix} a_0 & a_1 & a_2 & b_1 & c_1 & \cdots & b_k & c_k & \cdots & b_p & c_p \end{bmatrix}^{\mathrm{T}}$ 为 $2p+3$ 维待估参数向量；A 为 $n \times (2p+3)$ 维系数矩阵。设 $\delta t_i = t_i - t_0$，则 A 的表达式为

$$A = \begin{bmatrix} 1 & \delta t_1 & \delta t_1^2 & \sin(2\pi f_1 \delta t_1) & \cos(2\pi f_1 \delta t_1) & \cdots & \sin(2\pi f_p \delta t_1) & \cos(2\pi f_p \delta t_1) \\ 1 & \delta t_2 & \delta t_2^2 & \sin(2\pi f_1 \delta t_2) & \cos(2\pi f_1 \delta t_2) & \cdots & \sin(2\pi f_p \delta t_2) & \cos(2\pi f_p \delta t_2) \\ \vdots & \vdots & \vdots & \vdots & \vdots & \ddots & \vdots & \vdots \\ 1 & \delta t_n & \delta t_n^2 & \sin(2\pi f_1 \delta t_n) & \cos(2\pi f_1 \delta t_n) & \cdots & \sin(2\pi f_p \delta t_n) & \cos(2\pi f_p \delta t_n) \end{bmatrix}$$

$$(5.10)$$

根据最小二乘法则，由式(5.9)可得参数 X 的估值

$$\hat{X} = (A^{\mathrm{T}} A)^{-1} A^{\mathrm{T}} L = \begin{bmatrix} \hat{a}_0 & \hat{a}_1 & \hat{a}_2 & \hat{b}_1 & \hat{c}_1 & \cdots & \hat{b}_k & \hat{c}_k & \cdots & \hat{b}_p & \hat{c}_p \end{bmatrix}^{\mathrm{T}}$$

$$(5.11)$$

求得参数后便可使用该模型进行钟差预报，即

$$\hat{L}_{n+j} = A_{n+j} \hat{X} \tag{5.12}$$

式中，$A_{n+j}^{\mathrm{T}} = \begin{bmatrix} 1 & \delta t_{n+j} & \delta t_{n+j}^2 & \sin(2\pi f_1 \delta t_{n+j}) & \cos(2\pi f_1 \delta t_{n+j}) & \cdots \\ \sin(2\pi f_p \delta t_{n+j}) & \cos(2\pi f_p \delta t_{n+j}) \end{bmatrix}$。

SA 模型能够一定程度上顾及钟差的周期性变化部分，得到更为精确的钟差预报值；但该模型的周期函数要根据较长的钟差序列才能得到可靠的确定，同时该模型的建立比 QP 模型复杂和繁琐。

5.1.3　灰色系统模型

星载原子钟由于自身复杂的时频特性和极易受外界环境影响的特点，使得难以掌握其复杂细致的变化规律，而这些特性比较符合灰色系统理论的特点（郑作亚等，2008）；所以，可将钟差的变化过程看作是一个灰色系统。在灰色系统模型中，GM(1，1)模型（记为 GM 模型）是最常用的灰色模型，该模型的微分方程为

$$\frac{\mathrm{d}x}{\mathrm{d}t} + ax = u \tag{5.13}$$

设 $L^{(0)} = \{ l^{(0)}(i), i = 1, 2, \cdots, n \}$ 为初始钟差值序列，$l^{(0)}$ 累加一次得

$$L^{(1)} = \{ l^{(1)}(k), k = 1, 2, \cdots, n \} \tag{5.14}$$

式中，$l^{(1)}(k) = \sum_{i=1}^{k} l^{(0)}(i)$。原始钟差数据累加后得到的生成数列具有指数增长的规律，可建立相应的离散预报模型，即其满足一阶微分方程（崔先强等，2005）

$$\frac{\mathrm{d}l^{(1)}}{\mathrm{d}t} + al^{(1)} = u \tag{5.15}$$

式中，a、u 为常量参数，分别称为发展系数和灰色作用量。该表达式即为钟差预报的灰色模型。

如果对式(5.15)在区间 $[k, k+1]$ 进行积分，则有

$$l^{(1)}(k+1) - l^{(1)}(k) + a\int_{k}^{k+1} l^{(1)}(t)\mathrm{d}t = u, \ k = 1, 2, \cdots, n-1 \tag{5.16}$$

同时又有

$$l^{(1)}(k+1) - l^{(1)}(k) = l^{(0)}(k+1) \tag{5.17}$$

所以，式(5.17)可表示为

$$l^{(0)}(k+1) = -aZ^{(1)}(k+1) + u, \ k = 1, 2, \cdots, n-1 \tag{5.18}$$

式中，$Z^{(1)}(k+1)$ 为 $x^{(1)}(k)$、$x^{(1)}(k+1)$ 两点的均值，即

$$Z^{(1)}(k+1) = \frac{x^{(1)}(k+1) + x^{(1)}(k)}{2}, \ k = 1, 2, \cdots, n-1 \tag{5.19}$$

用矩阵形式表示式(5.18)，则有

$$\begin{bmatrix} l^{(0)}(2) \\ l^{(0)}(3) \\ \vdots \\ l^{(0)}(n) \end{bmatrix} = \begin{bmatrix} -\frac{1}{2}[l^{(1)}(1) + l^{(1)}(2)] & 1 \\ -\frac{1}{2}[l^{(1)}(2) + l^{(1)}(3)] & 1 \\ \vdots & \vdots \\ -\frac{1}{2}[l^{(1)}(n-1) + l^{(1)}(n)] & 1 \end{bmatrix} \cdot \begin{bmatrix} a \\ u \end{bmatrix} \tag{5.20}$$

$$
记\ \hat{\boldsymbol{a}} = \begin{bmatrix} a & u \end{bmatrix}^{\mathrm{T}},\ \boldsymbol{A} = \begin{bmatrix} -\dfrac{1}{2}\big[l^{(1)}(1)+l^{(1)}(2)\big] & 1 \\[2mm] -\dfrac{1}{2}\big[l^{(1)}(2)+l^{(1)}(3)\big] & 1 \\[2mm] \vdots & \vdots \\[2mm] -\dfrac{1}{2}\big[l^{(1)}(n-1)+l^{(1)}(n)\big] & 1 \end{bmatrix},\ \boldsymbol{L} = \begin{bmatrix} l^{(1)}(2) \\[1mm] l^{(1)}(3) \\[1mm] \vdots \\[1mm] l^{(0)}(n) \end{bmatrix},\ 则
$$

对于模型参数的求解,采用基于最小二乘法的灰色模型参数估计(唐校等, 2010),可得

$$
\hat{\boldsymbol{a}} = (\boldsymbol{A}^{\mathrm{T}}\boldsymbol{A})^{-1}\boldsymbol{A}^{\mathrm{T}}\boldsymbol{L} \tag{5.21}
$$

将式(5.16)代入到式(5.15),且令 $l^{(1)}(k)\big|_{k=1} = l^{(0)}(1)$ 则可得

$$
\hat{l}^{(1)}(k) = \left(l^{(0)}(1) - \frac{u}{a}\right)\mathrm{e}^{-a(k-1)} + \frac{u}{a} \tag{5.22}
$$

使用式(5.22)便可进行预报。但是很显然根据(5.22)式得到的是原始数据经过一次累加后的预报值。要得到原始样本预报值还需对由式(5.22)得到的预报值进行一次累减,即

$$
l^{(0)}(k) = l^{(1)}(k) - l^{(1)}(k-1) = (1-\mathrm{e}^{a})\left[\left(l^{(0)}(1) - \frac{u}{a}\right]\mathrm{e}^{-a(k-1)}\right. \tag{5.23}
$$

采用该式便可进行钟差预报。

GM 模型短期预报效果好,且比较适合进行钟差的长期预报,存在的不足是模型的指数系数是与历元个数有关的函数,不同的建模钟差数据量会产生差异较大的预报结果;同时还存在有时会出现较大预报误差的现象。

5.1.4　时间序列模型

对于时间序列而言,一般将其分为 4 种不同的模型,分别是:自回归模型(AR 模型)、滑动平均模型(MA 模型)、自回归滑动平均模型(ARMA 模型)及自回归综合滑动平均模型(ARIMA 模型)。四个模型当中,ARIMA 模型通过引入差分方法来处理非平稳的数据序列,它是将 AR 模型与 MA 模型综合起来的一种高级模型(张书京和齐立心,2003;刘继业等,2013)。GNSS 卫星钟差序列是明显的非平稳时间序列,使得传统的平稳时间序列分析方法不能应用,

ARIMA 模型通过差分将非平稳时间序列的趋势成分和周期成分消除,得到一个弱平稳序列(赵亮等,2012),从而对处理后的数据进行建模,实现卫星钟差的预报。

基于差分处理的 ARIMA(p,d,q)模型,记为 $\{x_t\}\sim$ARIMA(p,d,q),其中 $\{x_t\}$ 是数据序列,p,q 为模型的阶,d 为差分的次数。当 d 为 0 时,ARIMA 模型即为 ARMA 模型,其定义为(席超等,2014)

$$x_t = \sum_{i=1}^{p} a_i x_{t-i} + \varepsilon_t + \sum_{j=1}^{q} b_j \varepsilon_{t-j} \tag{5.24}$$

式中,a_i、b_i 为相应的待估参数,分别称为自回归参数和滑动平均参数;$\{\varepsilon_t\}\sim$ $WN(0,\sigma^2)$ 为白噪声序列,σ^2 为白噪声方差;当 p,q 分别为 0 时,则其分别为 MA 模型和 AR 模型。

1) 模型的识别与定阶

使用 ARIMA 模型进行钟差预报建模时,确定合理的模型及其合适的模型阶数很关键。各模型的特性可通过自相关函数(ACF)和偏相关函数(PACF)反映出来;而自相关函数和偏相关函数的计算公式为(徐君毅等,2009)

$$r_k = \frac{\sum\limits_{t=k+1}^{n}(x_t - \bar{x})(x_{t-k} - \bar{x})}{\sum\limits_{t=1}^{n}(x_i - \bar{x})^2},$$

$$\begin{cases} \phi_{rr} = r_1 \quad k=1 \\ \phi_{kk} = \dfrac{r_k - \sum\limits_{j=1}^{k-1}\phi_{k-1,j}r_{k-j}}{1 - \sum\limits_{j=1}^{k-1}\phi_{k-1,j}r_j} \quad k=2,3,\cdots \\ \phi_{k,j} = \phi_{k-1,j} - \phi_{k,k}\phi_{k-1,k-j} \quad k=2,3,\cdots; j=1,2,\cdots,k-1 \end{cases}$$

$$\tag{5.25}$$

式中,r_k 为自相关函数,x_t 为数据序列,$\bar{x}$ 为数据序列的均值;ϕ 为偏相关函数。

根据自相关函数和偏相关函数的截尾性可以初步确定模型的结构和模型的阶数,判断准则如表 5.1 所示。

表 5.1　基于自相关与偏相关函数的模型识别准则

函数	模型识别		
	AR(p)	MA(q)	ARMA(p, q)
自相关函数	拖尾	截尾	拖尾
偏相关函数	截尾	拖尾	拖尾

在模型确定以后,要较为准确地确定模型的阶数,可以利用赤池信息量（Akaike information criterion,AIC)准则来完成。AIC 准则的函数表达式为（陈正生等,2011)

$$\text{AIC}(k, j) = \ln(\hat{\sigma}_k^2(k, j)) + \frac{2(k+j)}{N} \tag{5.26}$$

式中,k,j 为 ARMA(p,q)中 p,q 的估计;$\hat{\sigma}_k^2(k, j)$为白噪声方差的估计;N 为 k,j 之和。

2) 模型参数的估计

模型及其阶数确定后,需通过已知数据求解模型的参数。ARMA 模型参数估计的方法有很多种（张书京和齐立心,2003),本书使用较为常用的最小二乘估计方法（赵亮等,2012)。即求得的待估参数 $\hat{a}_1$, $\hat{a}_2$, …, $\hat{a}_p$ 与 $\hat{b}_1$, $\hat{b}_2$, …, $\hat{b}_q$ 使得残差平方和

$$\sum_{t=1}^{n} \varepsilon_t^2 = \sum_{t=1}^{n} (x_t - \hat{a}_1 x_{t-1} - \cdots - \hat{a}_p x_{t-p} - \hat{b}_1 \varepsilon_{t-1} - \cdots - \hat{b}_q \varepsilon_{t-q})^2 \tag{5.27}$$

达到最小估值。

ARIMA 模型存在模型识别和阶数确定较为困难的不足,其在钟差的短期预报中能取得较好的预报结果,但在建模数据量较少的条件下不适合进行钟差的长期预报;同时该模型的预报效果会随着星载原子钟类型的不同和预报条件的变化而产生较大差异。

5.1.5　Kalman 滤波模型

Kalman 滤波(Kalman filter,KF)模型可以实时地解算卫星钟的钟差、钟速和钟漂,因而该方法既可以进行钟差预报又能够作为钟差估计模型。但是,在使用 KF 模型时,合理函数模型与可靠随机模型的构造是关键。

星载原子钟的 Kalman 滤波状态方程可表示为（王继刚等,2012)

$$\begin{bmatrix} x(t+\tau) \\ y(t+\tau) \\ z(t+\tau) \end{bmatrix} = \begin{bmatrix} 1 & \tau & \tau^2/2 \\ 0 & 1 & \tau \\ 0 & 0 & 1 \end{bmatrix} \cdot \begin{bmatrix} x(t) \\ y(t) \\ z(t) \end{bmatrix} + \begin{bmatrix} \varepsilon_x \\ \varepsilon_y \\ \varepsilon_z \end{bmatrix} \tag{5.28}$$

式中,τ 为采样时间,$x(t)$、$y(t)$ 和 $z(t)$ 分别为星钟的钟差、钟速和钟漂参数;ε_x、ε_y 和 ε_z 为随机误差,其均值为 0。

将状态方程写成矩阵形式为

$$\boldsymbol{X}_k = \boldsymbol{\Phi} \boldsymbol{X}_{k-1} + \boldsymbol{W}_k \tag{5.29}$$

式中,$\boldsymbol{X}_k = [x(t+\tau) \quad y(t+\tau) \quad z(t+\tau)]^T$ 为 t_k 时刻的 3 维状态向量;t_k 时刻与 t_{k-1} 时刻的时间间隔为 τ;状态转移矩阵 $\boldsymbol{\Phi} = \begin{bmatrix} 1 & \tau & \dfrac{1}{2}\tau^2 \\ 0 & 1 & \tau \\ 0 & 0 & 1 \end{bmatrix}$;$\boldsymbol{W}_k$ 为动态

模型误差向量,其协方差阵为 $\sum_{W_k}$,能够表示为 Kalman 滤波过程噪声的函数(Stein and Evans,1990;Vondrak,1977)

$$\sum_{W_k} = \begin{bmatrix} q_1\tau + q_2\tau^3/3 + q_3\tau^5/20 & q_2\tau^2/2 + q_3\tau^4/8 & q_3\tau^3/6 \\ q_2\tau^2/2 + q_3\tau^4/8 & q_2\tau + q_3\tau^3/3 & q_3\tau^2/2 \\ q_3\tau^3/6 & q_3\tau^2/2 & q_3\tau \end{bmatrix} \tag{5.30}$$

式中,q_1 为对应于 ε_x 的过程噪声参数,表现为调相随机游走噪声;q_2 为对应于 ε_y 的过程噪声参数,表现为调频随机游走噪声;q_3 为对应于 ε_z 的过程噪声参数,表现为调频随机奔走噪声。

星载原子钟相位数据的观测方程可表示为

$$L_k = \boldsymbol{A}_k \boldsymbol{X}_k + \Delta_k \tag{5.31}$$

式中,$L_k = x(t+\tau)$,为 1 维观测向量;$\boldsymbol{A}_k = [1 \quad 0 \quad 0]$。$\Delta_k$ 为观测噪声向量,其协方差为 $\sum_k$。

$\boldsymbol{X}_k$ 的最佳估值可由下面一组递推公式来实现(杨元喜,2006):

1)计算预报状态向量及其协方差矩阵

$$\overline{\boldsymbol{X}} = \boldsymbol{\Phi} \hat{\boldsymbol{X}}_{k-1}, \tag{5.32}$$

$$\sum_{\overline{X}_k} = \boldsymbol{\Phi} \sum_{\hat{X}_{k-1}} \boldsymbol{\Phi}^T + \sum_{W_k}。 \tag{5.33}$$

2）计算预报残差及其协方差矩阵

$$\overline{\boldsymbol{V}}_k = \boldsymbol{A}_k \overline{\boldsymbol{X}}_k - \boldsymbol{L}_k , \tag{5.34}$$

$$\sum\nolimits_{\overline{\boldsymbol{V}}_k} = \boldsymbol{A}_k \sum\nolimits_{\overline{\boldsymbol{X}}_{k-1}} \boldsymbol{A}_k^{\mathrm{T}} + \sum\nolimits_k 。 \tag{5.35}$$

3）计算增益矩阵

$$\boldsymbol{J}_k = \boldsymbol{\Phi} \boldsymbol{A}_k \sum\nolimits_{\overline{\boldsymbol{V}}_k}^{-1} 。 \tag{5.36}$$

4）计算新的状态估值及其协方差矩阵

$$\hat{\boldsymbol{X}}_k = \overline{\boldsymbol{X}}_k - \boldsymbol{J}_k (\boldsymbol{L}_k - \boldsymbol{A}_k \overline{\boldsymbol{X}}_k) , \tag{5.37}$$

$$\sum\nolimits_{\hat{\boldsymbol{X}}_k} = (\boldsymbol{I} - \boldsymbol{J}_k \boldsymbol{A}_k) \sum\nolimits_{\overline{\boldsymbol{X}}_{k-1}} (\boldsymbol{I} - \boldsymbol{J}_k^{\mathrm{T}} \boldsymbol{A}_k^{\mathrm{T}}) - \boldsymbol{J}_k \sum\nolimits_{\overline{\boldsymbol{X}}_k} \boldsymbol{J}_k^{\mathrm{T}} 。 \tag{5.38}$$

在使用 KF 模型进行钟差预报时，首先要确定过程噪声协方差阵和观测量协方差阵。通常采用基于哈达玛总方差或基于阿伦方差求解过程噪声矩阵和观测噪声矩阵(Hutsell，1995)，但这一般要根据比较长时间的数据序列才能得到较为可靠的结果，并且还要有可靠的算法，针对该问题，王继刚等(2012)给出了一种基于方差递推法来确定噪声矩阵的 KF 模型。

根据 Kalman 滤波算法有

$$\boldsymbol{X}_k = \boldsymbol{\Phi}_{k,k-1} \boldsymbol{X}_{k-1} + \boldsymbol{W}_k \tag{5.39}$$

将上式移项可改写为

$$\boldsymbol{W}_k = \boldsymbol{\Phi}_{k,k-1} \boldsymbol{X}_{k-1} - \boldsymbol{X}_k \tag{5.40}$$

于是可以近似地估计

$$\sum\nolimits_{\boldsymbol{W}_k} = (\boldsymbol{X}_k - \boldsymbol{\Phi}_{k,k-1} \boldsymbol{X}_{k-1})(\boldsymbol{X}_k - \boldsymbol{\Phi}_{k,k-1} \boldsymbol{X}_{k-1})^{\mathrm{T}} \tag{5.41}$$

顾及上一时刻的 $\sum\nolimits_{\boldsymbol{W}_{k-1}}$，可以取

$$\sum\nolimits_{\boldsymbol{W}_k} = \frac{1}{2} \sum\nolimits_{\boldsymbol{W}_{k-1}} + \frac{1}{2} (\boldsymbol{X}_k - \boldsymbol{\Phi}_{k,k-1} \boldsymbol{X}_{k-1})(\boldsymbol{X}_k - \boldsymbol{\Phi}_{k,k-1} \boldsymbol{X}_{k-1})^{\mathrm{T}} \tag{5.42}$$

同理

$$\sum\nolimits_k = \frac{1}{2} \sum\nolimits_{k-1} + \frac{1}{2} (\boldsymbol{L}_k - \boldsymbol{A}_k \boldsymbol{X}_k)(\boldsymbol{L}_k - \boldsymbol{A}_k \boldsymbol{X}_k)^{\mathrm{T}} \tag{5.43}$$

该方法已在控制守时原子钟时得到了理想的结果(李孝辉等,2004),而且该模型能较好地符合卫星钟的运行状态。

KF 模型的优点是不仅能够预报钟差值还能实时求解出钟差、钟速和钟漂三个表征星钟特性的物理参数;但该模型的预报效果与先验信息认知程度等密切相关,而要较好获取这些信息通常比较困难。该模型钟差短期预报效果较好,特别是在建模数据充足的条件下;但其钟差长期预报的效果较差,因此不适合用来进行钟差的长期预报。

5.2　GNSS 卫星钟差的精确建模

准确可靠的星载原子钟钟差模型是高精度卫星钟差预报和基于预报钟差监测星载原子钟异常(唐升等,2013;于合理等,2016)等的基础。但是,星载原子钟频率总的波动是多种噪声叠加的结果(Wang et al,2011),这使得精确的卫星钟差建模变得困难。因此,为了更好地反映卫星钟差特性并提高其预报精度,本章研究并建立能够同时考虑星载原子钟物理特性、钟差周期性变化与随机性变化特点的卫星钟差模型,从而获得更精确的钟差模型并实现更高精度的卫星钟差预报。

5.2.1　卫星钟差的趋势项分析

在对卫星钟差进行建模时(主要是星载铷钟的钟差,因为目前 GPS 和提供区域服务的 BDS 主要使用的是铷钟),结合 2.6 节给出的原子钟数据特点,考虑卫星钟差本身就是一种时间偏差,所以在描述 GNSS 星载原子钟钟差的趋向性部分时,一般使用原子钟观测量模型的确定性部分进行表征,即常用的包含表征星载原子钟时频特性的钟差、钟速和钟漂的二次多项式模型,其具体表达式如上一章(4.1)式所列。以 IGS 提供的 GPS 系统 PRN18 卫星 2015 年 4 月 3 日 15 分钟采样间隔的精密卫星钟差数据为例,使用钟差二次多项(QP)模型对这一天的钟差数据进行拟合,图 5.1 是其对应的拟合情况。

从图 5.1 中可以看出,卫星钟差的拟合残差表现出较为显著的周期特性。所以,为了更好地反映钟差的特性,在钟差的建模预报中应考虑钟差的周期变化特性。

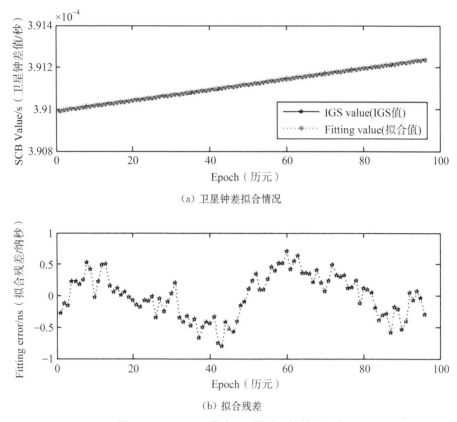

(a) 卫星钟差拟合情况

(b) 拟合残差

图 5.1　PRN18 卫星在 QP 模型下的钟差拟合

5.2.2　卫星钟差的周期项分析

为了更好地反映卫星钟差的特性,在其建模中除了以二次多项式来反映钟差的趋势项部分,还应考虑钟差的周期变化特性。附加周期项的二次多项式(记作 MQP)模型表达式为(郑作亚等,2010;王宇谱等,2016)

$$L_i = a_0 + a_1(t_i - t_0) + a_2(t_i - t_0)^2 + \sum_{k=1}^{p} A_k \sin[2\pi f_k(t_i - t_0) + \varphi_k] + \Delta$$

$$(5.44)$$

式中,L_i 为 t_i 时刻的卫星钟差;t_0 为参考时刻;t_i 为历元时刻;待估参数 a_0、a_1 和 a_2 分别表示参考时刻 t_0 的相位(钟差)、频率(钟速)及频率漂移率(钟漂);p 为主要周期函数的个数;A_k、f_k、φ_k 分别为对应周期项的振幅、频率和相位;Δ 为观测误差。

正如 5.1.2 节中所述，p 与 f_k 的值可利用频谱分析的方法来确定；但是使用频谱分析确定较为可靠的周期项时一方面需要比较长的钟差序列，另一方面每次建模时都需要完成周期项的确定导致建模过程相对繁琐；所以在选取周期项时最简便的方法是借鉴已有研究对卫星钟差周期项分析的结果。考虑到本书是以 GPS 卫星钟差数据为例进行建模和预报试验的，而对于 GPS 卫星钟差的周期特性，已有学者进行了详细的研究(Senior K L et al,2008)，因此基于其研究结果及上一章对 GPS 新型 BLOCK IIF 卫星钟差周期特性分析的结果，直接取 12 小时、6 小时作为 MQP 模型的主周期项。对应于图 5.1 的 QP 钟差拟合，图 5.2 是基于 MQP 模型的钟差拟合情况。对比图 5.1 和图 5.2 可以看出，MQP 模型较好地消除了钟差周期性变化特性的影响，说明在卫星钟差中除了相位、频率、频率漂移率这些确定的物理特性之外，还包含周期变化的特性，所以在对钟差进行精确建模时需要将该特性考虑在内。

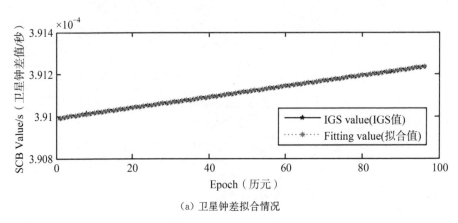

(a) 卫星钟差拟合情况

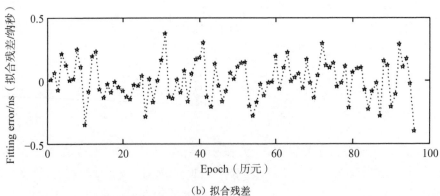

(b) 拟合残差

图 5.2　PRN18 卫星在 MQP 模型下的钟差拟合

此外,为了更全面地反映卫星钟差特性并提高钟差预报精度,在考虑星载原子钟物理特性和周期变化特点的基础上,还应考虑其随机项部分(Lei et al,2015)。基于此,本章通过两种方式实现对卫星钟差扣除趋势项和周期项之后剩余的随机项部分进行建模:一种是组合模型的方式,即对随机项部分进行单独建模并与 MQP 模型相结合;另一种是进一步完善 MQP 模型的数学表达式,使其增加对随机项部分的表征并正确反映卫星钟差的特性。

5.2.3　附有周期项的二次多项式与 ARIMA 组合的卫星钟差模型

对于像卫星钟差这种异常复杂的非线性、非平稳随机序列,很难使用单一的模型进行准确表达和有效预报(雷雨和赵丹宁等,2014a)。本节同时考虑星载原子钟的物理特性、周期性变化特点与随机变化部分,在钟差二次多项式附加周期项模型的基础上,采用时间序列 ARIMA 模型对卫星钟的随机项进行建模,得到一种更加完善的组合卫星钟差模型。该方法首先采用附有周期项的二次多项式模型进行拟合来提取卫星钟差的趋势项与周期项,然后对拟合残差进行一次差分,得到便于 ARMA 模型确定的平稳时间序列,进而完成对残差的建模;最后将附有周期项的二次多项式模型和 ARIMA 模型的结果结合得到最终钟差值。采用 IGS 提供的 GPS 精密钟差数据进行钟差预报,将该方法与 QP 模型、GM(1,1)及 ARIMA 模型进行对比,证明了新方法能够更高精度地预报卫星钟差,而且可以一定程度上改善 ARIMA 模型存在的识别与定阶不准的不足。

根据图 5.2 可以看出,扣除卫星钟差的趋势项与周期项之后,剩余的残差部分表现为相对平稳的随机序列。而 ARIMA 模型是一种将自回归模型与滑动平均模型有机组合起来的高级预报方法,适合用来预报像钟差随机项这种随机时间序列。

基于差分处理的 ARIMA(p, d, q)模型,记为$\{x_t\} \sim$ARIMA(p, d, q),其中$\{x_t\}$是数据序列,p, q 为模型的阶,d 为差分的次数;当 d 为 0 时,ARIMA 模型即为 ARMA 模型,定义为(徐君毅等,2009)

$$x_t = \sum_{i=1}^{p} a_i x_{t-i} + \varepsilon_t + \sum_{j=1}^{q} b_j \varepsilon_{t-j} \tag{5.45}$$

式中,a_i、b_i 为相应的待估参数,分别称为自回归参数和滑动平均参数;$\{\varepsilon_t\}$为白噪声序列。使用 ARIMA 模型进行钟差建模和预报时,模型及其阶数的合理确定是关键。本节首先根据自相关函数和偏相关函数的截尾性初步确定模型和模型的阶数，在模型确定以后，利用 AIC 准则来准确地确定模型的阶数；模型及其阶数确定以后，通过已知数据使用较为常用的最小二乘估计方法来求解模型参数（王宇谱等，2015）。最后，本节所建立的钟差模型的表达式可以写为

$$
L_i = a_0 + a_1(t_i - t_0) + a_2(t_i - t_0)^2 + \sin\left[2\pi\left(\frac{1}{12 \times 3\,600}\right)(t_i - t_0)\right]
$$

$$
+ \cos\left[2\pi\left(\frac{1}{12 \times 3\,600}\right)(t_i - t_0)\right] + \sin\left[2\pi\left(\frac{1}{6 \times 3\,600}\right)(t_i - t_0)\right]
$$

$$
+ \cos\left[2\pi\left(\frac{1}{6 \times 3\,600}\right)(t_i - t_0)\right] + \mathrm{ARIMA}(p,\,d,\,q) + \Delta
$$

$$
(5.46)
$$

式中，参数 L_i、t_0、t_i、a_0、a_1、a_2 和 Δ 的含义与式（5.6）中对应参数的一样，并且式中的时间参数 t_i 和 t_0 均以 s 为单位；所提方法的工作原理如图 5.3 所示。

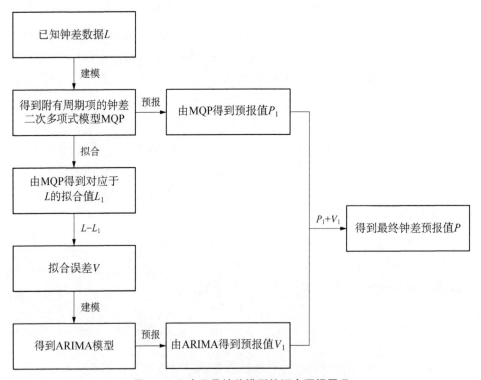

图 5.3　组合卫星钟差模型的拟合预报原理

为了验证所提方法(记作 QARIMA 模型)的有效性,采用 IGS 提供的 GPS 系统 15 分钟采样间隔的精密钟差数据进行试算分析。以 2012 年 9 月 19 日到 2012 年 9 月 25 日的数据为例,考虑当前在轨运行的 GNSS 星载原子钟主要是铷原子钟(Rb 钟),而该时间段内 GPS 星载 Rb 钟包含四种类型:BLOCK IIA Rb 钟、BLOCK IIR Rb 钟、IIR‐M Rb 钟及 IIF Rb 钟,随机选取该时间段内数据完整的每种类型钟对应的一颗卫星,本书选取的是 PRN01、PRN17、PRN21 和 PRN26 四颗卫星进行预报试验。另外,以预报时间段对应的已知精密钟差值为基准值,采用均方根误差(RMS)和极差(最大最小误差之差的绝对值,记作 range)作为预报结果的统计量进行对比与分析,其中 RMS 表征预报结果的精度,range 代表预报结果的稳定性。RMS 计算公式为

$$\mathrm{RMS} = \sqrt{\frac{1}{n}\sum_{i=1}^{n}(\mathrm{error}_i)^2},\ \mathrm{error}_i = t_i - \hat{t}_i \tag{5.47}$$

式中,error_i 为预报误差,$\hat{t}_i$ 为 i 时刻 IGS 精密钟差值,t_i 为 i 时刻钟差预报值。

试验一:首先分析新方法的建模过程及其预报特性。以 PRN17 卫星为例,采用 MQP 模型对 19 日的钟差数据进行拟合,图 5.4 为其钟差的拟合残差。从该图可以看出,拟合残差仍呈现出一定的变化趋势,这将不利于 ARMA 建模。对残差进行一次差分后(图 5.5)可看出变化趋势得到较好的消除。其他卫星类似,通过对拟合残差进行一次差分来方便对 ARMA 建模。

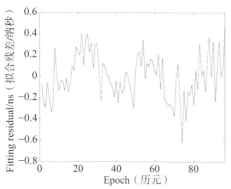

图 5.4　PRN17 卫星的钟差拟合残差

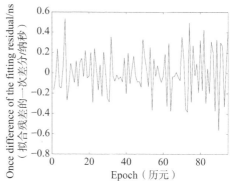

图 5.5　PRN17 卫星的钟差拟合残差一次差序列

在此分析的基础上,四颗卫星使用各自对应 19 日的精密钟差数据分别对 QP、MQP 和 QARIMA 进行建模,预报 9 月 20 号一整天的钟差。表 5.2 给出

的是四颗卫星拟合残差进行 ARIMA 建模时 p、d、q 的取值情况。图 5.6 到图 5.9 为四颗卫星在三种模型下的预报结果。

表 5.2　四颗卫星 ARIMA 模型中参数的取值

参数	PRN01(IIF Rb)	PRN17(IIR – M Rb)	PRN21(IIR Rb)	PRN26(IIA Rb)
p	8	10	11	13
q	5	5	14	19
d	1	1	1	1

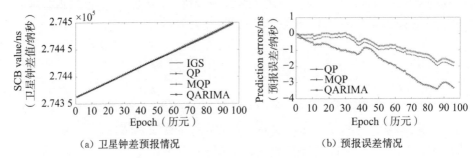

(a) 卫星钟差预报情况　　　　　(b) 预报误差情况

图 5.6　PRN01 卫星的预报结果

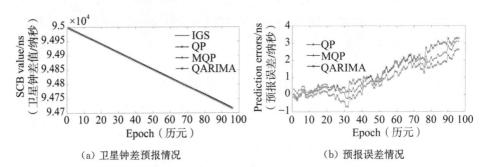

(a) 卫星钟差预报情况　　　　　(b) 预报误差情况

图 5.7　PRN17 卫星的预报结果

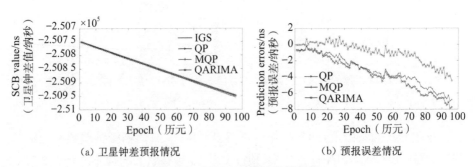

(a) 卫星钟差预报情况　　　　　(b) 预报误差情况

图 5.8　PRN21 卫星的预报结果

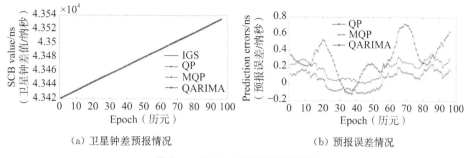

（a）卫星钟差预报情况　　　　　　　　（b）预报误差情况

图 5.9　PRN26 卫星的预报结果

对比图中四颗卫星在三种模型下的预报结果可以看出,本书所提的 QARIMA 模型预报误差比 QP 模型与 MQP 模型预报误差小且发散慢,说明考虑钟差随机项并使用 ARIMA 对其进行建模是合理的。为了对预报结果进行定量的分析,表 5.3 给出了四颗卫星预报结果的统计值。

表 5.3　四颗卫星预报结果的统计值　　　　　　　　　纳秒

模型	PRN01 (IIF Rb)		PRN17 (IIR-M Rb)		PRN21 (IIR Rb)		PRN26 (IIA Rb)		平均值	
	RMS	range	RMS	range	RMS	range	RMS	range	RMS	range
QP	1.988	3.381	1.711	3.495	4.180	7.754	0.368	0.841	2.062	3.868
MQP	1.045	1.843	1.501	3.311	3.701	6.808	0.208	0.358	1.614	3.080
QARIMA	0.871	1.839	1.185	3.308	1.636	5.448	0.118	0.353	0.953	2.737

从该试验预报结果统计表中可以看出,每颗卫星的预报结果中,QARIMA 模型的 RMS 值与 range 值最小,其次是 MQP 模型,而 QP 模型的统计值最大;说明本书所建模型的预报精度与预报稳定性最好,该模型能够在钟差物理特性和周期特性的基础上考虑钟差的随机项进而得到更加完善的钟差模型。根据四颗卫星预报结果的平均值可知,精度方面新模型比常用的 QP 模型提高 2 倍多,而新模型预报结果的稳定性也有较大程度的改善。

试验二:将本书所提方法与常用的 QP 模型、GM 模型及 ARIMA 模型进行对比,进一步分析新方法较三种常用模型的预报特性。采用 9 月 24 号四颗卫星一整天的钟差数据进行建模,预报接下来 9 月 25 号一整天的钟差;而其中 GM 的建模方案类似于已有文献(崔先强等,2005)所给出的建模方案,即使用 9 月 24 号最后两小时的钟差数据进行建模。表 5.4 给出了本试验中单一

ARIMA 模型及新方法中 ARIMA 对应的参数取值。图 5.10 到图 5.13 是四颗卫星在各模型下的预报误差。从图中可以看出，本书所提方法的预报误差相对较小且发散较慢，同时误差的波动范围也较小，因此说明新方法的预报效果优于其他三种模型。表 5.5 为本试验下四颗卫星预报结果的统计情况。

表 5.4　两种模型下对应 ARIMA 参数的取值

参数	PRN01(IIF Rb)		PRN17(IIR-M Rb)		PRN21(IIR Rb)		PRN26(IIA Rb)	
	ARIMA	QARIMA	ARIMA	QARIMA	ARIMA	QARIMA	ARIMA	QARIMA
p	5	15	5	4	5	16	5	17
q	15	10	10	5	5	11	8	13
d	1	1	1	1	1	1	1	1

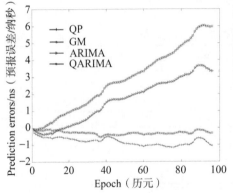

图 5.10　PRN01 卫星的预报误差

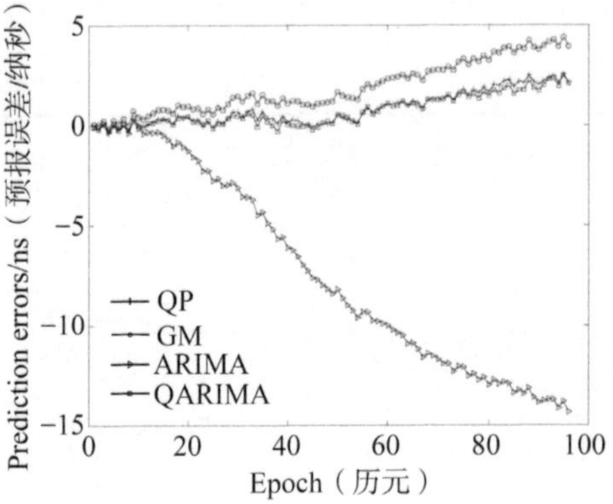

图 5.11　PRN17 卫星的预报误差

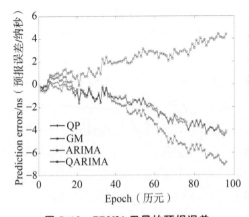

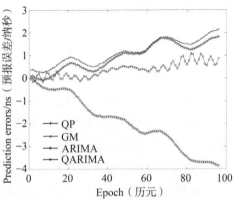

图 5.12　PRN21 卫星的预报误差

图 5.13　PRN26 卫星的预报误差

表 5.5　四颗卫星预报结果的统计值　　　　　　　纳秒

模型	PRN01 (IIF Rb)		PRN17 (IIR - M Rb)		PRN21 (IIR Rb)		PRN26 (IIA Rb)		平均值	
	RMS	range	RMS	range	RMS	range	RMS	range	RMS	range
QP	0.825	0.898	1.158	2.937	2.339	4.845	1.245	1.883	1.392	2.641
GM	3.363	6.107	2.260	4.500	2.466	4.694	2.269	3.894	2.590	4.799
ARIMA	2.056	4.050	8.778	14.592	3.658	7.743	1.101	1.902	3.898	7.072
QARIMA	0.307	0.457	1.047	2.740	2.307	4.571	0.480	1.221	1.035	2.247

根据表 5.5 的统计结果可知,在预报精度与预报稳定性上,本书所提方法均优于其他三种模型,进一步说明本书所提方法的有效性以及采用 ARIMA 模型对钟差随机项建模的正确性。对比四颗卫星预报结果的平均值可以看出,在钟差建模数据一定的条件下,QP 模型与 GM 模型的钟差预报效果优于 ARIMA 模型,这是由于 ARIMA 模型在建模数据较少时存在着模型识别与定阶不准的不足;同时从表中 ARIMA 模型与新方法 QARIMA 的预报结果可知,采用组合预报的方法比单纯使用 ARIMA 一种模型进行钟差预报时的预报效果要好;说明采用本书所提方法进行钟差预报,不但可以在钟差物理特性与周期特性的基础上考虑钟差的随机性,且能够一定程度上改善单独使用 ARIMA 模型进行钟差预报时存在的不足。另外,新方法较三种传统方法的有效性说明考虑钟差的随机项可以进一步提高钟差预报的效果。最后,对比表 5.3 和表 5.5 可以看到,GPS BLOCK IIF 和 IIA 卫星的钟差预报精度在实验数据对应的这两天都明显优于 IIR 和 IIR - M 卫星,同时对比这两天的结果可以看到,不同天的产品预报精度差异较大。这主要是因为 IIF 卫星属于 GPS 目前最新型的卫星,其星载原子钟的性能较前期卫星钟的性能有所提高,因此其钟差预报的精度较高;此外,由于星载原子钟自身复杂的时频特性和易受外界环境影响的特点,导致不同天的产品预报精度差异较大,并且出现了早期发射的、性能较差的 IIA 星载原子钟钟差预报精度明显优于性能较好的 IIR 和 IIR - M 星载原子钟钟差预报精度的特殊现象。

5.2.4　顾及卫星钟随机特性的抗差最小二乘配置钟差模型

本节同时考虑星载原子钟的物理特性、周期性变化特点与随机变化部分,在钟差二次多项式附加周期项模型的基础上,基于抗差最小二乘配置理论对卫星钟的随机项进行建模,得到了一种更加完善的卫星钟差模型。

1) 最小二乘配置模型

最小二乘配置(LSC)的函数模型(柴洪洲等,2009;Klees and Prutkin,2010;Sansò et al,2011)为

$$L = AX + BY + \Delta \tag{5.48}$$

式中,L 为 n 维观测向量;Δ 为观测误差;X 为 t 维非随机参数;A 为 $n \times t$ 阶设计矩阵,$rk(A) = t$;Y 为随机参数,包括 n 维已测点信号 S 和 g 维未测点信号 S';I_n 是 n 阶单位阵;$B = [I_n \quad 0]$,$Y = [S^T \quad (S')^T]^T$。对应的随机模型为

$$\left.\begin{aligned} &E(\Delta) = 0 \\ &E(Y) = 0 \\ &\Sigma_\Delta = \sigma_0^2 Q_\Delta = \sigma_0^2 P_\Delta^{-1} \\ &\Sigma_Y = \sigma_0^2 Q_Y = \sigma_0^2 P_Y^{-1} = \begin{bmatrix} \Sigma_S & \Sigma_{SS'} \\ \Sigma_{S'S} & \Sigma_{S'} \end{bmatrix} \\ &\Sigma_{Y\Delta} = 0 \\ &\Sigma_L = \Sigma_\Delta + B\Sigma_Y B^T = \Sigma_\Delta + \Sigma_S \end{aligned}\right\} \tag{5.49}$$

通常情况下设 $\sigma_0^2 = 1$,此时 $\Sigma = Q = P^{-1}$。

2) 顾及卫星钟随机特性的 LSC 卫星钟差模型

从图 5.2 可以看出,扣除卫星钟差的趋势项与周期项之后,剩余的随机项部分表现为相对平稳的随机序列。为了更全面地反映卫星钟差特性并提高钟差预报精度,在考虑星载原子钟物理特性和周期变化特点的基础上,还应考虑其随机项部分。而钟差随机性变化部分可以看作是一个随时间而连续变化的随机函数,符合最小二乘配置理论的建模条件,因此,本节基于最小二乘配置建立更加全面的钟差模型。该模型的表达式可以描述为

$$L_i = a_0 + a_1(t_i - t_0) + a_2(t_i - t_0)^2 + \sum_{k=1}^{p} A_k \sin[2\pi f_k(t_i - t_0) + \varphi_k] + s_i + \Delta \tag{5.50}$$

其中,s_i(待估时刻为 s_i')表示钟差随机性部分。设 $t_i - t_0 = \delta t_i$、$A_k \cos\varphi_k = b_k$、$A_k \sin\varphi_k = c_k$,则式(5.12)对应矩阵形式的误差方程可以表示为

$$V = A\hat{X} + B\hat{Y} - L \tag{5.51}$$

式中

$$A = \begin{bmatrix} 1 & \delta t_1 & \delta t_1^2 & \sin(2\pi f_1 \delta t_1) & \cos(2\pi f_1 \delta t_1) & \cdots & \sin(2\pi f_p \delta t_1) & \cos(2\pi f_p \delta t_1) \\ 1 & \delta t_2 & \delta t_2^2 & \sin(2\pi f_1 \delta t_2) & \cos(2\pi f_1 \delta t_2) & \cdots & \sin(2\pi f_p \delta t_2) & \cos(2\pi f_p \delta t_2) \\ \vdots & \vdots & \vdots & \vdots & \vdots & & \vdots & \vdots \\ 1 & \delta t_n & \delta t_n^2 & \sin(2\pi f_1 \delta t_n) & \cos(2\pi f_1 \delta t_n) & \cdots & \sin(2\pi f_p \delta t_n) & \cos(2\pi f_p \delta t_n) \end{bmatrix}$$

$$\boldsymbol{X} = \begin{bmatrix} a_0 & a_1 & a_2 & b_1 & c_1 & \cdots & b_k & c_k & \cdots & b_p & c_p \end{bmatrix}^{\mathrm{T}}; \boldsymbol{B} = \begin{bmatrix} \boldsymbol{I}_n & \boldsymbol{0} \end{bmatrix};$$

$$\boldsymbol{Y} = \begin{bmatrix} \boldsymbol{S}^{\mathrm{T}} & (\boldsymbol{S}')^{\mathrm{T}} \end{bmatrix}^{\mathrm{T}}, \boldsymbol{L} = \begin{bmatrix} L_1 & L_2 & \cdots & L_n \end{bmatrix}^{\mathrm{T}}。$$

根据估值准则

$$\boldsymbol{V}^{\mathrm{T}} \boldsymbol{P}_{\Delta} \boldsymbol{V} + \hat{\boldsymbol{Y}}^{\mathrm{T}} \boldsymbol{P}_Y \hat{\boldsymbol{Y}} = \min \tag{5.52}$$

求解式(5.13)可得

$$\hat{\boldsymbol{X}} = (\boldsymbol{A}^{\mathrm{T}} \boldsymbol{P}_L \boldsymbol{A})^{-1} \boldsymbol{A}^{\mathrm{T}} \boldsymbol{P}_L \boldsymbol{L}$$

$$\hat{\boldsymbol{S}}' = -\boldsymbol{\Sigma}_{S'S} \boldsymbol{P}_L (\boldsymbol{A}\hat{\boldsymbol{X}} - \boldsymbol{L}) \tag{5.53}$$

式中

$$\boldsymbol{P}_L^{-1} = (\boldsymbol{P}_{\Delta}^{-1} + \boldsymbol{\Sigma}_S) = (\boldsymbol{I} + \boldsymbol{\Sigma}_S), \; \boldsymbol{P}_Y^{-1} = \boldsymbol{\Sigma}_Y = \begin{bmatrix} \boldsymbol{\Sigma}_S & \boldsymbol{\Sigma}_{SS'} \\ \boldsymbol{\Sigma}_{S'S} & \boldsymbol{\Sigma}_{S'} \end{bmatrix},$$

$$\boldsymbol{\Sigma}_S = \boldsymbol{B} \boldsymbol{P}_Y^{-1} \boldsymbol{B}^{\mathrm{T}}, \; \boldsymbol{B} = \begin{bmatrix} \boldsymbol{I} & \boldsymbol{0} \end{bmatrix}。$$

从而得到待求时刻的钟差表达式为

$$\hat{\boldsymbol{L}}_1 = \boldsymbol{A}_1 \hat{\boldsymbol{X}} + \hat{\boldsymbol{S}}' \tag{5.54}$$

式中，$\hat{\boldsymbol{L}}_1$、$\boldsymbol{A}_1$ 的表达形式类似于 $\boldsymbol{L}$、$\boldsymbol{A}$，分别表示待求钟差值向量和相应的系数矩阵。

3) LSC 钟差模型协方差函数的抗差拟合及其确定

合理的协方差函数确定一直是最小二乘配置中的关键问题(黄维彬，1992)。同样的，最小二乘配置钟差模型的关键也在于其对应协方差函数的确定。对于钟差协方差函数的选择，与多数采用最小二乘配置解决实际问题类似，本书也是通过选取可实际应用的经验协方差函数来实现对钟差随机特性(信号)的描述。在已有的经验协方差函数中，高斯函数的应用较为广泛且性能较好(黄维彬，1992;柴洪洲等，2009;王海栋等，2010)，因此本书选择高斯函数[其表达式为：$\sigma(d) = \sigma^2(0) \exp(-kd^2)$，式中 d 为两数据点之间的距离，

$\sigma^2(0)$、k 是待求的协方差函数参数]作为最小二乘配置钟差模型对应的协方差函数。对于协方差函数参数的确定，可以直接采用两步极小法(杨元喜和刘念，2002)，即根据附有周期项的二次多项式模型的拟合残差确定协方差函数的参数；将该方法确定的最小二乘配置模型记作 LSC 模型。然而，考虑到在钟差数据中可能存在异常值，因此本书在已有研究文献(王海栋等，2010；杨元喜和刘念，2002；王宇谱等，2013；陈西斌等，2014；刘念，2001)的基础上，采用抗差 M 估计(周江文等，1997)来求取协方差函数参数值的抗差估计解。具体方法如下：

(1) 计算抗差迭代的初值。

对卫星钟差数据进行归化处理，消除趋势项与周期项的影响，得到

$$Z = S + \Delta = L - AX \tag{5.55}$$

式中，X 的估值

$$\hat{X} = (A^{\mathrm{T}} P_{\Delta} A)^{-1} A^{\mathrm{T}} P_{\Delta} L \tag{5.56}$$

归化后得

$$Z = \begin{bmatrix} Z_1 & Z_2 & \cdots & Z_n \end{bmatrix} \tag{5.57}$$

其中，n 为一定时间段内已知钟差数据的个数。

按照抗差估计原理求 Z 的中心化值。迭代初值为 $\delta Z_i = Z_i - \mathrm{med}\{Z_i\}$；方差因子为 $\sigma_i = \mathrm{med}\{|\delta Z_i|\}/0.6745$。在最小二乘配置模型中，其协方差阵和权阵间需相互转换；为避免迭代过程中出现过分降权的问题以及使得降权更加平稳，本书选用 IGG3 权函数(杨元喜，1993)，得到权因子函数的表达式为

$$w_i = \begin{cases} 1.0 & |\delta Z_i/\sigma_i| \leqslant k_0 \\ \dfrac{k_0}{|\delta Z_i/\sigma_i|} \left(\dfrac{k_1 - |\delta Z_i/\sigma_i|}{k_1 - k_0}\right)^2 & k_0 < |\delta Z_i/\sigma_i| \leqslant k_1 \\ 0 & k_1 < |\delta Z_i/\sigma_i| \end{cases} \tag{5.58}$$

式中，k_0 和 k_1 为阈值，k_0 可取值 $1.0 \sim 1.5$，k_1 可取值 $2.5 \sim 3.0$，结合钟差预报试验，文中取 $k_0 = 1.0$、$k_1 = 2.5$。对于钟差预报，通常认为各个钟差数据之间是独立等精度观测的，所以上式可直接作为钟差的等价权计算式，即 $\bar{p}_i = w_i$。通过抗差迭代求取 Z 的加权平均值

$$\bar{Z}^{(k)} = \frac{\sum\limits_{i=1}^{n}(\bar{p}_i^{(k-1)}Z_i)}{\sum\limits_{i=1}^{n}\bar{p}_i^{(k-1)}} \tag{5.59}$$

迭代结束,可得钟差等价权 $\bar{\boldsymbol{P}} = \mathrm{diag}\{\bar{p}_1, \bar{p}_2, \cdots, \bar{p}_n\}$ 和 $\boldsymbol{Z}$ 的中心化值 $\delta Z_i = Z_i - \bar{Z}^{(k)}$,并将等价权较小的钟差数据标定为异常值。

（2）计算样本协方差函数值。

设 $m+1$ 个等间距 $d_l = l \times \tau$,式中 $l = 0, 1, \cdots, m$;τ 为时间间隔。因为钟差数据分布规则,利用满足 $|d_{ij} - d_l| = 0$ 的钟差数据点对的 $\hat{\delta}z$ 求协方差函数值 $\sigma(d_l)$,其中 d_l 表示相距为 $l \times \tau$ 的时间长度,d_{ij} 为第 i 时刻与第 j 时刻的时间差。同时,为减弱异常数据对协方差函数值的影响,在计算中结合降权因子 $w_{ij} = \sqrt{w_i w_j}$,得到计算公式如下

$$\bar{\sigma}(d_l) = \frac{\sum\limits_{i=1,\,j=1}^{m} w_{ij}\hat{\delta}Z_i\hat{\delta}Z_j}{m_l} \tag{5.60}$$

式中,m_l 为任意两时间差等于 d_l 的点的对数,此即为各等间距信号的样本协方差函数值。

（3）拟合协方差函数。

利用高斯函数作为协方差函数的解析式,即

$$\bar{\sigma}(d_l) = \sigma^2(0)\exp(-kd_{ij}^2) \tag{5.61}$$

等式两边取对数,得到用于拟合计算的公式

$$\ln(\bar{\sigma}(d_l)) = [1 - d_{ij}^2]\begin{bmatrix} \ln(\sigma^2(0)) \\ k \end{bmatrix} \tag{5.62}$$

将等间距 d_{ij} 及其对应信号的样本协方差 $\bar{\sigma}(d_l)$ 作为样本数据,通过最小二乘原理求得 $\sigma^2(0)$ 和 k。该方法确定的最小二乘配置模型记作 RLSC 模型。

但是,在钟差预报的试验中发现,不论是采用协方差函数直接拟合的方法,还是协方差函数抗差估计拟合的方法,得到的协方差函数参数均不能较为理想地进行钟差预报(参见 5.4.4 节中的试验 1),这主要是因为要比较可靠地确定信号的协方差函数,必须有大量的数据。然而,这是一个非常困难的问题,实际中,要根据具体问题的性质,通过理论上的研究和对大量已测数据的统计分析

才能较好地解决(黄维彬,1992)。因此,在最初的试验中,通过改变 RLSC 模型协方差函数的参数值来观察分析预报结果的变化情况,发现当协方差函数的参数取适当的值时,最小二乘配置钟差模型能够取得较好的预报结果。最后,基于 2015 年 4 月一个月、2013 年 6 月 23 和 24 日、2013 年 7 月 15 和 16 日、2007 年 5 月 25 日和 6 月 24 日(其他时间段的数据亦可,理论上参与试算的时间段越长确定的参数越可靠,但考虑到实际工作量,本书仅采用了所述时间段)GPS 系统 15 分钟采样间隔的精密钟差数据进行钟差预报试验,通过对星载铷钟预报结果的分析总结,最终得到 $\sigma^2(0)$ 和 k 较理想的取值范围为:$\sigma^2(0) \in \{1, 5, 10, 50, 100, 200, 300, 400, 500\}$,$k \in \{1.0 \times 10^{-12 \sim -6}, 5.0 \times 10^{-12 \sim -6}, 9.0 \times 10^{-12 \sim -6}\}$。将此时确定的最小二乘配置模型记作 MRLSC 模型。图 5.14 给出了本节所提方法的计算步骤及数据处理流程。需要说明的是,在具体使用这些参数值进行钟差预报时,将 $\sigma^2(0)$ 与 k 的取值使得预报结果的 RMS 最小的组合数作为 MRLSC 模型协方差函数参数的最佳取值。例如下文 5.4.4 节的试验 1 中,在 $\sigma^2(0)$ 与 k 的可取数值中,当 $\sigma^2(0)=500$、$k=1.0 \times 10^{-10}$ 时,PRN01 卫星的钟差预报 RMS 最小,因此取该组合值作为协方差函数的参数值。而在实际应用中,可以根据所需预报时间段的相邻上一时间段预报

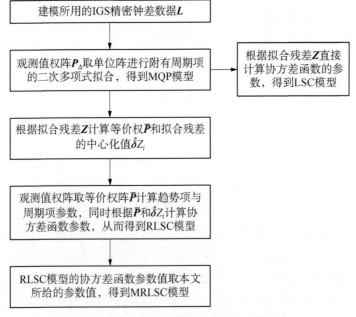

图 5.14 新方法的计算步骤及数据处理流程

确定的协方差函数参数取值作为当前 MRLSC 模型协方差函数的参数取值,例如下文"5.4.4 节的试验 2"中 4 月 4 日预报 4 月 5 日确定的协方差函数参数值,可以作为接下来 4 月 5 日预报 4 月 6 日、4 月 6 日预报 4 月 7 日的协方差函数值进行钟差预报。

　　4)试验与分析

　　为了验证所提模型的有效性,采用 IGS 提供的 GPS 系统 15 分钟采样间隔的精密钟差数据进行试算分析。以 2015 年 4 月 3 日到 2015 年 4 月 7 日的数据为例,考虑当前卫星导航系统在轨运行星载原子钟主要是铷原子钟(Rb 钟),因此采用该时间段内 GPS 系统星载 Rb 钟进行钟差预报试验。该时间段内GPS 系统星载 Rb 钟的信息如表 5.6 所示。表中字体加粗的 18 颗卫星表示在试验时间段内其钟差数据连续且对应的频率数据相对平稳无跳变。

表 5.6　GPS 系统星载 Rb 钟的类型

卫星钟类型	PRN
BLOCK IIA Rb 钟	**04** 08 32
BLOCK IIR Rb 钟	**02 11 13 14** 16 **18 20** 21 22 **23** 28
BLOCK IIR - M Rb 钟	05 07 **12 15 17 29 31**
BLOCK IIF Rb 钟	**01 03 06 09** 25 26 **27 30**

　　另外,以预报时间段对应的已知精密钟差数据为基准值,采用 RMS 和极差 range 作为预报结果的统计量进行对比与分析,同样的,以 RMS 表征预报结果的精度,range 代表预报结果的稳定性。RMS 的计算公式与式(5.47)相同。

　　试验 1:首先分析新方法的建模过程及协方差函数对预报结果的影响。使用 4 月 3 日的卫星钟差数据分别对 QP、MQP、LSC、RLSC 和 MRLSC 进行建模,预报接下来 4 月 4 日一整天的钟差。此处选取每种类型钟对应的一颗卫星,本书选取的是 PRN01、PRN04、PRN18 和 PRN29 共 4 颗卫星进行试验分析。表 5.7 给出的是 4 颗卫星进行 LSC、RLSC 和 MRLSC 建模时对应协方差函数参数的取值情况。因为是要验证本书所确定的协方差函数的合理性,此处MRLSC 对应协方差函数参数的取值是通过使得 MRLSC 模型 4 月 4 日预报误差 RMS 最小而确定的。图 5.15～图 5.18 为 4 颗卫星在 5 种模型下的预报结果。

表 5.7 协方差函数参数的取值

参数	模型	卫 星			
		PRN01(IIF Rb)	PRN04(IIA Rb)	PRN18(IIR Rb)	PRN29 (IIR-M Rb)
$\sigma^2(0)$	LSC	4.240×10^{-22}	4.475×10^{-21}	1.250×10^{-21}	1.515×10^{-21}
	RLSC	2.358×10^{-24}	4.475×10^{-21}	1.250×10^{-21}	4.196×10^{-22}
	MRLSC	500	100	200	50
k	LSC	1.089×10^{-11}	-2.320×10^{-10}	-2.527×10^{-10}	-2.288×10^{-10}
	RLSC	-3.728×10^{-11}	-2.320×10^{-10}	-2.527×10^{-10}	-2.019×10^{-10}
	MRLSC	1.0×10^{-10}	5.0×10^{-11}	9.0×10^{-10}	9.0×10^{-9}

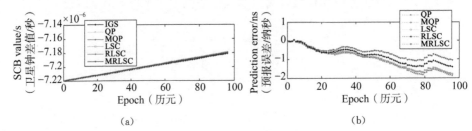

(a)   (b)

图 5.15 PRN01 卫星的预报结果

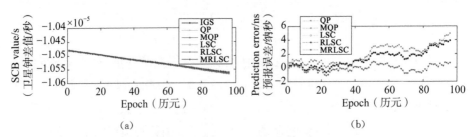

(a)   (b)

图 5.16 PRN04 卫星的预报结果

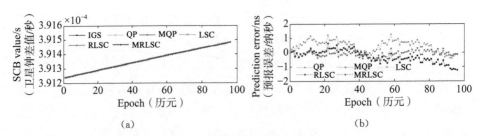

(a)   (b)

图 5.17 PRN18 卫星的预报结果

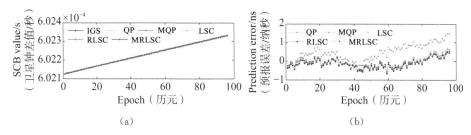

图 5.18　PRN29 卫星的预报结果

对比图中 4 颗卫星的预报结果可以看出,在 5 种模型中 QP 模型的预报误差发散较快且其误差值较大,而其他 4 种模型的预报误差较小,进一步说明了在钟差预报中考虑卫星钟的周期项与随机变化部分可以一定程度上改善预报效果。为了对预报结果进行定量分析,表 5.8 给出了 4 颗卫星预报结果的统计值。

表 5.8　4 颗卫星预报结果的统计值　　　　　　　　　　　　纳秒

模型	PRN01 (IIF Rb)		PRN04 (IIA Rb)		PRN18 (IIR Rb)		PRN29 (IIR - M Rb)		平均值	
	RMS	range	RMS	range	RMS	range	RMS	range	RMS	range
QP	1.149	1.909	2.326	4.826	0.621	1.666	0.637	1.826	1.183	2.557
MQP	1.093	1.839	1.757	4.545	0.512	1.891	0.278	1.249	0.910	2.381
LSC	1.093	1.839	1.757	4.545	0.512	1.891	0.278	1.249	0.910	2.381
RLSC	0.901	1.460	1.757	4.545	0.512	1.891	0.287	1.150	0.864	2.262
MRLSC	0.676	1.150	0.468	1.987	0.213	0.873	0.249	1.116	0.402	1.282

对比表中 4 颗卫星使用 MQP 模型和 LSC 模型的预报结果及其平均值可以看出,两者的结果完全相同,说明直接利用拟合残差得到的协方差函数在进行钟差预报时 LSC 模型的优势体现不出来。而在同样的条件下,采用协方差函数抗差估计拟合方法的 RLSC 模型可以取得优于 MQP 模型和 LSC 模型的预报结果,说明采用抗差估计的方法能够一定程度上克服钟差数据中隐含的粗差对 LSC 模型进行钟差预报时的影响,但是其改善效果仍不显著。在此基础之上,当协方差函数的参数使用本书所给范围内的取值时,MRLSC 模型的RMS 值与 range 值均明显小于 LSC 模型和 RLSC 模型对应的结果值,说明协

方差函数的合理确定直接影响钟差预报的结果。而本书所提的在协方差函数抗差估计的基础上协方差函数的参数取本书所给参数是相对有效的,可以作为最小二乘配置钟差模型对应协方差函数确定的方法。

另一方面,从该试验预报结果统计表中可以看出,MQP 模型比 QP 模型的 RMS 值和 range 值都小,说明在对卫星钟差进行建模时,考虑钟差的周期项能够更加全面地反映卫星钟的特性、提高钟差的预报效果。而 MRLSC 模型比 MQP 模型的 RMS 值和 range 值都小,说明考虑钟差的随机项可以更进一步反映星载原子钟的特性,从而提高钟差预报的效果。根据每颗卫星的预报结果及其平均值数据可知,MRLSC 模型的 RMS 值与 range 值最小,说明本书所建模型的预报精度与预报稳定性最好。该模型能够在钟差物理特性及其周期特性的基础上顾及钟差随机特性得到更加完善的钟差模型,从而实现对卫星钟差更加精准的预报。

试验 2:将本书所提方法与常用的 QP 模型和 GM 模型进行对比,进一步分析新方法较两种常用模型的预报特性。对 18 颗星载铷钟进行连续 3 天的钟差预报,即分别使用 4 月 4、5、6 日一整天的数据进行建模,分别预报接下来 4 月 5、6、7 日一整天的钟差。表 5.9 给出了本试验中 MRLSC 模型中协方差函数对应的参数取值。图 5.19~图 5.21 是 18 颗卫星在各模型下预报第 1 天钟差的预报误差。

表 5.9　MRLSC 模型对应协方差函数参数的取值

卫星		$\sigma^2(0)$	k	卫星		$\sigma^2(0)$	k
IIA Rb	PRN04	500	1.0×10^{-9}		PRN18	100	5.0×10^{-11}
IIR-M Rb	PRN12	50	5.0×10^{-11}		PRN20	500	5.0×10^{-7}
	PRN15	5	9.0×10^{-10}		PRN23	100	5.0×10^{-9}
	PRN17	10	5.0×10^{-9}		PRN01	300	9.0×10^{-10}
	PRN29	5	5.0×10^{-9}		PRN03	200	9.0×10^{-11}
	PRN31	5	1.0×10^{-8}	IIF Rb	PRN06	500	5.0×10^{-7}
IIR Rb	PRN02	1	1.0×10^{-12}		PRN09	100	5.0×10^{-8}
	PRN11	500	1.0×10^{-10}		PRN27	50	1.0×10^{-9}
	PRN14	50	5.0×10^{-8}		PRN30	200	5.0×10^{-9}

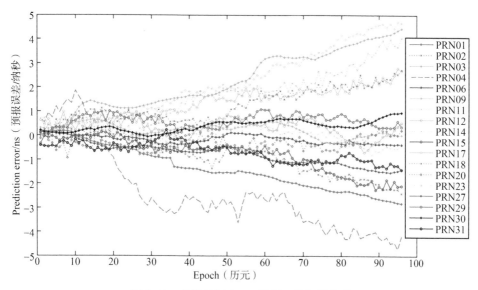

图 5.19　各颗卫星在 QP 模型下的预报误差

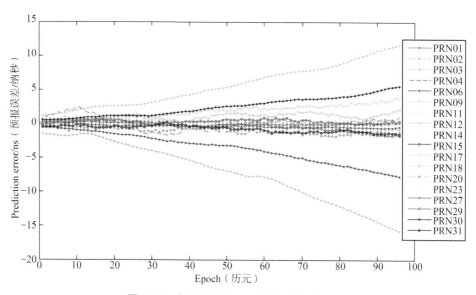

图 5.20　各颗卫星在 GM 模型下的预报误差

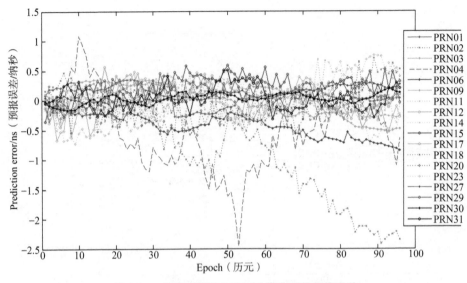

图 5.21　各颗卫星在 MRLSC 模型下的预报误差

对比 3 种模型的预报误差图可以看出,本书所提方法的预报误差较小且发散较慢,同时误差的波动范围也较小,因此说明新方法的预报效果优于两种常用模型的预报效果,同时也说明了本书所提协方差函数确定方法的有效性。表 5.10 和表 5.11 分别根据卫星的种类给出了各类卫星以及 18 颗卫星每天预报结果的 RMS 统计值和 range 统计值的情况。

表 5.10　预报结果的 RMS 统计值　　　　　　　　　　　　纳秒

星钟类型	第1天			第2天			第3天		
	QP	GM	MRLSC	QP	GM	MRLSC	QP	GM	MRLSC
IIA Rb	2.946	0.985	0.840	6.691	4.027	2.916	10.224	4.289	3.904
IIR Rb	1.303	0.523	0.444	1.024	1.003	1.056	1.364	0.802	1.627
IIR-M Rb	0.895	1.032	0.238	1.159	1.020	0.689	2.201	1.579	2.367
IIF Rb	1.019	3.721	0.227	0.999	3.752	0.765	1.056	3.663	1.362
all*	1.186	1.756	0.337	1.368	2.092	0.960	1.986	2.165	1.871

＊:all 统计值的含义是每天在各模型下 18 颗卫星预报结果 RMS 之和的平均值。

表 5.11　预报结果的 range 统计值　　　　　　　　　　　　纳秒

星钟类型	第 1 天			第 2 天			第 3 天		
	QP	GM	MRLSC	QP	GM	MRLSC	QP	GM	MRLSC
IIA Rb	6.581	4.165	3.547	14.349	5.362	6.647	15.833	6.177	15.135
IIR Rb	2.766	1.478	1.489	2.338	2.023	2.466	2.326	1.828	3.438
IIR - M Rb	1.863	2.015	0.922	2.159	1.933	1.822	4.056	3.099	4.391
IIF Rb	1.922	6.448	0.625	1.898	6.347	1.327	1.839	6.353	2.428
all*	2.446	3.458	1.158	2.809	3.625	2.140	3.395	3.931	4.016

* :all 统计值的含义是每天在各模型下 18 颗卫星预报结果 range 之和的平均值。

　　根据表 5.10 和表 5.11 的统计结果可知：每天预报结果的 RMS 平均值中本书所提方法最小，其精度优于两种常用模型；而每天预报的稳定性（range）平均值，本书方法整体上好于两种常用模型。计算各模型 3 天预报结果 RMS 和 range 的平均值，分别为：$QP_{RMS} = (1.186 + 1.368 + 1.986)/3 = 1.513$ ns、$QP_{range} = (2.446 + 2.809 + 3.395)/3 = 2.883$ ns、$GM_{RMS} = (1.756 + 2.092 + 2.165)/3 = 2.004$ ns、$GM_{range} = (3.458 + 3.625 + 3.931)/3 = 3.671$ ns、$MRLSC_{RMS} = (0.337 + 0.960 + 1.871)/3 = 1.056$ ns、$MRLSC_{range} = (1.158 + 2.140 + 4.016)/3 = 2.438$ ns，3 天的平均预报精度 MRLSC 模型较 QP 模型和 GM 分别提高了 0.457 ns 和 0.948 ns，而 3 天的平均预报稳定性 MRLSC 模型较 QP 模型和 GM 分别提高了 0.445 ns 和 1.233 ns；因此，进一步说明本书所提方法的合理性、有效性，同时也证明了所给协方差函数确定方法的有效性。对于 4 类卫星钟的预报，BLOCK IIA Rb 钟的效果最差，这是因为该类型卫星是 GPS 系统早期发射的卫星，长时间的运行导致卫星上相关设备老化，也致使其钟差预报的效果变差。对比 3 种模型下不同类型卫星钟的预报结果，特别是前两天的，可以看出 MRLSC 模型对于新型的 BLOCK IIF Rb 钟的钟差预报能够取得更好的效果。此外，在连续 3 天的预报中，MRLSC 模型的协方差函数参数取相同的值，但随着预报时间段的推移，MRLSC 模型较两种常用模型的优势明显减弱，特别是预报结果的稳定性，说明本书所提方法对应协方差函数的参数值取定之后，在一定的预报时间段内不改变模型参数值可以进行卫星钟差的连续建模预报，但随着预报长度的增加，预报效果有所下降；这是因为虽然星载原子钟在空间环境中受外界多种不确定因素以及自身频率漂移等的影响，但是在相对较短的时间范围内,这些影响作用于卫星钟差数据的效果可以认为是相同的,因此在使用最小二乘配置对卫星钟差随机性变化部分建模时,对应的协方差函数参数可以取相同的数值;另一方面,虽然可以取相同的值,但是这些参数值不一定最佳。

5.3 基于修正钟差一次差分数据的卫星钟差预报

为了记录高精度的时间信息,卫星钟差数据的有效位数通常比较多、数值相对较大,使得钟差数据中的异常数据点容易被掩盖;而对于一小时以内采样率的星载原子钟钟差数据而言,相邻历元间的钟差数据其数值变化不大,通过钟差数据相邻历元间的一次差分可以一定程度上消除原钟差序列趋势项的影响,得到一组有效数字位数减少、便于进行预处理的数据序列。以 GPS 系统 PRN01 卫星 2015 年 4 月 2 号、3 号共 2 天的 15 分钟采样间隔的精密钟差数据为例,图 5.22 给出了该卫星的钟差数据及其对应的钟差一次差分数据。

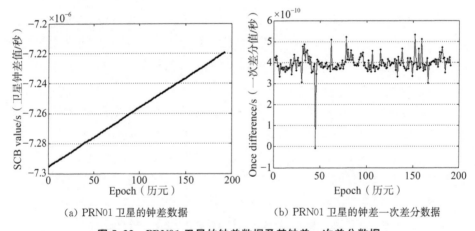

(a) PRN01 卫星的钟差数据   (b) PRN01 卫星的钟差一次差分数据

图 5.22　PRN01 卫星的钟差数据及其钟差一次差分数据

根据图 5.22 可以看出,原始钟差数据容易掩盖异常数据点,而异常数据点在其对应的一次差分数据中表现为峰值点,这使得异常值的探测变得容易。同时,经过钟差数据相邻历元间的一次差分处理,可以消除原钟差序列中可能存在的系统误差。所以,基于钟差一次差分数据进行钟差拟合预报时,既便于数据的预处理,也有利于更加准确的数据拟合。

5.3.1　基于钟差一次差分数据的预报原理

通常钟差预报模型的建立是根据已知钟差数据 $L = \{l(i), i = 1, 2, \cdots, n\}$，依据最小二乘平差原理，求解得到模型参数，进而确定模型。钟差预报模型建立之后，便可以进行 n 个建模历元以后的 $m(m \geqslant 1)$ 个历元的钟差预报 $L1 = \{l(j), j = n+1, n+2, \cdots, n+m\}$。

而基于一次差分数据的建模预报，是对钟差序列 L 相邻两个历元的钟差值 $l(i)$、$l(i-1)$（$i = 2, \cdots, n$）作差，得到一组对应的新数据序列 $\Delta L = \{\Delta l(i), i = 1, 2, \cdots, (n-1)\}$，然后采用一次差分后的数据序列 ΔL 来对模型进行确定。模型确定之后，预报 $n-1$ 个一次差分建模数据对应历元之后 $m(m > 1)$ 个历元的一次差序列 $\Delta L1 = \{\Delta l(j), j = n, n+1, \cdots, n+m-1\}$。最后，再将预报的一次差分序列 $\Delta L1$ 和用于建模的钟差数据的最后一个钟差值 $l(n)$ 对应相加，这样便可以求得所需预报历元时刻的钟差值（王宇谱等，2013；宫晓春，2016），用公式表示即为

$$l(j) = l(n) + \sum_{n}^{j} \Delta l(k), \; n < j \leqslant n+m-1, \; m、n、k \in N^*$$

(5.63)

5.3.2　钟差一次差分数据的预处理方法

综合前面的 1.2.2 和 3.2 两节的内容可知，GNSS 星载原子钟的钟差数据和频率数据之间存在着如下的转换关系式

$$f_i = \frac{l_i - l_{i-1}}{\tau_0}$$

(5.64)

$$l_i = \int_0^t f(s) \mathrm{d}s$$

(5.65)

式中，l_i 为第 i 历元的钟差值，τ_0 为第 i 历元和 $i-1$ 历元间的时间间隔，对于给定的钟差数据序列，τ_0 为已知的常数；f_i 为采样时间间隔为 τ_0 的第 i 历元的频率值。根据式(5.64)可以看出，相对于相位数据，频率数据有效位数减少并且数据的数值也变小，这样便于异常值的识别；同时，异常的钟差数据对应于频率数据的峰值，而峰值较易进行探测。因此，钟差数据的异常值识别一般是在其对应的频率数据上进行的（郭海荣，2006；冯遂亮，2009）。

对比钟差一次差分数据 $\Delta l(i)=l(i)-l(i-1)$ 与钟差数据对应的频率数据 $f_i=(l_i-l_{i-1})/\tau_0$ 可以发现,两者在形式上仅相差一个常数 τ_0。钟差一次差分数据 Δl 组成的数据序列与钟差频率数据 $f=\Delta l/\tau_0$ 组成的数据序列相比,前者相当于给后者整体扩大了 τ_0 倍,但这种扩大并不改变数据序列内部各元素之间的比值,因此在数据序列中出现异常值时,两者皆会出现一个峰值,而峰值则比较容易进行探测,从而便于异常值的识别。所以,本节借鉴频率数据异常值探测的方法,给出一种基于改进中位数的异常值探测方法对钟差一次差分数据进行预处理。该方法的基本思路为:将每个钟差一次差分数据 $\Delta l(i)$ 跟一次差分序列的中数(MED)k 与中位数(MAD)数倍之和或之差进行比较;若钟差一次差分数值

$$\Delta l(i) > (k+n_1 \times \text{MAD}) \text{ 或 } \Delta l(i) < (k-n_2 \times \text{MAD}) \qquad (5.66)$$

则认为该一次差分数据是异常值,同时剔除该值,然后用内插的方法来补充该点数据。这里采用三次分段样条方法对剔除历元对应的钟差值进行内插。式(5.66)中 $k=\text{Median}\{\Delta l(i)\}$,$\text{MAD}=\text{Median}\{|\Delta l(i)-k|/0.6745\}$。$n_1$ 和 n_2 的取值根据需要进行确定,本书遵循的原则是设置的 n_1 和 n_2 值要保证探测出的异常值个数不能超过建模数据总量的 5%,因为这样既可以一定程度上避免剔除有效信息,又能降低异常值对模型预报性能的影响。与 5.3 节开始部分一样,以 PRN01 卫星的钟差数据预处理为例,此时取 $n_1=n_2=3$,图 5.23 是对应于图 5.22 的预处理后的钟差一次差分数据和预处理后的钟差数据。从图 5.23 可看出,通过对异常数据点的处理可以得到质量更好的钟差一次差分数据。

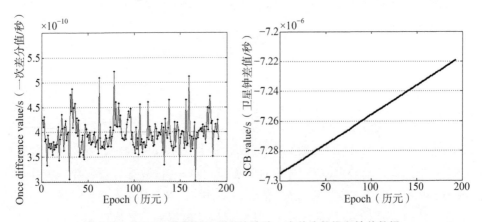

图 5.23　PRN01 卫星预处理后的钟差一次差分数据和钟差数据

5.3.3　钟差一次差分预报原理的改进

从式(5.63)可以看出,基于钟差一次差分数据的预报,对于建模钟差数据中最后一个数据 $l(n)$ 的依赖程度高,该数据的可靠性与基于该预报原理的预报结果密切相关。然而,目前涉及基于钟差一次差分预报原理的钟差预报应用中(王宇谱等,2013;雷雨和赵丹宁,2014a;梁月吉等,2015;宫晓春,2016),没有考虑该问题。

借鉴最新的 IGU－P 钟差模型对预报的起点偏差修正所采取的策略(Huang et al,2014),本节在基于钟差一次差分数据预报原理的基础上,通过采用建模数据中最后 5 个历元(1 小时)的数据拟合最后 1 个数据的方式来提高式(5.63)中 $l(n)$ 的可靠性,从而实现对钟差一次差分预报原理的进一步完善。其中,所采用的拟合公式是钟差的二次多项式模型,因为该模型包含了描述钟差所需的相对于卫星导航系统时间的偏差、钟速和钟漂三种确定性参数。为了验证所做改进的有效性,同样以 GPS 系统 PRN01 卫星的钟差预报为例,使用 2015 年 4 月 6 号这 1 天的卫星钟差数据进行建模,预报接下来 1 天前 6 小时的钟差,分析在给已知建模钟差数据最后一个值分别加入 0.1 ns、0.5 ns、1.0 ns 和 2.0 ns 的粗差时,基于钟差一次差分预报原理改进前后的预报效果。图 5.24 是 PRN01 卫星的钟差数据在不同模拟粗差条件下的预报误差,其中基于钟差一次差分预报原理的 QP 模型记为 DQP1 模型,基于改进钟差一次差分预报原理的 QP 模型记作 DQP2 模型。表 5.12 给出了 4 种粗差条件下两种模型预报结果的均方根误差[RMS,其定义参见下文式(5.67)]。

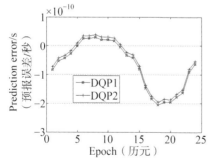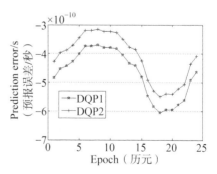

(a) 加入 0.1 纳秒粗差时预报结果的对比　　　(b) 加入 0.5 纳秒粗差时预报结果的对比

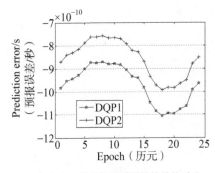 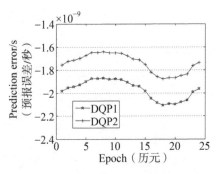

(c) 加入 1.0 纳秒粗差时预报结果的对比   (d) 加入 2.0 纳秒粗差时预报结果的对比

图 5.24   PRN01 卫星的钟差数据在不同粗差条件下的预报误差

表 5.12   不同粗差条件下两种模型预报结果的统计值   纳秒

模型	粗差值			
	0.1	0.5	1.0	2.0
DQP1	0.106	0.476	0.972	1.971
DQP2	0.099	0.421	0.860	1.744

从图 5.24 和表 5.12 的结果可以看出,DQP2 模型的预报残差及其 RMS 值均小于 DQP1 模型,说明改进之后的钟差一次差分预报原理能够在一定程度上改善最后一个建模数据不可靠对预报结果的影响,从而降低对最后一个建模钟差数据的依赖程度。需要说明的是,本书接下来提到的钟差一次差分预报原理都是指改进后的钟差一次差分预报原理。

5.3.4   常用钟差预报模型基于一次差分预报原理的效果分析

为了验证所提的基于钟差一次差分预报原理的有效性并分析几种常用钟差预报模型基于一次差分预报原理进行钟差预报的效果,采用 IGS 提供的 GPS 系统 15 分钟采样间隔的精密钟差数据进行实验分析。数据采集时间为 2015 年 4 月 7 日到 2015 年 4 月 21 日共 15 天;选取该时间段内数据连续、完整的卫星进行钟差预报试验,表 5.13 中加粗的卫星号即为实验所用卫星。

表 5.13　数据采集时间段内 GPS 在轨卫星钟的类型

卫星钟类型	PRN
Block IIA Rb 钟	**04** 08 32
Block IIR Rb 钟	**02 11 13 14** 16 **18** 19 **20 21 22 23 28**
Block IIR - M Rb 钟	05 **07** 12 **15 17** 29 **31**
Block IIF Cs 钟	**24**
Block IIF Rb 钟	**01 03 06 09** 25 26 **27 30**

使用前 1 天的卫星钟差数据拟合后预报接下来 1 天的钟差,连续预报 14 次,即 4 月 7 号的钟差拟合后预报 4 月 8 号的钟差、4 月 8 号的钟差拟合后预报 4 月 9 号的钟差、…、4 月 20 号的钟差拟合后预报 4 月 21 号的钟差。以预报时间段对应的已知精密钟差值为参考真值,利用均方根误差(RMS)作为预报结果精度的统计量进行对比与分析,其中均方根误差计算公式为

$$\text{RMS} = \sqrt{\frac{1}{n} \sum_{i=1}^{n} V_i^2}, \ V_i = t_i - \hat{t}_i \tag{5.67}$$

式中,V_i 为预报误差,$\hat{t}_i$ 为 i 时刻的钟差已知值,t_i 为 i 时刻的钟差预报值。分别统计每次预报结果的前 3h、前 6h、前 12h 和前 24h 的预报精度,通过对比常用的 LP 模型、QP 模型、GM 模型、SA 模型、ARIMA 模型(下面图和表中简记为 AM 模型)和 KF 模型在常规建模条件的预报结果和基于钟差一次差分预报原理的预报结果,分析基于钟差一次差分预报原理的特性。其中,基于钟差一次差分预报原理条件下的 6 种常用模型分别记作 DLP 模型、DQP 模型、DGM 模型、DSA 模型、DAM 模型和 DKF 模型。

1) LP 模型与 DLP 模型的预报结果分析

图 5.25 分别给出了 LP 和 DLP 两种模型在不同预报时长下所有卫星每次预报结果的 RMS 平均值,表 5.14 则按照卫星钟的类型给出了不同预报时长下 14 次连续预报结果的 RMS 平均值(本节接下来几种模型所对应的图和表反映的信息与此处的图和表类似)。根据图和表的结果可知,在 3 小时和 6 小时的预报中,不论是每天预报结果的 RMS 平均值还是总的预报结果 RMS 平均值,DLP 模型的预报精度均优于 LP 模型的预报精度;特别是在 3 小时的预报中,对于五种不同类型的卫星钟,DLP 模型的预报精度都最高,并且就该

时段所有卫星预报精度的平均值而言,DLP 模型较 LP 模型的预报精度提高了近 50%。但是,对比图和表的结果发现,随着预报时长的增加,DLP 模型预报精度迅速变差,其较 LP 模型的优势逐渐变弱,在 12 小时的预报中,其预报精度略好于 LP 模型的预报精度,而在 24 小时的预报中,其预报精度比 LP 模型的精度差。同时,对比 IIF Rb 钟的预报精度可以看出,对于该类型卫星的钟差预报,四个时间段的预报中 DLP 都优于 LP,并且 3 小时的预报中前者比后者的精度高出近 60%,即使在 24 小时的预报中,前者也比后者的精度高出近50%。因此可以说,采用本章所提的钟差一次差分预报原理可以提高 LP 模型的短期预报精度,特别是对 IIF Rb 钟钟差预报的改善效果最显著。

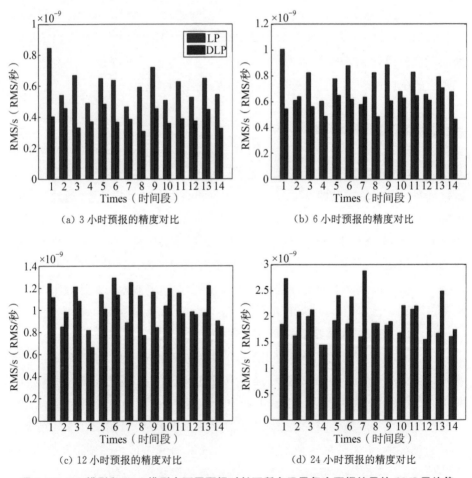

(a) 3 小时预报的精度对比   (b) 6 小时预报的精度对比

(c) 12 小时预报的精度对比   (d) 24 小时预报的精度对比

图 5.25 LP 模型和 DLP 模型在不同预报时长下所有卫星每次预报结果的 RMS 平均值

表 5.14　LP 模型与 DLP 模型预报精度的对比　　　　　　纳秒

| 钟类型 | RMS | | | | | | | |
| | 3 小时 | | 6 小时 | | 12 小时 | | 24 小时 | |
	LP	DLP	LP	DLP	LP	DLP	LP	DLP
ⅡA Rb	1.006	0.832	1.222	1.304	1.652	2.207	2.712	4.962
ⅡR Rb	0.568	0.393	0.707	0.612	0.960	1.039	1.530	2.328
ⅡR-M Rb	0.467	0.318	0.560	0.449	0.706	0.777	1.123	1.640
ⅡF Cs	1.893	1.379	2.324	1.936	3.309	3.539	4.556	7.355
ⅡF Rb	0.497	0.200	0.671	0.332	1.027	0.509	2.057	1.055
All	0.604	0.338	0.758	0.591	1.054	1.003	1.762	2.180

注:表中 all 的含义是对应预报时长下所有卫星 14 连续预报结果 RMS 的平均值。本节接下来其他类似的表格亦是如此。

2) QP 模型与 DQP 模型的预报结果分析

根据图 5.26 可知,在 3 小时和 6 小时的预报中,DQP 模型精度高于 QP 模型精度的次数相对较少,而在 12 小时和 24 小时的预报中,几乎每次的预报精度都是 QP 模型好于 DQP 模型;分析表 5.15 可知,QP 模型基于钟差一次差分预报原理的预报结果与卫星钟类型有较为密切的关系:对于 IIA Rb 钟的 3 小时、6 小时和 12 小时钟差预报,对于 IIF Rb 钟的 3 小时钟差预报,对于 IIF Cs 钟的 3 小时和 6 小时钟差预报,DQP 模型的预报精度优于 QP 模型的预报精度。此外,根据图表结果可以看出,随着预报时长的增加,DQP 模型预报精度

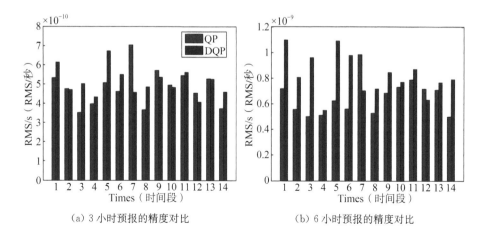

(a) 3 小时预报的精度对比　　　　　　　(b) 6 小时预报的精度对比

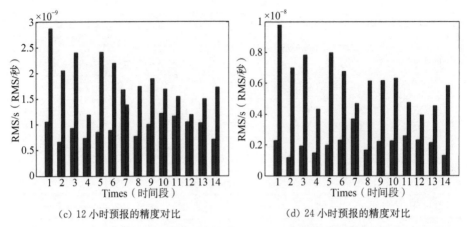

（c）12 小时预报的精度对比　　　　　　　（d）24 小时预报的精度对比

图 5.26　QP 模型和 DQP 模型在不同预报时长下所有卫星每次预报结果的 RMS 平均值

表 5.15　QP 模型与 DQP 模型预报精度的对比　　　　　　　纳秒

钟类型	RMS							
	3 小时		6 小时		12 小时		24 小时	
	QP	DQP	QP	DQP	QP	DQP	QP	DQP
IIA Rb	1.246	1.071	1.770	1.523	2.750	2.620	5.882	7.499
IIR Rb	0.449	0.570	0.619	0.933	0.981	2.109	2.114	7.129
IIR-M Rb	0.349	0.450	0.456	0.678	0.659	1.579	1.420	5.129
IIF Cs	2.162	1.400	2.953	2.276	4.329	5.861	9.144	22.222
IIF Rb	0.245	0.224	0.299	0.419	0.396	0.808	0.775	2.402
All	0.483	0.511	0.651	0.828	0.981	1.840	2.083	6.134

迅速变差且精度明显低于 QP 模型的精度。因此可以说，采用一次差分预报原理可以提高 QP 模型对 IIA Rb 钟、IIF Rb 钟和 IIF Cs 钟的短期预报精度。

3）SA 模型与 DSA 模型的预报结果分析

根据图 5.27 可知，在 3 小时的预报中，总体上 DSA 模型的预报精度好于 SA 模型的预报精度，而其他 3 个时段则是 SA 模型好于 DSA 模型；分析表 5.16 可知，SA 模型基于钟差一次差分预报原理的预报结果与卫星钟类型有一定的关系：在 3 小时的预报中除了 IIR-M Rb 钟，对于其他四类卫星的钟差预报，DSA 模型的预报精度优于 SA 模型的预报精度；而在 6 小时的预报中，对于 IIA Rb 钟、IIF Rb 钟和 IIF Cs 钟的预报，也是 DSA 模型优于 SA 模型。

此外,与 DQP 模型类似,DSA 模型的预报精度随预报时长的增加迅速变差且精度明显低于 SA 模型的精度。综合分析可知,采用一次差分预报原理可以提高 SA 模型对 IIA Rb 钟、IIF Rb 钟和 IIF Cs 钟的短期预报精度。

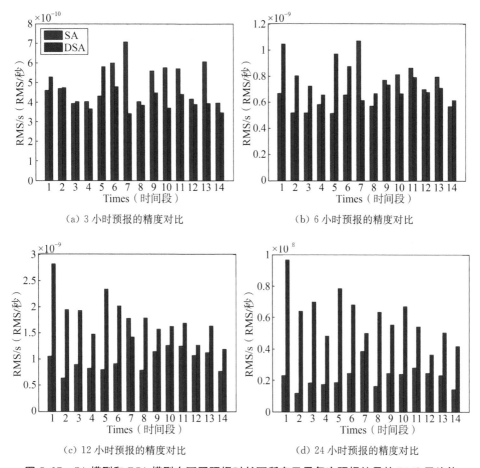

图 5.27　SA 模型和 DSA 模型在不同预报时长下所有卫星每次预报结果的 RMS 平均值

表 5.16　SA 模型与 DSA 模型预报精度的对比　　　　　　纳秒

钟类型	RMS							
	3 小时		6 小时		12 小时		24 小时	
	SA	DSA	SA	DSA	SA	DSA	SA	DSA
IIA Rb	1.570	1.126	2.231	1.776	3.106	3.528	6.590	11.733
IIR Rb	0.471	0.445	0.644	0.864	0.996	2.116	2.159	7.222

（续表）

钟类型	RMS							
	3 小时		6 小时		12 小时		24 小时	
	SA	DSA	SA	DSA	SA	DSA	SA	DSA
IIR - M Rb	0.309	0.356	0.411	0.603	0.649	1.407	1.469	4.676
IIF Cs	2.510	1.605	3.556	2.594	4.871	5.866	9.976	21.230
IIF Rb	0.189	0.131	0.251	0.219	0.383	0.496	0.789	1.662
All	0.499	0.424	0.686	0.754	1.021	1.764	2.184	6.023

4）GM 模型与 DGM 模型的预报结果分析

根据图 5.28 和表 5.17 的结果可知，在 3 小时的预报中，不论是每天预报结果的 RMS 平均值还是总的预报结果 RMS 平均值，DGM 模型的预报精度均优于 GM 模型的预报精度，并且对于五种不同类型的卫星钟，DGM 模型的预报精度都最高；在 6 小时和 12 小时的预报中，DGM 模型整体的预报精度优于 GM 模型的预报精度。但是，对比图和表的结果发现，随着预报时长的增加，DGM 模型的预报精度迅速变差，其较 GM 模型的优势逐渐变弱，在 24 小时的预报中，其预报精度比 GM 模型的精度差。同时，对比 IIF Rb 钟的预报精度可以看出，对于该类型卫星的钟差预报，四个预报时间段中 DGM 模型的预报精度比 GM 模型的预报精度高 70% 左右。因此可以说，钟差一次差分预报原理可以提高 GM 模型的短期预报精度，特别是对 IIF Rb 钟预报效果的改善最为显著。

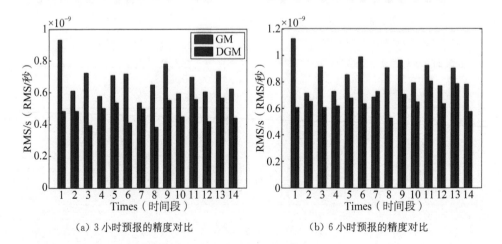

（a）3 小时预报的精度对比　　　　　　　（b）6 小时预报的精度对比

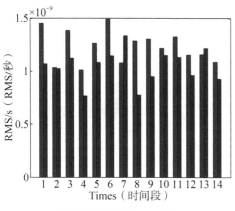
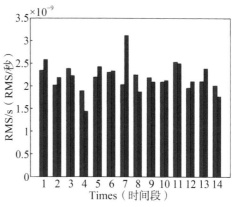

（c）12 小时预报的精度对比　　　　　（d）24 小时预报的精度对比

图 5.28　GM 模型和 DGM 模型在不同预报时长下所有卫星每次预报结果的 RMS 平均值

表 5.17　GM 模型与 DGM 模型预报精度的对比　　　　　　　　纳秒

钟类型	RMS							
	3 小时		6 小时		12 小时		24 小时	
	GM	DGM	GM	DGM	GM	DGM	GM	DGM
IIA Rb	1.015	0.993	1.246	1.436	1.663	2.286	2.759	5.146
IIR Rb	0.572	0.509	0.710	0.702	0.968	1.098	1.567	2.356
IIR‑M Rb	0.467	0.403	0.558	0.504	0.708	0.818	1.133	1.687
IIF Cs	1.896	1.517	2.325	2.055	3.322	3.585	4.572	7.464
IIF Rb	0.766	0.217	1.057	0.350	1.696	0.529	3.512	1.090
All	0.677	0.475	0.861	0.658	1.234	1.048	2.162	2.224

5）AM 模型与 DAM 模型的预报结果分析

根据图 5.29 可知,在 3 小时的预报中,总体上 AM 模型的预报精度好于 DAM 模型的预报精度,而其他 3 个时段则是 DAM 模型的预报精度高,这种情况与其他几种常用模型基于一次差分预报原理的情况相反。分析表 5.18 可知,AM 模型基于钟差一次差分预报原理的预报结果与卫星钟的类型有一定的关系:对于 IIF Rb 钟的 3 小时预报,DAM 模型的预报精度优于 AM 模型的预报精度;而在 6 小时、12 小时和 24 小时的预报中,对于 IIR Rb 钟、IIR‑M Rb 钟和 IIF Rb 钟的预报,DAM 模型的预报精度优于 AM 模型的预报精度。同时,DAM 模型的预报精度随预报时长的增加相对缓慢地变差,但精度明显优

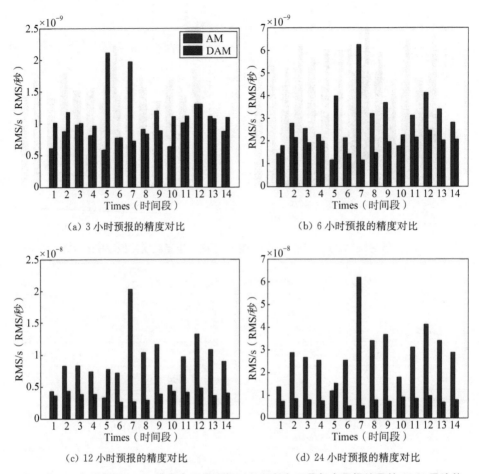

图 5.29　AM 模型和 DAM 模型在不同预报时长下所有卫星每次预报结果的 RMS 平均值

表 5.18　AM 模型与 DAM 模型预报精度的对比　　　　纳秒

钟类型	RMS							
	3 小时		6 小时		12 小时		24 小时	
	AM	DAM	AM	DAM	AM	DAM	AM	DAM
IIA Rb	0.684	4.163	1.921	7.862	5.733	15.350	15.739	29.252
IIR Rb	0.942	1.201	2.823	2.326	9.074	4.487	29.297	9.154
IIR-M Rb	0.642	1.021	2.073	1.897	6.805	3.690	22.688	7.686
IIF Cs	1.259	2.054	1.828	3.198	3.214	6.978	8.476	15.406
IIF Rb	1.312	0.270	4.082	0.577	13.015	1.048	42.460	2.403
All	0.976	1.085	2.906	2.055	9.209	3.998	29.800	8.219

于 AM 模型的精度(AM 模型存在模式识别比较困难和定阶不准的不足,所以其预报精度明显差于另外几种常用模型的预报精度)。综合分析可知,采用一次差分预报原理可以一定程度上改善 AM 模型对 IIR Rb 钟、IIR‐M Rb 钟和 IIF Rb 钟进行钟差预报时存在的模式识别困难和定阶不准的不足,进而提高 AM 模型的预报精度,特别是对 IIF Rb 钟预报效果的改善最为显著。

6) KF 模型与 DKF 模型的预报结果分析

根据图 5.30 可知,在 3 小时的预报中,总体上 DKF 模型的预报精度好于 KF 模型的预报精度,而其他 3 个时段则是 KF 模型好于 DKF 模型;分析表 5.19 可知,KF 模型基于钟差一次差分预报原理的预报结果与卫星钟的类型有一定的关系:在 3 小时和 6 小时的预报中,对于 IIA Rb 钟、IIF Rb 钟和 IIF Cs 钟的

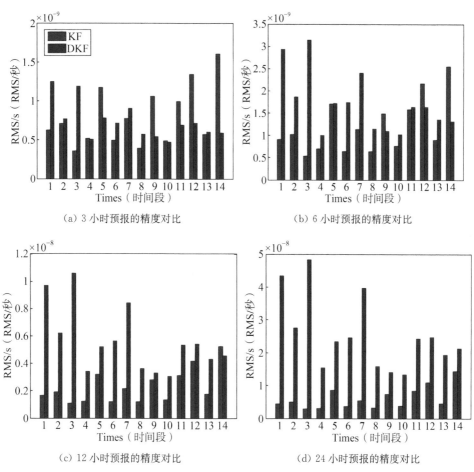

(a) 3 小时预报的精度对比　　　　　(b) 6 小时预报的精度对比

(c) 12 小时预报的精度对比　　　　　(d) 24 小时预报的精度对比

图 5.30　**KF 模型和 DKF 模型在不同预报时长下所有卫星每次预报结果的 RMS 平均值**

表 5.19　KF 模型与 DKF 模型预报精度的对比　　　　　　　　　　纳秒

钟类型	RMS							
	3 小时		6 小时		12 小时		24 小时	
	KF	DKF	KF	DKF	KF	DKF	KF	DKF
IIA Rb	1. 531	0. 829	2. 189	1. 588	3. 797	4. 892	9. 820	20. 239
IIR Rb	0. 768	0. 921	1. 190	2. 224	2. 354	7. 424	6. 206	33. 633
IIR - M Rb	0. 440	0. 762	0. 630	1. 838	1. 136	6. 067	2. 938	27. 400
IIF Cs	4. 008	1. 401	6. 289	2. 824	12. 199	9. 990	34. 111	45. 944
IIF Rb	0. 472	0. 279	0. 660	0. 600	1. 241	1. 684	3. 326	7. 235
All	0. 794	0. 736	1. 195	1. 714	2. 290	5. 633	6. 115	25. 344

预报,DKF 模型的预报精度优于 KF 模型的预报精度。同时,DKF 模型的预报
精度随预报时长的增加迅速变差且其精度明显低于 KF 模型。综合分析可知,
采用一次差分预报原理可以提高 KF 模型对 IIA Rb 钟、IIF Rb 钟和 IIF Cs 钟
的短期预报精度。

　　最后,对六种常用模型采用钟差一次差分预报原理前后的结果进行总结
分析:

　　首先,采用本节所提的钟差一次差分预报原理,可以提高 LP 模型、SA 模
型、GM 模型及 KF 模型在卫星钟差的 3 小时短期预报中的预报精度,可以提
高 QP 模型和 AM 模型在 3 小时短期预报中对 IIF Rb 钟的预报精度,可以提
高 LP 模型和 GM 模型在 6 小时和 12 小时预报中的精度,可以提高 AM 模型
在 6 小时、12 小时和 24 小时预报中的预报精度。

　　其次,钟差一次差分预报原理的预报结果与卫星钟的类型有关,对于
BLOCK IIF Rb 钟,基于该预报原理可以提高六种常用预报模型的短期预报精
度,特别是对 GM 模型、LP 模型和 AM 模型预报效果的改善最为显著。结合
前面对 GPS BLOCK IIF 星载原子钟性能分析的结果,该类型卫星属于 GPS 目
前最新型的卫星,其星载原子钟的性能较前期的卫星钟的性能有所提高,因此
其卫星钟的频率输出更准确、更稳定,而一次差分数据与频率数据的特性类似,
所以对于该类型卫星的钟差短期预报,常用的六种模型在钟差一次差分预报原
理下都能够得到较好的预报结果。

　　再次,在建模数据一定的条件下,随着预报时间的增长,各模型预报结果的
精度均有所降低;而且,除了 AM 模型之外,其余几种模型采用一次差分预报

原理时精度的降低比常规建模条件下精度的降低要多；其原因主要是：钟差一次差分可以一定程度上消除原钟差序列趋势项的影响，得到一组有效数字位数减少、便于更加准确拟合的数据序列，同时，经过一次差分处理，可以消除钟差序列中可能存在的系统误差；但是，根据误差传播定律可知道，作差后所得数据的误差会变大；所以会出现短期预报时一次差分预报原理能够提高预报精度，但随着预报时长的增加，预报误差会迅速积累，从而导致采用一次差分预报原理的精度降低得更严重，特别是 QP 模型和 KF 模型表现得最为显著。

最后，在 12 种模型中，对于 3 小时和 6 小时的预报，DLP 模型对应的 RMS 值都最小，即 DLP 模型的预报精度最高，说明钟差一次差分数据更符合一次多项式模型。下一节中，将结合对 GPS 卫星钟差改正数的分析和短期预报，从原理上推导证明钟差一次差分数据更适合一次多项式模型的原因。

5.3.5　利用一次差分预报原理提高 GPS 钟差改正数的预报精度

实时精密单点定位（real-time precise point positioning，RTPPP）技术是目前卫星导航定位领域的发展热点之一。厘米级定位精度的 RTPPP 对卫星钟差的实时性和精度提出了更高的要求。目前，高精度的实时卫星钟差主要是通过钟差估计得到的（Han et al，2002；Zhang et al，2011；Ge et al，2012）。同时，利用 IGU - P 星历结合区域 CORS 观测值也可以进行实时高精度卫星钟差的估计（高成发等，2013），但是区域 CORS 网覆盖范围较小，不能对所有的卫星进行全弧段跟踪，同时还受通信链路的影响（宫晓春，2016）。此外，IGU - P 卫星钟差产品也可以用于 RTPPP 的应用，但该产品的精度较差，不能满足厘米级定位精度的要求（李黎等，2011）。

自 2013 年 4 月 1 日起，IGS RTS 正式运行，其通过数百个全球实时跟踪站的实时观测数据生成实时数据产品。当前，IGS 的 ESOC、GFZ、NRCan 和 TUW 等分析中心已能够实时播发精密的轨道和钟差改正来满足高精度 RTPPP 的应用要求（尹倩倩等，2012）。但是，当前 IGS 分析中心所播发的实时数据流本身存在大约 25 秒的延迟，并且在实际数据接收中延迟时间一般会在 30 秒以内。此外，数据流的获取对数据源及网络状况的依赖性较大，数据流本身也时常存在数据中断或部分改正信息不完整的现象（如 3.5.3 节中的分析）。所以，要做到真正意义上的实时还需要进行高精度的短期预报。本节通过接收实时数据流产品，将其恢复成实时钟差，然后基于卫星钟差改正数的特点建立一种基于一次差分的钟差改正数预报模型。

以 2015 年 12 月 23 日采样间隔为 10 秒的 IGS03 钟差改正数据为例,分析钟差改正数的变化规律。选取 PRN21 卫星和 PRN24 卫星(其他卫星亦可),图 5.31 给出了这两颗卫星的钟差改正数及其一次差分数据。

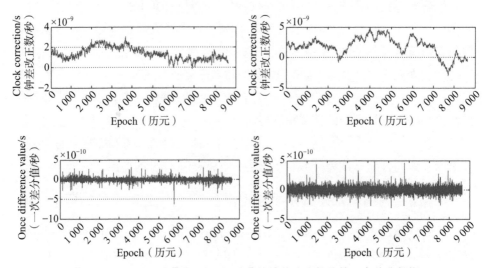

图 5.31　PRN21 卫星和 PRN24 卫星的钟差改正数及其一次差分数据

基于图 5.31 可知,钟差改正数的变化比较复杂,不容易找到其变化规律。但是,一次差分后的改正数,其变化相对平稳,适合用来进行建模预报。下面从理论上推导基于一次差分的 LP 模型(记为 DLP 模型)适用于钟差改正数的预报。

在卫星钟差的建模预报中,QP 模型因为包含了表征卫星钟性能的相位、钟速和钟漂这三种确定性的物理参数,因此是最为常用的钟差预报模型(GPS 导航电文中的卫星钟差模型也是采用的该模型)。如前文 5.1.1 节中所述,QP 模型的表达式为

$$L_i = a_0 + a_1(t_i - t_0) + a_2(t_i - t_0)^2 \quad (i = 0,\ 1,\ 2,\ \cdots,\ n) \quad (5.68)$$

式中,t_0 为参考时刻,t_i 为历元时刻,L_i 为 t_i 时刻的钟差,待估参数 a_0、a_1 和 a_2 分别表示参考时刻 t_0 时的卫星相位、钟速及钟漂。

同理,t_{i+1} 时刻的卫星钟差为

$$L_{i+1} = a_0 + a_1(t_{i+1} - t_0) + a_2(t_{i+1} - t_0)^2 \quad (i = 0,\ 1,\ 2,\ \cdots,\ n-1)$$

$$(5.69)$$

将式(5.68)与式(5.69)作差,得

$$\Delta L = L(t_i + \Delta t) - L(t_i) = a_1[(t_i + \Delta t - t_0) - \\ (t_i - t_0)] + a_2[(t_i + \Delta t - t_0)^2 - (t_i - t_0)^2] \\ (i = 0, 1, 2, \cdots, n-1) \tag{5.70}$$

即

$$\Delta L = a_1 \Delta t + a_2 \Delta t^2 + 2a_2 \Delta t(t_i - t_0) \tag{5.71}$$

记为

$$\Delta L = c + d(t_i - t_0) \ (i = 0, 1, 2, \cdots, n-1) \tag{5.72}$$

其中,$c = a_1 \Delta t + a_2 \Delta t^2$, $d = 2a_2 \Delta t$;ΔL 为相邻历元间的钟差差值,Δt 为相邻历元的时间间隔。根据式(5.72)可以看出,钟差相邻历元间的一次差分数据符合一次多项式,这也从理论上解释了基于一次差分预报原理进行预报时 LP 模型的预报效果为什么相对较好;并且,据此建立基于一次差分的 LP 钟差改正数预报方法:首先,对于钟差改正数序列相邻两个历元间的数据作差得到其对应的一次差分序列;然后,基于 LP 模型对钟差改正数的一次差分序列进行建模,预报接下来的一次差分序列;最后,再将预报的一次差分序列和原始钟差改正数的最后一个值对应相加,得到所需预报历元时刻的钟差改正数值(王宇谱等,2013;宫晓春,2016)。该方法的公式表述类似于本章的式(5.63)。

采用 IGS03 数据流 2015 年 12 月 23 日的数据(其他时间数据亦可),间断的数据基于线性内插进行补充。基于 1 小时的数据进行拟合建模,预报接下来30 秒、1 分钟及 5 分钟的钟差,连续预报 23 次,同样采用 RMS 作为预报结果精度的统计量。使用除 PRN04、PRN10 和 PRN32 之外的剩余 29 颗 GPS 卫星进行实验和分析,因为这三颗卫星在实验数据时段中存在较多的数据异常。同时,将所提方法与 QP 模型、GM 模型及 LP 模型进行对比。表 5.20 统计了各类星载原子钟 23 次预报结果的平均 RMS 值以及所有卫星钟的平均预报精度(结果保留到小数点后面两位)。同时,本节提到的对 RTPPP 的精度影响是指将时间转换为距离来说明其影响的高低。

表 5.20　钟差改正预报精度的统计　　　　　　　纳秒

钟类型	RMS											
	30 秒				1 分钟				5 分钟			
	QP	GM	LP	DLP	QP	GM	LP	DLP	QP	GM	LP	DLP
IIR Rb	0.13	0.20	0.13	0.07	0.14	0.22	0.15	0.10	0.25	0.33	0.25	0.25
IIR - M Rb	0.12	0.14	0.13	0.07	0.13	0.15	0.14	0.10	0.28	0.29	0.27	0.28
IIF Cs	0.25	0.29	0.26	0.08	0.26	0.30	0.27	0.11	0.44	0.47	0.45	0.33
IIF Rb	0.06	0.09	0.06	0.04	0.07	0.11	0.07	0.06	0.14	0.17	0.14	0.14
平均值	0.12	0.16	0.12	0.06	0.13	0.18	0.13	0.09	0.24	0.29	0.24	0.23

　　分析表 5.20 可知：①进行 30 秒的实时钟差改正数预报时，LP 模型、QP 模型和 GM 模型的平均精度分别为 0.12 纳秒、0.12 纳秒及 0.16 纳秒。顾及实时数据流的延迟通常在 30 秒以内，所以这三种常用的模型都能高精度地预报钟差改正数。②从卫星钟的类型来看，铷钟的钟差改正数预报精度优于铯钟，而且 BLOCK IIF 铷钟的钟差改正数预报精度优于另外两类铷钟，说明随着 GPS 卫星钟性能的提升其钟差改正数的预报性能有所提高。③在对 BLOCK IIF 铯钟的钟差改正数进行 30 秒的预报中，QP 模型、GM 模型与 LP 模型的预报精度分别为 0.25 纳秒、0.29 纳秒和 0.26 纳秒，相应的对 RTPPP 精度影响为 75 毫米、87 毫米和 78 毫米；而 DLP 模型的预报精度为 0.08 纳秒，其对 RTPPP 的精度影响为 24 毫米；说明 DLP 模型可以较大程度提高铯钟的钟差改正数预报精度；此外，在 1 分钟和 5 分钟的钟差改正数预报中也能得到类似的结论。④表中四种模型对新型 BLOCK IIF 铷钟的钟差改正的预报均能取得满足厘米级 RTPPP 要求的预报精度，并且 DLP 模型的预报精度最高。⑤基于 DLP 模型预报 30 秒、1 分钟和 5 分钟的实时钟差改正的平均精度分别为 0.06 纳秒、0.09 纳秒和 0.23 纳秒，其预报精度较 QP 模型提高了 50%、30.8% 和 4.2%，较 GM 模型提高了 62.5%、50% 和 20.7%，较 LP 模型提高了 50%、30.8% 和 4.2%；说明预报时间越短该模型对预报精度的提高越显著。同时考虑到数据流的延迟在 30 秒以内，因此所提方法有助于 RTPPP 的广泛应用和实践。

5.4　基于一次差分预报原理的小波神经网络钟差预报模型

考虑到传统卫星钟差预报模型的诸多局限性,本节采用近些年迅猛发展的人工神经网络技术来解决卫星钟差预报问题。人工神经网络(ANNs)是一种模仿大脑和神经系统的并行信息处理系统,它能够通过对历史数据的学习相当准确地估计任何复杂非线性的时间序列(Hornick et al. 1989;Aaron and Kojiro,2010;王宇谱等,2013)。目前,ANNs 已经被成功应用在诸多复杂的非线性输入输出关系模型的建立和时间序列的预报等方面,例如,Schuh 等(2002)采用 ANNs 来预报地球定向参数(EOPs),Kavzoglu 和 Saka(2005)使用一种前馈型 ANN 对区域 GPS/水准测量的大地水准面进行建模,Indriyatmoko 等(2008)基于 ANNs 预报差分全球定位系统(DGPS)的伪距和载波相位改正信息,Aaron 和 Kojiro(2010)采用 ANNs 提出一种速度场模型反演方法,Mosavi 和 Shafiee(2015)针对 GPS 抗干扰应用提出一种基于预报器的神经网络,从而使得硬件实现变得简易等。通过对 ANNs 已有应用的分析,结合卫星钟差数据的特点,可以看出使用 ANNs 来解决钟差预报的问题是适合的。

在众多的人工神经网络中,小波神经网络(WNN)因其较传统神经网络具有更好的预报性能正逐渐受到越来越多的关注(Tabaraki et al,2007;Hamed et al,2015)。因此本节根据卫星钟差的特点,基于 WNN 模型提出一种能够提高卫星钟差预报性能的方法。该方法采用钟差一次差分数据对 WNN 进行建模来避免构造复杂的神经网络结构,并且使用针对一次差分序列的数据预处理方法来降低异常数据对 WNN 钟差建模预报的影响。具体而言,首先相邻历元钟差数据进行一次差分得到对应的钟差一次差分序列,然后对该一次差分序列进行预处理之后再对 WNN 进行建模。同时,在建模过程中采用遗传算法优化 WNN 的初始网络参数。模型确定后,根据时间序列预报一次差分值,最后再将预报的一次差分值还原,得到对应的钟差预报值。

5.4.1　小波神经网络的工作原理

WNN 是小波分析理论与神经网络理论相结合的产物,在继承传统神经网络特性的基础上,利用小波变换具有能够通过放大信号来提取局部信息的优点,改善传统神经网络易受局部极值影响而致预报结果精度较低的不足

(Tabaraki et al,2007；王宇谱等,2013；Hamed et al；2015)。

　　研究表明,由一个隐含层所组成的具有两层结构的神经网络理论上可以实现任意非线性映射(Garcia-Pedrajas et al,2003；Asimakopoulou et al,2009；Li, 2009；王宇谱等,2013)。图 5.32 给出的是本节卫星钟差预报所使用的对应该种结构的神经网络(具体分析见接下来的内容),其中 $h(i)(i=1, 2, \cdots, n-1, n)$ 为隐含层的小波基函数,网络的输入向量包含 m 个元素,隐含层神经元的个数为 n 个,输出层神经元的个数为 1 个。

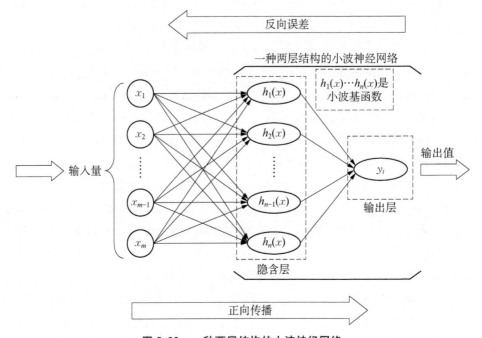

图 5.32　一种两层结构的小波神经网络

　　设输入向量为 $\boldsymbol{X}=(x_1, x_2, \cdots, x_m)^{\mathrm{T}}$,则对于 WNN 模型输出可以表示为(Tabaraki et al,2007；王宇谱等,2013)

$$y_i = \sum_{j=1}^{n} w_{i,j} h(net_j) = \sum_{j=1}^{n} w_{i,j} h\left(\frac{\sum_{k=1}^{m} w_{j,k} x_k - b_j}{a_j}\right) \tag{5.73}$$

式中,x_k、y_i 分别为向量 $\boldsymbol{X}$ 的第 k 个输入和输出层的第 i 个输出,a_j、b_j 分别为第 j 个隐含层结点的小波基伸缩因子及平移因子,$w_{j,k}$ 为输入向量第 k 元素与隐含层结点 j 的连接权值,$w_{i,j}$ 为隐含层结点 j 与输出层第 i 次输出的连接权值。该网络通过计算实际输出与期望输出的差值，根据差值不断地调整网络参数值，直到差值达到要求为止。

5.4.2　小波神经网络钟差预报模型的构造

在使用 WNN 进行预报时，网络中神经元个数的确定非常关键。然而，对于网络每层神经元数量的确定目前还没有明确的理论依据可以遵循，通常输出层神经元的个数等于需要输出的不同类型变量的个数，而网络隐含层神经元个数的确定则是整个小波神经网络模型的重难点（Asimakopoulou et al，2009；Li，2009；王宇谱等，2013）。

在确定适合钟差预报的 WNN 模型隐含层单元数之前，首先对该模型所涉及的其他相关构成进行说明，主要包括网络小波基函数的选取和模型预报过程中所采用的学习训练算法以及网络初始参数的确定。

1）小波基函数的选取

构造 WNN 模型时选择什么类型的小波函数，需要结合具体的情况来进行合理确定。考虑到卫星钟差是一组复杂的时间序列，因此钟差预报对应的 WNN 模型其小波基函数选用适合非线性时间序列预报的 Morlet 小波函数，该小波函数的具体表达式为 $h(t) = \exp(-t^2/2) \times \cos(1.75t)$。

2）网络训练算法的选取

在网络学习训练算法的选择上，基于梯度下降的最优化的反向传播算法具有理论依据坚实、推导过程严谨、通用性强的优点，是目前多层前向神经网络的最主要学习算法（Indriyatmoko et al，2008；Mosavi et al，2015，王琪洁，2007）。因此，本节用于钟差预报的 WNN 模型在预报过程中采用的是该种训练算法。同时，为了避免逐个训练时引起网络权值和阈值在修正过程中发生震荡，采用成批训练样本的方法。具体而言，用于钟差预报的 WNN 模型的学习训练步骤如下：

（1）初始化网络参数，包括：设定伸缩因子 a_j、平移因子 b_j、网络连接权 $w_{i,j}$ 和 $w_{j,k}$、网络学习率 η、动量系数 α 及容许误差 ε。

（2）确定卫星钟差的学习样本，包括输入向量和期望输出向量。假设有 L 组卫星钟差数据并且每组数据包含 N 个元素，记作 $T = (t(1), t(2), \cdots, t(j), \cdots, t(L))$，$t(j) \in \mathrm{R}^N$；同时网络输出是一个 P 维向量，记为 $O = (o(1), o(2), \cdots, o(j), \cdots, o(L))$，$o(j) \in \mathrm{R}^N$。

（3）自学习并且根据式（5.73）计算实际的网络输出向量，即

$$O_f(i) = \sum_{j=1}^{n} w_{i,j} h\left(\frac{\sum_{k=1}^{N} w_{j,k} t_f(k) - b_j}{a_j}\right)$$

$$(i=1, 2, \cdots, P; \ f=1, 2, \cdots, L) \tag{5.74}$$

(4) 计算网络的实际输出 $O_n^T(k)$ 与期望输出 $O_n(k)$ 之间误差

$$E = \frac{1}{2}\sum_{k=1}^{P}\sum_{n=1}^{L}(O_n^T(k) - O_n(k)) \tag{5.75}$$

(5) 判断误差 E 和容许误差 ε 之间的关系：当 $E < \varepsilon$ 或者网络已经达到设定的迭代次数时，网络学习结束；当 $E > \varepsilon$ 并且未达到设定的迭代次数，则继续迭代。

(6) 根据误差 E 调整网络权值及相关参数，网络各参数调整公式为

$$w_{j,k}^{(l+1)} = w_{j,k}^{(l)} - \eta \frac{\partial E}{\partial w_{j,k}^{(l)}} + \alpha \Delta w_{j,k}^{(l)}$$

$$w_{i,j}^{(l+1)} = w_{i,j}^{(l)} - \eta \frac{\partial E}{\partial w_{i,j}^{(l)}} + \alpha \Delta w_{i,j}^{(l)}$$

$$a_j^{(l+1)} = a_j^{(l)} - \eta \frac{\partial E}{\partial a_j^{(l)}} + \alpha \Delta a_j^{(l)}$$

$$b_j^{(l+1)} = b_j^{(l)} - \eta \frac{\partial E}{\partial b_j^{(l)}} + \alpha \Delta b_j^{(l)} \tag{5.76}$$

式中，$w_{j,k}^{(l)}$、$w_{i,j}^{(l)}$、$a_j^{(l)}$、$b_j^{(l)}$ 为第 l 次迭代时的网络参数。此时网络将返回到第(3)步，直到误差 E 小于容许误差 ε。

3) 网络初始参数的确定

反向传播算法对于初始网络参数的依赖性较大，算法容易陷入局部最小，难以达到全局最优(王宇谱等，2014)。遗传算法是一种全局寻优算法，按照一定的适应度函数，借助复制、交换、变异等遗传操作，通过多点随机并行搜索的方法能够有效地防止参数收敛到局部最优解(Gao and Ovaska 2002；Kerh et al. 2010；Yassami and Ashtari 2014；王宇谱等，2014)。因此，可以通过遗传算法来优化网络的初始参数进而得到 WNN 模型更好的网络连接权值和伸缩、平移因子。基于遗传算法优化 WNN 钟差预报模型的初始网络参数的具体步骤包括：

(1) 编码。使用浮点数法对网络参数 w_{ti}、w_{tj}、a_t 和 b_t 进行编码，并将这些参数记为初始种群。同时初始化网络，给出种群的规模、遗传最大迭代次数和交叉概率与变异概率。

（2）计算种群中每个个体的适应度。对于 WNN 中的网络参数，其适应度值可用网络的误差函数 E 来衡量。遗传算法优化的目标函数就是求 E 的全局最小值，因此本节适应度函数取为 $f = 1/E$。

（3）遗传操作。采用"轮盘赌法"进行种群的选择操作，将得到的适应度较大的个体直接复制到下一代；同时分别对需要进行交叉、变异的个体以交叉概率和变异概率来完成交叉、变异操作，这两种操作均采用"浮点法"；最后，产生出新的下一代个体。

计算新种群的适应度，如果达到指定条件，则结束，否则转到（3）。最后，将最终群体里面的最优个体进行解码，得到的结果作为相对较好的网络连接权值和伸缩、平移因子。

然后，对该模型的输出层进行说明。由于网络最终的输出只有钟差这一种变量，因而输出层神经元个数为一个。同时在钟差的预报过程中，当已经预报出了一部分钟差值的情况下，后面的钟差是根据其所对应的历元通过移动窗口的方法而获得。至此，除了隐含层单元数外，所要建立的 WNN 模型已经确定。

最后，确定本书所建适合钟差预报的 WNN 模型隐含层的神经元个数。对于 WNN 隐含层的神经元个数而言，当其个数较多时，网络的映射表现能力比较强，但此时的网络计算比较复杂，网络收敛速度变慢，同时容易造成网络训练过度，导致模型容错性和泛化能力下降；而当隐含层单元数较少时，网络的结构比较简单，学习训练时间短，但容易导致网络的表现能力不足，使得预报结果的精度不高；因此具体应用时，一般要求在不影响网络性能的前提下，尽可能减少神经元个数。另外，在得出隐含层神经元具体数量时还需要结合具体的试验（Li，2009）。这里以 GPS 系统的 PRN01 卫星 24 小时的预报为例（数据条件与下面 5.4.3 节中对第一天 24 小时卫星钟差的预报相同），分析隐含层神经元个数的不同对 WNN 模型预报结果的影响。图 5.33 给出了隐含层单元数从 2 到 18 变化时钟差预报结果 RMS[其定义见式（5.67）]的变化情况。

从图 5.33 中可以发现，当隐含层神经元数量达到 6 个以后，在接下来的一定范围内改变隐含层单元数时预报结果的变化不明显。更重要的是，与 5.3 节中几种常用钟差预报模型进行 24 小时预报时的结果进行对比，发现此时 WNN 模型预报的钟差精度较差。但是，从理论上分析应该存在一个合适的隐含层单元数可以满足钟差的高精度预报，但这需要进一步构造更加复杂的网络结构和进行更多的试验。为避免这种情况，发现基于钟差一次差分预报原理可以实现 WNN 模型对卫星钟差的高精度预报。

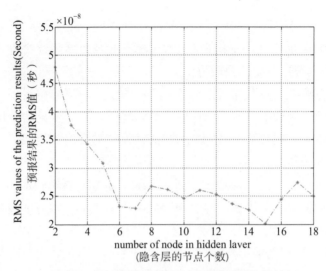

图 5.33　隐含层单元数变化时预报结果的 RMS

与图 5.33 对应的数据条件一样,同样以 PRN01 卫星的 24 小时钟差预报为例,此时 WNN 模型隐含层神经元的个数取为 6 个,图 5.34 给出了采用一次差分预报原理前后 WNN 模型进行 24 小时钟差预报时的预报误差。其中,未采用钟差一次差分预报原理的 WNN 模型记为 WNN1,采用一次差分预报原理的 WNN 模型记作 WNN2。

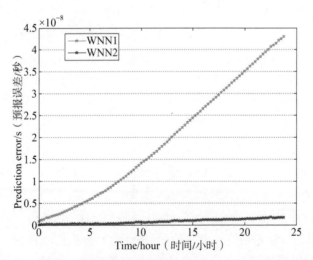

图 5.34　使用一次差分预报原理前后 PRN01 卫星的钟差预报残差

从图 5.34 可以看出,使用一次差分预报原理后,WNN 模型的预报效果有了明显的提高；而预报结果的统计值表明，一次差分预报原理前后 WNN 模型预报结果的 RMS 值分别为 23.171 ns 和 0.932 ns。说明在网络拓扑结构一定的情况下，由原钟差序列有效数位太多引起的 WNN 模型难以较好拟合钟差造成的预报误差远大于由相邻历元作差对建模所造成的预报误差，并且通过相邻历元间一次差分的建模方法，WNN 模型可以实现对卫星钟差较高精度的预报，同时避免了构造复杂的神经网络结构。最终，确定本书的 WNN 模型隐含层神经元个数为 6 个。至此，所要建立的 WNN 模型已经完全确定。

此外，在使用 WNN 模型进行预报时，异常值对模型的预报性能有影响；在基于钟差一次差分预报原理进行钟差预报时，对一次差分数据进行预处理可以一定程度上改善 WNN 的预报性能。同前面一样以 PRN01 卫星为例，证明采用本书提出的针对钟差一次差分数据的预处理方法能够通过降低异常数据对 WNN 模型的影响来进一步提高 WNN 钟差预报模型的预报性能。图 5.35 是 WNN 模型在数据预处理前（用 WNN2 表示）后（用 WNN3 表示）对第一天 24 小时预报结果的预报误差。此处，对应于式（6.4）中的 n_1 和 n_2 分别取值 5 和 4，并且有 3 个异常值被探测出。

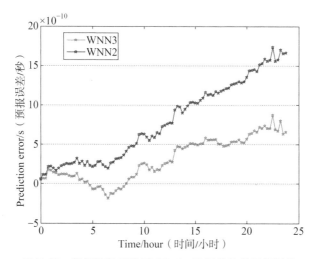

图 5.35　数据预处理前后 PRN01 卫星的钟差预报误差

图 5.35 对应的预处理前后预报结果的 RMS 值分别为 0.932 ns 和 0.413 ns。可知，采用本书所提预处理方法得到的预报结果好于不进行预处理时的结果。这说明在使用钟差一次差分序列对 WNN 进行建模时，序列中的异常数据对该模型的预报性能有影响；而通过本书所提的预处理方法对一次差分

序列进行处理,能够提高基于钟差一次差分数据的 WNN 钟差预报模型的预报效果。最后,图 5.36 给出了本节所提的 WNN 钟差预报模型的工作流程。

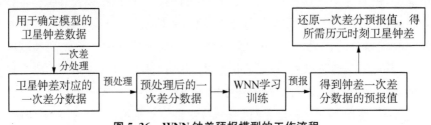

图 5.36　WNN 钟差预报模型的工作流程

5.4.3　利用 WNN 钟差预报模型提高 IGU‑P 钟差的预报性能

对于大多数用户而言,实际应用中主要通过获取 IGS 提供的钟差产品来满足其应用需求。从绪论 1.3.2 节中的分析可知,IGS 最终精密卫星钟差的精度已经相当高了,完全可以满足厘米级定位应用的需求,但该产品的获取会有大概两周的延迟,导致其精度有余而实时性不足;而满足实时性的广播星历卫星钟差和超快速预报(IGU‑P)卫星钟差,其精度却远低于最终精密卫星钟差的精度。所以,如何获取更高精度的预报卫星钟差已经成为当前 GPS 实时应用中重要的研究内容之一。

从目前已有的研究来看,实时、精密的卫星钟差获取通常有两种途径:一种是根据观测数据进行卫星钟差的实时估计(Block et al,2009;Ge et al,2012),另一种则类似于 IGU‑P 钟差产品,即使用已有钟差数据通过相关的预报模型,例如常用的线性模型、二次多项式和高次多项式、灰色模型及 Kalman 滤波模型等(Vernotte et al,2001;Busca 和 Wang,2003;Panfilo 和 Tavella,2008;Davis et al,2012)进行预报来获取卫星钟差。卫星钟差的实时估计需要全球或者局域观测站网实时观测数据的支持,采用一定的通信技术实时传输观测数据给解算系统进行处理,进而获取高精度的实时钟差信息。这种途径获取的钟差精度高、可靠性好,是 GPS 实时应用获取钟差的最佳选择;然而该过程需要一定的通信链路,还需要解算大量实时观测数据,而且数据解算与传输过程仍然存在一定程度的时间延迟,不利于 GPS 实时应用的广泛开展。因此,探索能够更高精度预报导航卫星钟差的方法,改善 IGU‑P 钟差产品的质量是非常必要的。

近些年围绕改进 IGU‑P 钟差预报模型进行了大量的研究,并取得了丰硕的成果(Zheng et al,2008；Heo et al,2010)，而目前最新的研究成果(Huang et al,2014)已被 IGS 采用作为 IGU - P 钟差的预报模型。但是，星载原子钟由于在空间环境中受多种不确定因素的影响以及原子钟本身复杂的时频特性，使得建立精准的星载原子钟运行模型变得困难，从而也使高精度的钟差预报变得相当困难(Senior et al，2008；Wang et al，2011；Wang et al，2013；王继刚，2010)。这也是 IGU - P 钟差产品的精度仍不理想的主要原因。因此，这里采用本节所建立的 WNN 钟差预报模型来提高 IGU - P 钟差的预报性能。

如绪论中的表 1.1 所述，IGS 提供的钟差产品包括了超快速产品(IGU)、快速产品(IGR)及最终产品(IGS)，此处主要的目的是取得较 IGU - P 钟差产品更好的钟差预报结果，因此，试验使用数据采样间隔为 15 分钟的 IGU 卫星钟差产品(ftp://igscb.jpl.nasa.gov/)来进行预报研究。IGU 产品覆盖了时长为 48 小时的卫星轨道和钟差，其中前 24 小时是实测值，后 24 小时是基于实测值得到的预报值(http://acc.igs.org/；Heo et al,2010；Huang et al,2014)。所用数据的时间为 2015 年 4 月 6 日至 2015 年 4 月 19 日，共计 14 天。该时间段内，GPS 系统的各颗卫星所使用的星载原子钟类型如表 5.21 所示。

表 5.21　数据采集时间段内 GPS 在轨卫星钟的类型

卫星钟类型	PRN
Block IIA Cs 钟	**10**
Block IIA Rb 钟	**04** 08 **32**
Block IIR Rb 钟	**02 11 13 14 16 18 19 20 21 22 23 28**
Block IIR - M Rb 钟	**05 07 12 15 17 29 31**
Block IIF Cs 钟	**24**
Block IIF Rb 钟	**01 03 06 09** 25 26 **27 30**

使用该时间段内 IGU 钟差数据连续完整的卫星，而符合该要求的卫星包括：PRN01、02、03、04、05、06、07、09、10、11、12、13、14、15、17、18、20、21、22、23、24、27、28、29、30、31、32，共 27 颗(表 5.21 中字体加粗的卫星)，这些卫星涵盖了 GPS 系统所使用的 6 种类型的星载原子钟。同时，试验中采用 RMS 评价预报结果的精度；利用极差(Range，最大误差与最小误差之差的绝对值)反映预报结果的稳定性。

考虑到 IGS 发布的实时预报产品 IGU－P 钟差是经过一系列的处理后才得到的较为稳健的钟差预报产品（Senior et al，2001，2003；Senior and Ray，2001；Kouba and Springer，2001；Ray and Senior，2003；Huang et al，2014），所以，将本书所提方法（记作 PWNN）的预报结果直接与 IGU－P 钟差进行对比。从绪论中表 1.1 可知，当前 IGU 实时预报钟差每 6 小时更新一次，每次预报时长为 24 小时（黄观文，2012），为了有效与 IGU－P 钟差预报产品进行对比分析，使用 IGU 实测钟差对本书所提方法进行建模，分别预报接下来 6 小时、12 小时以及 24 小时的钟差，以预报时间对应的 IGU 实测钟差（精度优于 0.2 ns）为真值，分别计算对应 6 个小时、12 个小时和 24 个小时 IGU 钟差产品的预报残差和本书所提模型的预报残差。

首先对第一天（2015 年 04 月 06 日）三个不同预报时长的预报结果进行讨论和分析，图 5.37 到图 5.40 给出了第一天预报 24 小时钟差的残差序列。

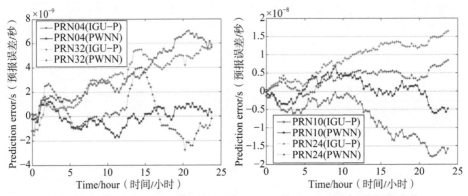

图 5.37　BLOCK IIA Rb 钟(左)、BLOCK IIA 和 IIF Cs 钟(右)的预报残差

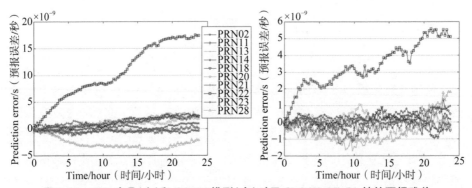

图 5.38　IGU 产品(左)和 PWNN 模型(右)对于 BLOCK IIR Rb 钟的预报残差

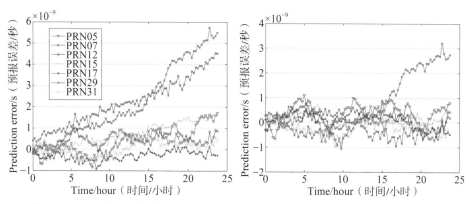

图 5.39　IGU 产品(左)和 PWNN 模型(右)对于 BLOCK IIR‐M Rb 钟的预报残差

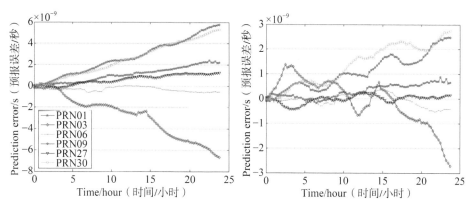

图 5.40　IGU 产品(左)和 PWNN 模型(右)对于 BLOCK IIF Rb 钟的预报残差

从图 5.37 至图 5.40 可以看出,对于 24 小时的预报,本节所提 PWNN 模型的预报误差比 IGU‐P 钟差产品的预报误差更集中,并且随着预报时间的增加,其预报误差发散较慢。为了对预报结果进行定量的分析,表 5.22 和表 5.23 给出了预报结果对应的统计值。

表 5.22　第一天预报精度的统计值　　　　　　　　　　　纳秒

卫星钟类型	RMS					
	6 小时		12 小时		24 小时	
	IGU‐P	PWNN	IGU‐P	PWNN	IGU‐P	PWNN
Block IIA Cs	4.263	2.374	3.395	3.523	9.057	3.175
Block IIA Rb	1.057	1.133	2.010	0.997	3.845	1.199
Block IIR Rb	0.945	0.487	1.400	0.657	2.327	0.797

（续表）

卫星钟类型	RMS					
	6 小时		12 小时		24 小时	
	IGU-P	PWNN	IGU-P	PWNN	IGU-P	PWNN
Block IIR-M Rb	0.408	0.354	0.617	0.375	1.152	0.513
Block IIF Cs	2.626	1.401	5.774	2.750	10.058	4.274
Block IIF Rb	0.474	0.366	0.925	0.429	1.991	0.774
All	0.895	0.577	1.373	0.742	2.596	0.965

表 5.23　第一天预报稳定性的统计值　　　　纳秒

卫星钟类型	Range					
	6 小时		12 小时		24 小时	
	IGU-P	PWNN	IGU-P	PWNN	IGU-P	PWNN
Block IIA Cs	5.245	6.888	5.798	10.370	17.716	12.837
Block IIA Rb	2.137	3.101	4.132	3.489	7.233	4.939
Block IIR Rb	1.701	1.110	2.416	1.536	4.030	2.313
Block IIR-M Rb	0.933	0.963	1.404	1.316	2.654	1.767
Block IIF Cs	4.052	4.594	10.052	6.757	16.189	9.845
Block IIF Rb	0.875	0.647	1.658	1.090	3.717	2.019
All	1.569	1.460	2.520	2.045	4.798	2.969

根据表 5.22 和 5.23 可知：3 种预报时长下的 6 类卫星钟，不论是在预报结果的精度方面还是在预报结果的稳定性方面，新方法均明显优于 IGU 产品；具体表现为相比 IGU-P 产品，新方法 6 小时、12 小时和 24 小时的预报精度分别提高了约 35.53%、45.96% 和 62.83%，预报结果的稳定性分别提高了约 6.95%、18.85% 和 38.12%。而 1 纳秒等效于 0.3 米的距离。

为了进一步验证新方法在长时间连续预报工作中的预报性能，本节还进行了类似于第一天预报的连续 14 天的钟差预报。以 IGU 实测钟差值为依据，与 IGU-P 产品进行对比，统计每天 6 小时、12 小时和 24 小时预报结果的精度和稳定性，结果如图 5.41 至图 5.43 所示。从图中可以看出，本书所提方法的预报精度整体上相对较高，并且预报结果的稳定性也较好，因此说明新方法能够有效地进行卫星钟差的预报；同时，预报结果随着预报日期的不同而变化，特别

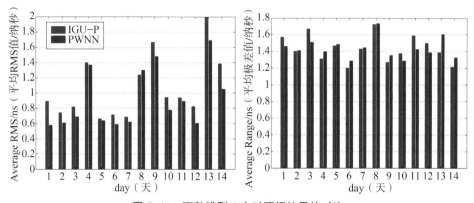

图 5.41　两种模型 6 小时预报结果的对比

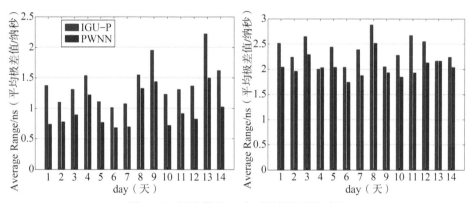

图 5.42　两种模型 12 小时预报结果的对比

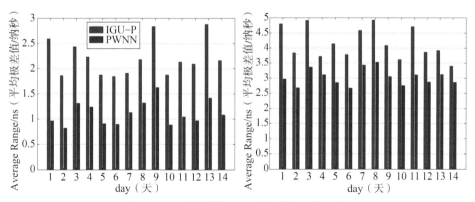

图 5.43　两种模型 24 小时预报结果的对比

是 IGU-P 钟差,其不同天的预报精度之间的差异较大,尤其是 24 小时的预报结果。此外,按照卫星钟的类型对预报结果进行统计,其 RMS 和 Range 指标值如表 5.24 和表 5.25 所示。

表 5.24　14 天平均预报精度的统计值　　　　　　　　　纳秒

卫星钟类型	RMS					
	6 小时		12 小时		24 小时	
	IGU-P	PWNN	IGU-P	PWNN	IGU-P	PWNN
Block IIA Cs	3.441	2.493	5.095	2.954	8.273	3.216
Block IIA Rb	1.324	1.514	1.777	1.537	2.753	1.734
Block IIR Rb	1.005	0.787	1.272	0.811	1.847	0.917
Block IIR-M Rb	0.783	0.721	0.965	0.690	1.441	0.706
Block IIF Cs	1.844	1.671	2.828	2.195	4.162	2.286
Block IIF Rb	0.878	0.789	1.202	0.824	2.185	1.175
All	1.064	0.920	1.413	0.967	2.208	1.116

表 5.25　14 天平均预报稳定性的统计值　　　　　　　　纳秒

卫星钟类型	Range					
	6 小时		12 小时		24 小时	
	IGU-P	PWNN	IGU-P	PWNN	IGU-P	PWNN
Block IIA Cs	6.828	7.057	10.518	8.673	16.888	12.036
Block IIA Rb	1.929	2.943	3.169	3.862	5.282	5.082
Block IIR Rb	1.259	1.105	1.959	1.600	3.346	2.478
Block IIR-M Rb	0.982	0.978	1.591	1.463	2.742	2.029
Block IIF Cs	3.483	3.536	6.240	5.141	9.371	6.453
Block IIF Rb	0.854	0.735	1.690	1.215	3.819	2.363
All	1.435	1.436	2.369	2.040	4.163	3.030

分析表 5.24 和表 5.25 可知:

(1) 随着预报时间变长,PWNN 预报结果比 IGU-P 钟差产品的平均预报误差的增加幅度小,说明新方法能够一定程度上抑制随预报时间的增加预报误差增大的问题。

（2）相比 IGU－P 产品，PWNN 模型 6 小时、12 小时和 24 小时的平均预报精度分别提高了约 13.53％、31.56％和 49.46％；其 6 小时的平均预报稳定性与 IGU－P 产品基本一致，12 小时和 24 小时的平均预报稳定性则分别提高了约 13.89％和 27.22％。出现这种结果的原因是本书所提 PWNN 模型，能够在充分利用 WNN 较强的非线性映射能力的基础上，通过采用钟差一次差分数据进行 WNN 建模来避免构造复杂的神经网络结构并消除数据中可能存在的系统误差，同时针对一次差分序列进行预处理来降低数据粗差的影响，进而得到比 IGU－P 钟差产品更好的钟差预报结果。此外，由于本书所构造的神经网络模型结构简单，在试验过程中使用一天的钟差数据建模预报 24 小时的钟差，整个过程的耗时不超过 2 分钟，这使得本书模型能够保持较好的实时性。因此，本书所提方法可以作为一种较好的钟差预报模型来进行卫星钟差预报。

（3）GPS 星载 Rb 钟的预报效果优于其 Cs 钟的预报效果，而在四类 Rb 中，由于 BLOCK IIA 型卫星是 GPS 系统早期发射的，设备等已经严重老化，所以其预报效果比其他三种 Rb 钟都差。此外，多天的平均预报结果表明，BLOCK IIR－M 和 BLOCK IIF Rb 钟的预报精度和预报稳定性整体上优于BLOCK IIR Rb 钟，说明 GPS 星载原子钟的预报性能与原子钟的类型密切相关，并且星载原子钟的性能越好其卫星钟差的预报效果也相对越好。

5.4.4　WNN 模型在卫星钟差中长期预报中的应用

当 GNSS 的地面控制部分因战争等因素陷入瘫痪状态时，要维持系统的正常运行需地面能够提供预报相当时长及一定精度的卫星钟差作为先验信息；因此，卫星钟差的中长期预报很有必要（席超等，2014）。上一节的分析中提到，小波神经网络钟差预报模型能够一定程度上抑制随预报时间的增加预报误差增大的问题，所以本节将该模型用于卫星钟差的中长期预报中。

使用 GPS 系统 15 分钟采样间隔的最终精密钟差数据，以 PRN01（IIF Rb 钟）、PRN10（IIA Cs 钟）、PRN22（IIR Rb 钟）、PRN24（IIF Cs 钟）、PRN29（IIR－M Rb 钟）和 PRN32（IIA Rb 钟）这六颗数据连续完整的卫星为例进行预报试验。预报试验中，将 PWNN 钟差预报模型与常用的 QP 模型、SA 模型、GM 模型、AM 模型和 KF 模型进行对比，用 2013 年 7 月 3 日这 1 天的钟差数据对六种方法进行建模，预报接下来 15 天和 60 天的卫星钟差。以预报时间段对应的 IGS 精密钟差数据作为参考真值、使用 RMS 和 Range 作为统计量，分析各模型的预报效果。

图 5.44 和图 5.45 分别给出两个预报时间段下六种模型对各颗卫星预报结果的 RMS 值和 Range 值,表 5.26 和表 5.27 则按照卫星钟的类型分别给出了两个预报时间段预报结果的平均 RMS 值和 Range 值。需要说明的是,在图 5.45 中,AM 模型所对应 PRN22 的 RMS 值和 Range 值以及 PRN32 的 Range 值,其数值的量级太大,如果将这三个真实值绘图表示的话,则图中其他的柱形图标无法清晰辨认,因为这三处的数据太大而其他各模型对应的数据很小。因此为了不影响图中各结果的对比情况显示,AM 模型所对应的这三处的数值在图中以明确的数据进行了标注,而图中这三处的柱形图标并不表示其真实值。

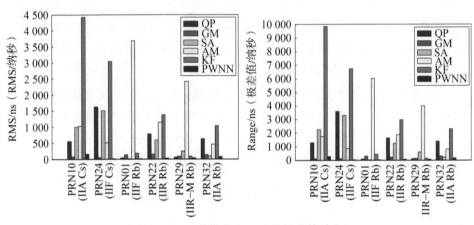

图 5.44　六种模型 15 天预报结果的对比

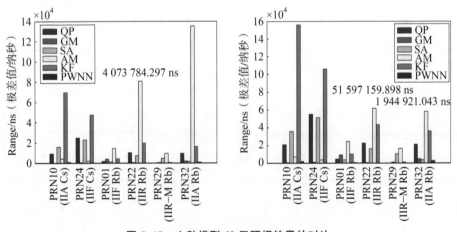

图 5.45　六种模型 60 天预报结果的对比

表 5.26　六种模型 15 天预报结果的统计值　　　　　　纳秒

统计量	卫星钟	QP	GM	SA	AM	KF	PWNN
RMS	Cs 钟	1 092.824	66.697	1 252.176	764.785	3 729.116	87.562
	Rb 钟	382.139	129.063	242.224	1 924.322	674.876	41.314
Range	Cs 钟	2 432.551	121.205	2 779.661	1 308.873	8 294.654	158.128
	Rb 钟	813.031	250.941	519.534	3 173.312	1 468.393	89.506
平均值	RMS	619.034	108.274	578.875	1 537.810	1 692.956	56.730
	Range	1 352.871	207.696	1 272.910	2 551.832	3 743.813	112.380

表 5.27　六种模型 60 天预报结果的统计值　　　　　　纳秒

统计量	卫星钟	QP	GM	SA	AM	KF	PWNN
RMS	Cs 钟	17 077.758	361.716	19 492.226	3 099.653	58 654.822	521.503
	Rb 钟	5 409.960	1 712.466	3 728.089	1 058 355.925	10 115.215	379.840
Range	Cs 钟	38 092.92	749.192	43 466.226	5 425.060	130 949.685	973.403
	Rb 钟	12 040.712	3 906.712	8 381.869	13 395 724.733	22 569.552	987.194
平均值	RMS	9 299.226	1 262.216	8 982.801	706 603.834	26 295.084	427.061
	Range	20 724.611	2 854.205	20 076.655	8 932 291.509	58 696.263	982.597

　　根据图 5.44、图 5.45 和表 5.26、表 5.27 的结果可以看出，钟差的中长期预报中，对于星载 Cs 钟的预报，GM 模型和 PWNN 模型预报结果的精度与稳定性处于相同的数量级，GM 模型的预报效果稍好于 PWNN 模型的预报效果，并且这两种模型的预报效果均优于其他四种模型的预报效果；对于星载 Rb 钟的预报，常用模型中 GM 模型和 SA 模型的预报精度和稳定性处于相同的数量级，且优于其余三种常用模型，而 PWNN 模型的预报精度和稳定性比 GM 模型和 SA 模型高出近一个数量级，其预报效果明显优于五种常用模型；从六颗卫星预报结果统计量总的平均值可知，对于卫星钟差的中长期预报，PWNN 钟差预报模型的预报效果优于五种常用钟差预报模型的预报效果。

第6章

GNSS 载波相位时间传递

精密时间在国民经济和国防建设等领域具有十分重要的作用,已经成为国家重要的战略资源,建立独立自主的时间频率体系是强军强国的关键。高精度的时间传递是实现高精度时间系统的关键,没有高精度的时间传递就不可能使不同地方的时钟保持高精度的时间同步。高精度的远程时间传递技术是时间尺度建立和维持的核心内容,对于统一国家标准时间具有十分重要的意义。电子技术的进步和现代量子频标的飞速发展对远程时间传递的精度提出了更高的要求。目前光学原子钟的频率不确定度可达 10^{-18} 量级,用它作为时间基准将是未来发展的趋势,必然要求更高精度的时间传递手段与之相适应。GNSS载波相位时间传递是高精度远程时间传递的主要手段之一,其精度与卫星双向时间频率传递相当,短期稳定度甚至优于卫星双向时间频率传递,且 GNSS 载波相位时间传递方法具有高精度、低成本、全球覆盖、全天候的特点,已经成为当今标准时间信号传递主要的手段。本章系统介绍了 GNSS 载波相位时间传递的数学模型和主要误差源的处理方法,重点围绕 GNSS 载波相位时间传递核心问题,从 GNSS 载波相位时间传递的实时方法、收敛方法、连续性维持方法和 GNSS 多系统融合四个方面进行了详细的阐述和分析。

6.1 GNSS 载波相位时间传递的数学模型与主要误差处理

6.1.1 观测模型

载波相位和伪距基本观测方程如下

$$\Phi_i^j = \rho^j + c \cdot \delta_t - c \cdot \delta_t^j + \lambda_i \cdot N_i^j - I_i^j + T^j + \varepsilon_{i,\Phi}^j \qquad (6.1)$$

$$P_i^j = \rho^j + c \cdot \delta_t - c \cdot \delta_t^j + I_i^j + T^j + \varepsilon_{i,P}^j \qquad (6.2)$$

式中，i 为频率；j 为卫星号；c 为光速；δ_t，δ_t^j 分别为接收机钟和卫星钟相对于参考时间（REFT，通常为 GNSS 系统时间）的相对钟差；ρ^j 为接收机到卫星的几何距离；λ_i 为波长；N_i^j 为整周模糊度；I_i^j 为电离层误差；T^j 为对流层误差；$\varepsilon_{i,P}^j$，$\varepsilon_{i,\Phi}^j$ 为观测噪声。

GNSS 载波相位时间传递一般采用 PPP 模型，通常采用消电离层组合进行解算。观测方程如下

$$\Phi_{\mathrm{IF}}^j = \frac{f_1^2 \Phi_1^j - f_2^2 \Phi_2^j}{f_1^2 - f_2^2} \qquad (6.3)$$

$$= \rho^j - c \cdot \delta t + c \cdot \delta t^j + \lambda_{\mathrm{IF}} N_{\mathrm{IF}}^j + T^j + \varepsilon_{\mathrm{IF},\Phi}^j$$

$$P_{\mathrm{IF}}^j = \frac{f_1^2 P_1^j - f_2^2 P_2^j}{f_1^2 - f_2^2} \qquad (6.4)$$

$$= \rho^j - c \cdot \delta t + c \cdot \delta t^j + T^j + \varepsilon_{\mathrm{IF},P}^j$$

式中，各含义符号与式(6.1)、式(6.2)中对应符号相同。省略下标 IF 观测方程可以简单地表示为

$$\widetilde{\Phi}^j = \rho^j + c \cdot \delta t - c \cdot \delta t^j + \lambda \cdot N^j + T^j + \delta_\Phi^j \qquad (6.5)$$

$$\widetilde{P}^j = \rho^j + c \cdot \delta t - c \cdot \delta t^j + T^j + \varepsilon_P^j \qquad (6.6)$$

卫星轨道和钟差采用 IGS 及其分析中心发布的事后精密产品，此时方程中仅含有测站三维坐标、接收机钟差、模糊度和天顶对流层延迟参数。将观测方程线性化后可写成向量形式

$$\boldsymbol{V} = \boldsymbol{A}\boldsymbol{X} - \boldsymbol{L}, \boldsymbol{P} \qquad (6.7)$$

式中，$\boldsymbol{X}$ 为待估参数，包括测站坐标、接收机钟差、消电离层组合模糊度及对流层天顶延迟参数；$\boldsymbol{V}$ 为观测值残差向量；$\boldsymbol{A}$ 为设计矩阵；$\boldsymbol{L}$ 为观测值向量；$\boldsymbol{P}$ 为观测值权矩阵。

进行参数估计得到测站相对于参考时间的相对钟差 δ_t，即可实现测站钟与参考时间之间的时间同步。设测站 r_1 真实时间为 t_{r_1}，测站 r_2 真实时间为 t_{r_2}，参考时间为 t_{REFT}，则可分别解算得到测站 r_1 和 r_2 的相对钟差 δt_{r_1}、δt_{r_2} 满

足

$$\delta t_{r_1} = t_{r_1} - t_{\text{REFT}} \tag{6.8}$$

$$\delta t_{r_2} = t_{r_2} - t_{\text{REFT}} \tag{6.9}$$

测站 r_1 和 r_2 的时间传递结果 $\delta t_{r_1-r_2}$ 为

$$\delta t_{r_1-r_2} = t_{r_1} - t_{r_2} \tag{6.10}$$

将式(6.8)和式(6.9)代入式(6.10)可得

$$\delta t_{r_1-r_2} = \delta t_{r_1} - \delta t_{r_2} \tag{6.11}$$

即将测站 r_1 和 r_2 单独解算得到的钟差结果相减可得测站 r_1 和 r_2 的站间时间传递结果。

6.1.2 随机模型

利用伪距和载波相位观测量进行解算时,首先需要确定各观测量的随机模型。常用的是基于卫星高度角的随机模型确定方法和基于信噪比(或信号强度)的随机模型确定方法(李盼,2016)。

1) 基于高度角的随机模型

基于高度角的随机模型是用高度角 el 为变量的函数来表示观测量的测量噪声 σ^2,其公式可表示如下

$$\sigma^2 = f(el) \tag{6.12}$$

不同的高度角函数 f 对应不同的高度角随机模型。其中指数函数模型和正余弦函数模型是目前使用最多的高度角随机模型。如 Barnes 采用指数函数模型来确定随机模型,公式为

$$\sigma^2 = \sigma_0^2 (1 + a\,e^{-el/el_0})^2 \tag{6.13}$$

式中,σ_0 为观测量在近天顶方向的标准差,el_0 为参考高度角(单位:°),a 为放大因子。伯尔尼大学天文研究所开发的 Bernese 软件采用的余弦函数模型为

$$\sigma^2 = a^2 + b^2 \cos^2 el \tag{6.14}$$

美国麻省理工学院和斯克里普斯海洋研究所联合开发的 GAMIT 软件则采用正弦函数模型

$$\sigma^2 = a^2 + b^2/\sin^2 el \tag{6.15}$$

武汉大学 PANDA 软件采用的高度角随机模型为

$$\sigma^2 = \begin{cases} a^2, & el \geqslant 30 \\ a^2/\sin^2 el, & el < 30 \end{cases} \tag{6.16}$$

除了上述几种基于高度角的随机模型外,常用的高度角定权模型还有

$$\sigma^2 = a^2/\sin^2 el \tag{6.17}$$

2) 基于信噪比的随机模型

信噪比(signal to noise ratio,SNR)能在一定程度上反映观测量的数据质量,并间接反映观测量的测距精度。目前大部分接收机都能输出信噪比,可以用其来衡量观测量的噪声水平。Brunner 等利用 SNR 信息建立了载波相位的 SIGMA‐ε 随机模型,可表示如下

$$\sigma^2 = C_i \cdot 10^{-\frac{S}{10}} = B_i \left(\frac{\lambda_i}{2\pi}\right) \cdot 10^{-\frac{S}{10}} \tag{6.18}$$

式中,S 为接收机测量的信噪比;B_i 为相位跟踪环带宽,Hz;λ_i 为波长。计算时可取 $C_1 = 0.00224\ \mathrm{m}^2\ \mathrm{Hz}$,$C_2 = 0.00077\ \mathrm{m}^2\ \mathrm{Hz}$。柳响林在该模型的基础上,借鉴高度角随机模型中的指数函数法,对 SIGMA‐ε 随机模型进行了简化(柳响林,2002),简化后公式为

$$\sigma^2 = \sigma_0^2 (1 + a\mathrm{e}^{-S/S_0})^2 \tag{6.19}$$

式中,S_0 为参考信噪比。通过对 SIGMA‐ε 随机模型的简化处理,使得信噪比随机模型与高度角随机模型在形式上统一起来。然而,实际上 RINEX 格式输出的文件中并不一定包含 SNR 信息,用户在很多情况下无法直接获得实测的 SNR 值。庆幸的是,从 RINEX2.0 版本开始,在输出相位观测值的最后两位增加了信号强度指数 I,可以通过信号强度指数计算相应的 SNR 值,具体转换公式如下

$$S = \begin{cases} 9 & \mathrm{int}(I/5) > 9 \\ \mathrm{int}(I/5) & 其他 \end{cases} \tag{6.20}$$

相应的,随机模型也变为

$$\sigma^2 = C_i \cdot 10^{-\frac{S}{2}} \tag{6.21}$$

6.1.3　参数估计

1) Kalman 滤波

Kalman 滤波由于可以逐历元推估,仅仅需要存储上一历元的信息,存储空间较小,是目前数据处理中应用较为广泛的参数估计方法。

假设离散线性系统的状态方程和观测方程有

$$\Delta x_{j+1} = \Phi_j \Delta x_j + G w_j \qquad (6.22)$$

$$z_{j+1} = A_{j+1} \Delta x_{j+1} + v_{j+1} \qquad (6.23)$$

式中:

Δx_j 为历元 t_j 时刻的状态向量;$\Phi_j = \Phi(t_{j+1}, t_j)$ 为 t_j 到 t_{j+1} 时刻的状态转移矩阵;w_j 为白噪声,并具有方差矩阵 Q_j;G 为系统噪声驱动矩阵;z_{j+1} 为 t_{j+1} 时刻的观测值;A_{j+1} 为观测系数矩阵;v_{j+1} 为零均值观测白噪声。

则线性离散卡尔曼滤波过程为:

(1) 状态预报(时间更新)

$$\Delta \tilde{x}_{j+1} = \Phi_j \Delta \hat{x}_j \qquad (6.24)$$

$$\tilde{P}_{j+1} = \Phi_j \hat{P}_j \Phi_j^{\mathrm{T}} + G Q_j G^{\mathrm{T}} \qquad (6.25)$$

(2) 状态估计(测量更新)

$$\Delta \hat{x}_{j+1} = \Delta \tilde{x}_{j+1} + K_{j+1}(z_{j+1} - A_{j+1} \Delta \tilde{x}_{j+1}) \qquad (6.26)$$

$$\hat{P}_{j+1} = (I - K_{j+1} A_{j+1}) \tilde{P}_{j+1} = (\tilde{P}_{j+1}^{-1} + A_{j+1}^{\mathrm{T}} A_{j+1})^{-1} \qquad (6.27)$$

$$K_{j+1} = \tilde{P}_{j+1} A_{j+1}^{\mathrm{T}} (A_{j+1} \tilde{P}_{j+1} A_{j+1}^{\mathrm{T}} + I)^{-1} \qquad (6.28)$$

式中:

$\Delta \tilde{x}_{j+1}$、$\tilde{P}_{j+1}$ 为预报的第 $j+1$ 步状态向量和方差;$\Delta \hat{x}_{j+1}$、$\hat{P}_{j+1}$ 为估计的第 $j+1$ 步的状态向量和方差;$z_{j+1} - A_{j+1} \Delta \tilde{x}_{j+1}$ 为预报残差;$A_{j+1} \tilde{P}_{j+1} A_{j+1}^{\mathrm{T}} + I$ 为预报残差的方差;K_{j+1} 为增益矩阵。

2) 序贯最小二乘

序贯最小二乘在参数估计时,当获得新的观测数据时,不是将新数据加到老数据里重新进行计算,而是根据新的观测数据对原估计量进行修正,得到新的改正后的估计量,可以大大提高估算效率。

假设观测模型如下

$$y_j = A_j x_j + v_j \tag{6.29}$$

式中：

y_i 为观测向量；A_j 为观测系数矩阵；x_j 为参数向量；v_j 为观测值噪声向量。

则序贯最小二乘过程为

$$P_{j+1} = P_j - P_j A_{j+1}^T (A_{j+1} P_j A_{j+1}^T + r_{j+1})^{-1} A_{j+1} P_j \tag{6.30}$$

$$\hat{X}_{j+1} = \hat{X}_j - P_{j+1} A_{j+1}^T r_{j+1}^{-1} (l_{j+1} - A_{j+1} \hat{X}_j) \tag{6.31}$$

相应的初始值

$$P_0 = (A_0^T r_0^{-1} A_0)^{-1} \tag{6.32}$$

$$\hat{X}_0 = P_0 A_0^T r_0^{-1} l_0 \tag{6.33}$$

式中：

A_{j+1} 为第 $j+1$ 此观测的系数矩阵；l_{j+1} 为第 $j+1$ 次观测的观测值；r_{j+1} 为第 $j+1$ 次观测的方差阵；$\hat{X}_{j+1}$ 为第 $j+1$ 次观测后的估值；P_{j+1} 为其方差阵。

3) 附加先验条件约束的最小二乘

在实际处理过程中，在已知部分先验信息时可以利用先验信息进行约束求解。附加先验条件约束的最小二乘的基本原理如下（许国昌 2011；宋超 2015）。

假设线性观测方程为

$$V = L - AX, \; P_L \tag{6.34}$$

式中，P_L 为权矩阵。

先验约束方程为

$$U = W - BX, \; P_W \tag{6.35}$$

将式（6.35）作为虚拟观测量或者额外的观测量，全部观测方程为

$$\begin{pmatrix} V \\ U \end{pmatrix} = \begin{pmatrix} L \\ W \end{pmatrix} - \begin{pmatrix} A \\ B \end{pmatrix} X, \; P = \begin{pmatrix} P_L & 0 \\ 0 & P_W \end{pmatrix} \tag{6.36}$$

则法方程为

$$(\boldsymbol{A}^{\mathrm{T}}\boldsymbol{P}_L\boldsymbol{A} + \boldsymbol{B}^{\mathrm{T}}\boldsymbol{P}_w\boldsymbol{B})\boldsymbol{X} = (\boldsymbol{A}^{\mathrm{T}}\boldsymbol{P}_L\boldsymbol{L} + \boldsymbol{B}^{\mathrm{T}}\boldsymbol{P}_w\boldsymbol{W}) \tag{6.37}$$

将反映先验约束信息的因子 k 加入方程(6.37)中

$$(\boldsymbol{A}^{\mathrm{T}}\boldsymbol{P}_L\boldsymbol{A} + k\boldsymbol{B}^{\mathrm{T}}\boldsymbol{P}_w\boldsymbol{B})\boldsymbol{X} = (\boldsymbol{A}^{\mathrm{T}}\boldsymbol{P}_L\boldsymbol{L} + k\boldsymbol{B}^{\mathrm{T}}\boldsymbol{P}_w\boldsymbol{W}) \tag{6.38}$$

式中,因子 k 是用来调节先验信息权重的,当 $k=0$ 表示无先验信息,即是普通的最小二乘解。

先验约束最小二乘解为

$$\boldsymbol{X} = (\boldsymbol{A}^{\mathrm{T}}\boldsymbol{P}_L\boldsymbol{A} + k\boldsymbol{B}^{\mathrm{T}}\boldsymbol{P}_w\boldsymbol{B})^{-1}(\boldsymbol{A}^{\mathrm{T}}\boldsymbol{P}_L\boldsymbol{L} + k\boldsymbol{B}^{\mathrm{T}}\boldsymbol{P}_w\boldsymbol{W}) \tag{6.39}$$

6.1.4 误差改正方法

1) 卫星轨道误差

卫星轨道一般是利用 IGS 发布的精密星历产品内插得到。目前 IGS 事后精密轨道精度已优于 2.5 cm,卫星轨道误差影响可以忽略。

2) 卫星钟差误差

卫星钟差通常采用 IGS 发布的精密产品进行改正。目前 IGS 提供有采样间隔为 5 分钟和 30 秒的事后精密钟差产品,以及采样间隔为 5 分钟的快速产品,精度优于 0.1 ns,对时间传递结果的影响可以忽略不计。

3) 卫星天线相位中心改正

GPS 测量的是卫星天线相位中心和接收机天线相位中心之间的距离,而 IGS 精密星历提供的是卫星质心的坐标,需要对其加以改正。卫星天线相位中心偏差可以通过改正卫星坐标实现,也可通过改正观测值实现。设 a 为天线相位中心偏差在星体坐标系中的值,(e_x, e_y, e_z) 为惯性坐标系中表示的星体坐标系三轴的单位矢量,则惯性系中的天线相位中心偏差为

$$\Delta r_{\text{sant}} = (e_x, e_y, e_z) \cdot a \tag{6.40}$$

若卫星质心的位置矢量为 r_s,则惯性坐标系中卫星天线相位中心的位置为

$$r_{\text{sant}} = r_s + \Delta r_{\text{sant}} \tag{6.41}$$

设 r_R 为接收机在惯性系中的位置矢量,则卫星天线相位中心偏差对伪距的影响为

$$\Delta \rho_{\text{sant}} = \frac{(r_s - r_R)}{\mid r_s - r_R \mid} \cdot \Delta r_{\text{sant}} \tag{6.42}$$

4）相位绕转效应改正

GPS 卫星信号采用右旋极化波，卫星或接收机微小的转动都会引起相位观测量的变化，这就叫作相位绕转效应。由于卫星太阳能帆板总要朝向太阳，卫星天线会随卫星的运动而旋转。相位绕转改正量 $\Delta\Psi$ 取决于该历元的改正值以及之前的量值

$$\Delta\Psi = 2N\pi + \Delta\phi \tag{6.43}$$

式中，$\Delta\phi$ 为整周的小数部分，N 为整数，其公式如下

$$\Delta\phi = \mathrm{sign}(k \cdot (D \times D'))\cos^{-1}\left(\frac{D \times D'}{\mid D \mid\mid D' \mid}\right) \tag{6.44}$$

$$N = \mathrm{Int}\big[(\Delta\Psi_{\mathrm{pre}} - \Delta\phi)/2\pi\big] \tag{6.45}$$

其中

$$\begin{cases} D = x - (k \cdot x) \cdot k - k \times y \\ D' = x' - (k \cdot x') \cdot k + k \times y' \end{cases}$$

式中，k 为卫星指向接收机的单位向量；x，y，z 为卫星星体的姿态向量；x'，y'，z' 为接收机的天线姿态向量；$\Delta\Psi$ 为相位改正的先验值；$\mathrm{Int}[\,]$ 为取整数函数。

5）相对论效应

相对论效应主要是由于卫星钟和接收机钟在惯性空间中的运动速度和重力位不同而产生的。卫星上的钟要比地面上的接收机钟走得快，每秒钟约差 0.45 ns，为消除这一影响，人为地将卫星钟的标准频率调低约 0.004 57 Hz，但是由于地球重力场、卫星轨道高度的不断变化，相对论对卫星钟频率的影响并不是一个固定的常数，经过调整卫星信号发射频率后仍然有残差。若已知卫星坐标向量 $\boldsymbol{X}$ 和速度向量 $\dot{\boldsymbol{X}}$，则改正量公式为

$$\Delta D_{\mathrm{rel}} = -\frac{2}{c^2}\boldsymbol{X} \cdot \dot{\boldsymbol{X}} \tag{6.46}$$

广义相对论的影响还包括引力延迟，公式如下

$$\Delta D_g = \frac{2GM_e}{c^2}\ln\frac{r + r_R + \rho}{r + r_R - \rho} \tag{6.47}$$

式中，GM_e 为地球引力常数，r 和 r_R 分别是卫星和测站的地心向径，ρ 为从卫星到测站的距离，c 为光速。

6) 接收系统硬件时延

GNSS 接收系统硬件时延主要包括接收机参考时延,接收机内部时延和天线馈线时延三个部分(Defraigne et al,2015)。接收机参考时延是接收机内部时钟和测站本地参考时钟之间的时间延迟,一般包括本地参考时钟与接收机输入端口间电缆的时间延迟和输入端口与接收机内部时钟间的时间延迟两部分。其中输入端口与接收机内部时钟间的时间延迟通常可以根据接收机厂商提供的说明来确定,也可从 BIPM 校准指南中查询得到(ftp://tai.bipm.org/TFG/GNSS-Calibration-Results/ Guidelines/)(Defraigne et al,2015)。接收机内部时延主要是指接收机硬件延迟,不同频率、不同类型观测量以及不同类型接收机的硬件延迟各不相同,硬件延迟最大可达几十甚至上百纳秒,这对时间传递造成的影响是不可忽略的。GNSS 接收系统硬件时延通常会以固定偏差的形式反映到接收机钟差解中,要想获得高精度的时间传递结果必须对 GNSS 接收系统硬件时延进行准确的校准。时延校准主要有相对校准和绝对校准两种方式(广伟,2013;李滚,2007),目前 BIPM 发布了不同时间实验室接收机的校准结果文件。

7) 接收机天线相位中心改正

接收机天线相位中心误差一般分为天线相位中心偏差和天线相位中心变化两部分。天线相位中心偏差是天线平均相位中心与天线参考点间的偏差。天线相位中心变化是瞬时相位中心与平均相位中心的差值。接收机天线制造厂商提供天线相位中心偏差和天线相位中心变化的值。

8) 固体潮改正

太阳和月球等天体的引力作用,会使地球表面产生周期性的涨落,称为固体潮。地球固体潮对测站坐标的影响与测站的经纬度和当地恒星时有关,使测站的位置随时间作周期性变化,在垂直方向和水平方向的影响可分别达到 30 cm 和 5 cm。固体潮改正公式为

$$\delta_r = \sum_{j=2}^{3} \frac{GM_j}{GM} \frac{r^4}{r_j^3} \left\{ 3l_2(\hat{r}_j \cdot \hat{r})\hat{r}_j + \left[3\left(\frac{h_2}{2} - l_2\right) \cdot (\hat{r}_j \cdot \hat{r})^2 - \frac{h_2}{2} \right] \cdot \hat{r} \right\} + \left[-0.025\sin\phi\cos\phi\sin(\theta_g + \lambda) \right] \cdot \hat{r}$$

(6.48)

式中,j 为摄动天体,$j=2$ 表示月球,$j=3$ 表示太阳;GM_j 为摄动天体的引力常数;GM 为地球的引力常数;r_j 为摄动天体到地心的距离;r 为测站到地心的距

离;l_2、h_2 为二阶正常化 Love 和 Shida 常数;$\hat{r}_j$ 为摄动天体在地心参考系中的单位位置向量;$\hat{r}$ 为测站在地心参考系中的单位位置向量;θ_g 为格林尼治平恒星时;ϕ、λ 为测站的纬度和经度。

9) 海洋负载潮改正

海洋负载潮是由海洋潮汐的周期性涨落引起的,在沿海观测站,海洋负载潮的影响不可忽略。海洋负载潮改正公式为

$$\Delta x = \sum_j f_j A_{cj} \cos(\omega_j t + \chi_j + \mu_j - \phi_{cj}) \tag{6.49}$$

式中,Δx 为海潮引起的测站坐标变化;f_j、μ_j 由月球升交点经度确定($f_j=1$,$\mu_j=0$);j 为 11 项分潮波:M_2、S_2、N_2、K_2、K_1、O_1、P_1、Q_1、M_f、M_m、S_{sa};A_{cj} 为测站分波振幅;ω_j、χ_j 分别表示 $t=0$ 时的角速度和天文幅度;ϕ_{cj} 表示测站分波相位。

10) 地球自转改正

地固系是非惯性坐标系,随地球自转而变化,接收机接收到卫星信号时其对应卫星信号发射时刻的位置已经发生了变化。设 $(X_S$、Y_S、$Z_S)$ 为卫星坐标,$(X_R$、Y_R、$Z_R)$ 为测站坐标,$\bar{w}$ 为地球自转角速度,则对卫星位置的改正公式为

$$\begin{pmatrix} X'_S \\ Y'_S \\ Z'_S \end{pmatrix} = \begin{bmatrix} \cos\alpha & \sin\alpha & 0 \\ -\sin\alpha & \cos\alpha & 0 \\ 0 & 0 & 1 \end{bmatrix} \begin{pmatrix} X_S \\ Y_S \\ Z_S \end{pmatrix} \tag{6.50}$$

式中,$(X'_S$、Y'_S、$Z'_S)$ 为改正后卫星坐标,$\alpha = \bar{w}\tau$ 为地球在卫星信号传播时间内旋转的角度,τ 为信号传播时间。

地球自转引起的距离改正为

$$\Delta D_w = -\frac{\bar{w}}{C}\left[Y_S(X_R - X_S) - X_S(X_R - Y_S)\right] \tag{6.51}$$

距离改正也可采用式(6.52)进行计算

$$\Delta D_w = -\frac{\bar{w}}{C} \mid X_{RA} \mid \rho \cos\varphi \cos el \sin A \tag{6.52}$$

式中,φ 为测站纬度,el、A 分别为卫星高度角和方位角。

11) 对流层延迟

对流层延迟是指中性大气层对电磁波的折射所引起的延迟。对流层延迟

中干分量占 90%，湿分量占 10%，通常用 Saastamoinen 模型、Hopfield 等模型进行改正。对流层延迟可以用天顶方向的对流层延迟量和与高度角相关的映射函数 M 来表示

$$T = M_d \cdot d_{dry} + M_w \cdot d_{wet} \tag{6.53}$$

式中，T 为对流层总延迟，M_d，M_w 分别为干分量和湿分量映射函数，d_{dry}，d_{wet} 分别为天顶方向对流层延迟的干分量和湿分量。

12）电离层延迟

电离层是在地球表面之上大约 60～1 000 km 之间的大气层。当卫星信号穿过电离层时其传播路径、速度、方向、相位和振幅等都会发生变化，电离层延迟对观测量造成的影响一般为 5～15 m，甚至可达 100 m。通常可采用消电离层组合来消除电离层一阶项影响。

13）多路径效应

多路径是由于天线附近的反射物反射造成信号到达接收机的路径多于一条的情况，反射信号会与直接接收到的卫星信号产生干涉，导致接收机无法准确判断卫星信号的到达时间。多路径与接收机周围的环境密切相关，难以用模型改正，只能通过选择合适的观测环境和具有抑制多路径功能的天线削弱其影响。

6.1.5　误差对精度的影响公式

为方便推导，将观测方程（6.7）分解成如下形式

$$V = L - \begin{bmatrix} A & B \end{bmatrix} \begin{bmatrix} X_1 \\ X_2 \end{bmatrix}, \quad P \tag{6.54}$$

式中，X_1 为三维坐标参数（X，Y，Z）、天顶对流层延迟 d_{trop}、模糊度参数 N，X_2 为接收机钟差，A、B 分别为 X_1 和 X_2 的系数矩阵；L 为观测矩阵；P 为观测权矩阵；V 为观测值残差矩阵。

则式（6.54）对应的法方程为

$$\begin{bmatrix} M_{11} & M_{12} \\ M_{21} & M_{22} \end{bmatrix} \begin{bmatrix} X_1 \\ X_2 \end{bmatrix} = \begin{bmatrix} W_1 \\ W_2 \end{bmatrix} \tag{6.55}$$

其中

$$\begin{bmatrix} M_{11} & M_{12} \\ M_{21} & M_{22} \end{bmatrix} = \begin{bmatrix} A^T P A & A^T P B \\ B^T P A & B^T P B \end{bmatrix} \quad \begin{bmatrix} W_1 \\ W_2 \end{bmatrix} = \begin{bmatrix} A^T P L \\ B^T P L \end{bmatrix} \tag{6.56}$$

式(6.55)两边同时乘以矩阵 $\boldsymbol{D}$

$$\boldsymbol{D} = \begin{bmatrix} E & 0 \\ -M_{21}M_{11}^{-1} & E \end{bmatrix} \qquad (6.57)$$

可得

$$\begin{bmatrix} M_{11} & M_{12} \\ 0 & M_2 \end{bmatrix} \begin{bmatrix} X_1 \\ X_2 \end{bmatrix} = \begin{bmatrix} B_1 \\ R_2 \end{bmatrix} \qquad (6.58)$$

其中

$$M_2 = M_{22} - M_{21}M_{11}^{-1}M_{12} = \boldsymbol{B}^{\mathrm{T}}P(E - AM_{11}^{-1}\boldsymbol{A}^{\mathrm{T}}P)B \qquad (6.59)$$

$$R_2 = B_2 - M_{21}M_{11}^{-1}B_1 = \boldsymbol{B}^{\mathrm{T}}P(E - AM_{11}^{-1}\boldsymbol{A}^{\mathrm{T}}P)L \qquad (6.60)$$

若观测量 L 的误差为 ΔL,则钟差解的影响 ΔX_2 可表示为

$$\Delta X_2 = (B^{\mathrm{T}}P(E - AM_{11}^{-1}A^{\mathrm{T}}P)B)^{-1} \cdot B^{\mathrm{T}}P(E - AM_{11}^{-1}A^{\mathrm{T}}P) \cdot \Delta L$$
$$(6.61)$$

定义

$$\alpha = (B^{\mathrm{T}}P(E - AM_{11}^{-1}A^{\mathrm{T}}P)B)^{-1} \cdot B^{\mathrm{T}}P(E - AM_{11}^{-1}A^{\mathrm{T}}P) \qquad (6.62)$$

式中,α 为 $1 \times n$ 维矩阵,可写成如下形式

$$\alpha = \begin{bmatrix} \alpha_1 & \alpha_2 & \cdots & \alpha_{n-1} & \alpha_n \end{bmatrix} \qquad (6.63)$$

则式(6.61)钟差解影响公式变为

$$\Delta X_2 = \alpha \cdot \Delta L \qquad (6.64)$$

式中,α 为卫星对应接收机钟差的贡献因子。

特殊情况下,当测站坐标已知且处于连续观测时,若模糊度和对流层参数不吸收观测误差,则观测误差全部转移到接收机钟差参数中,此时式(6.62)中,

$$A = 0 \qquad (6.65)$$

考虑到

$$B = \underbrace{\begin{bmatrix} 1 & 1 & \cdots & 1 & 1 \end{bmatrix}}_{n}^{\mathrm{T}} \qquad (6.66)$$

则对应的接收机钟差影响式(6.64)形式变为

$$\Delta X_2 = \frac{1}{n} \sum_{i=1}^{n} \Delta L_i \qquad\qquad (6.67)$$

通过式(6.64)和式(6.67)即可计算任意观测误差对实际钟差解算精度的影响量级。

不同的观测误差对接收机钟差解的影响不同,表 6.1 以 GPS 为例,给出了各主要误差源对钟差解精度的影响程度(黄观文,2012)。

表 6.1　误差影响

误差源	精度影响
电离层误差(二阶项)	约 1 ns
对流层误差	约 1 ns(天顶方向)
地球自转	0～1 300 ns
相对论效应	＞300 ns
海潮	0.1～1 ns
固体潮	2～10 ns
极移	亚纳秒
相位缠绕	0～3 ns
引力延迟	1 ns
多路径效应	300～600 ns
硬件延迟	0～130 ns

6.2　GNSS 载波相位时间传递系统性偏差因素分析

GNSS 载波相位时间传递一般采用 PPP 技术,相关文献在采用 PPP 进行解算时,得到的结果往往会与 IGS 事后精密结果存在明显的系统性偏差,且不同测站所呈现出的系统性偏差并不相同(黄观文,2012;李红涛,2012)。因此,有必要对引起时间传递结果系统性偏差的因素进行分析。本节从基本观测方程入手,对引起系统性偏差的原因进行研究,并设计具体实验进行分析。

6.2.1　参考时间对时间传递结果的影响分析

目前 IGS 提供的事后精密钟差产品和快速钟差产品,精度优于 $0.1\,\mathrm{ns}$,对解算结果的影响可以忽略不计。但值得注意的是,由于 IGS 和各分析中心发布的卫星精密钟差产品是相对于参考时间(基准钟)的相对钟差,基准钟一般都会与标准时间存在时间偏差,这就使得各颗卫星钟差中都增加了同样大小的系统性时间偏差,由基准钟引起的系统性偏差对同一历元所有卫星相同(于合理,2017)。由于 IGS 不同分析中心卫星精密钟差产品的参考时间基准不同,采用不同分析中心的卫星钟差产品进行解算得到的接收机钟差结果也不相同。

设某一历元由参考时间基准引起的卫星钟系统性偏差为 t_0,第 j 颗卫星绝对钟差为 δ_t^j,则相对卫星钟差为 $\delta_t^j - t_0$。当卫星钟差系统性偏差小于 $2.5 \times 10^{-7}\,\mathrm{s}$ 时对卫星位置计算造成的影响可以忽略,卫星钟差系统性偏差主要是会引起几何距离计算误差(于合理,2017)。利用含有系统性偏差的卫星钟差进行解算时,观测方程(6.5)和(6.6)变为

$$\Phi^j = \rho^j - \delta_t + (\delta_t^j - t_0) + N^j + T^j + \varepsilon_\Phi^j \tag{6.68}$$

$$P^j = \rho^j - \delta t + (\delta t^j - t_0) + T^j + \varepsilon_P^j \tag{6.69}$$

由于所有卫星的系统偏差相同,可以将系统性偏差和接收机钟差合并

$$\Phi^j = \rho^j - (\delta_t - t_0) + \delta_t^j + N^j + T^j + \varepsilon_\Phi^j \tag{6.70}$$

$$P^j = \rho^j - (\delta_t - t_0) + \delta_t^j + T^j + \varepsilon_P^j \tag{6.71}$$

对比原始观测方程(6.5)和(6.6),明显可以看出,方程(6.70)和(6.71)除了待估接收机钟差参数含义有所变化外,其他未知参数及系数矩阵完全相同,也就是说解算过程中卫星钟差系统性偏差会完全被接收机钟差吸收,会对接收机钟差结果造成系统性的影响,这一影响与测站无关,对所有测站相同。

为了验证上述分析结果,采用 2015 年 1 月 14 日 NRC1 和 BRUX 两个配有外接高稳定度频率基准的 IGS 观测站数据进行实验分析,数据采样间隔30 秒,由于 IGS 和 CODE 在解算卫星钟差时选择的参考时间基准不同(IGS 时间基准为 IGST,CODE 时间基准为 ONSA),导致两分析中心卫星钟差间存在一系统性偏差,将两分析中心同一颗卫星钟差作差,可以得到由参考时间基准引起的系统性偏差结果,理论上各颗卫星的系统性偏差相同。分别采用 IGS和 CODE 发布的事后卫星精密钟差进行 PPP 解算,将两种方案计算得到的接

收机钟差结果作差,可得卫星钟差产品参考时间对接收机钟差解的影响结果。图 6.1 给出了 NRC1 和 BRUX 两测站由卫星钟差产品参考时间不同引起的钟差解系统性偏差结果,以及 1、10、20 和 25 四颗卫星两分析中心产品互差计算得到的系统性偏差结果。

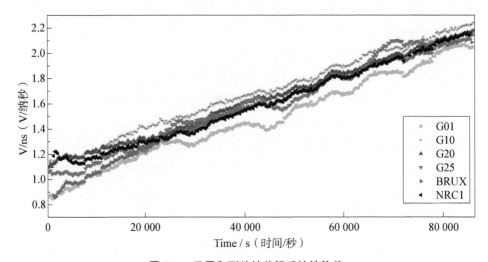

图 6.1 卫星和测站钟差解系统性偏差

从图 6.1 明显可以看出,利用不同卫星钟差产品计算的接收机钟差间存在系统性偏差,这一系统性偏差与各卫星的系统性偏差变化趋势十分一致,且这一系统性偏差并不是固定不变的常量,而是随时间变化的,它包含了各自基准钟随时间的变化,理论上各测站钟差解的系统性偏差和各颗卫星的系统性偏差应该是完全一致的,但图上呈现出的系统偏差有稍微不同,这主要是由于解算过程中数据处理策略差异,以及各颗卫星观测数据质量差异造成的,主要呈现系统性的差异,但相互之间差别不大,主要互差精度平均在 0.2 ns 以内。

不同 IGS 分析中心发布的卫星精密钟差产品的参考时间基准不同,这会对测站钟差解造成系统性偏差的影响,且对所有测站影响相同,因此在进行单站解算时需要顾及卫星钟差产品的影响。考虑到站间时间传递是通过将两测站的单站解算结果相减得到,要保证站间时间传递结果的准确性,必须要求各测站使用同一分析中心的产品,以消除参考时间基准的影响。

6.2.2 硬件时延对时间传递结果的影响分析

GNSS 接收系统硬件时延通常会以固定偏差的形式反映到接收机钟差解

中。BIPM 发布了不同时间实验室接收机的校准结果文件,文件名以"hd"开头,如 hdopmt57.786(ftp://ftp2.bipm.org/pub/tai/timelinks/taippp/)。文件中给出了接收机参考时延 REFDLY、接收机内部时延 INTDLY 和天线馈线时延 CABDLY 的校准结果,其中 INTDLY 给出了 GPS P1 码观测量的硬件延迟 INTDLY_{P_1} 和 P2 码观测量的硬件延迟 INTDLY_{P_2},若采用消电离层进行解算,则接收系统硬件时延改正的计算公式为

$$\overline{P}^j = P^j - c\left(\frac{f_1^2}{f_1^2 - f_2^2}\text{INTDLY}_{P_1} - \frac{f_2^2}{f_1^2 - f_2^2}\text{INTDLY}_{P_2} + \text{CABDLY} - \text{REFDLY}\right)$$

(6.72)

式中,$\overline{P}^j$ 为改正接收系统硬件时延后的消电离层组合伪距观测量,f_1、f_2 为频率。

目前 IGS 组织也发布了各测站接收机码观测量之间的相对硬件延迟偏差(DCB)。IGS 提供的精密钟差是以双频 P 码解算得到的,已经包含了 P_1 和 P_2 码观测量的硬件延迟偏差,为保证与 P_1 和 P_2 观测量的一致性,在利用非 P_1/P_2(如 C_1 和 P_2)观测量解算时必须对 DCB 进行改正。不同类型接收机的改正方式不同,表 6.2 给出了采用消电离层时不同类型接收机的改正方式。C_1/P_2 型接收机只需要在组合观测量上加一个与 P_1 和 C_1 观测量的码硬件延迟偏差 $B_{P_1-C_1}$ 相关的改正,改正量为 $2.546B_{P_1-C_1}$,C_1/X_2 型接收机改正量为 $B_{P_1-C_1}$。

表 6.2　不同类型接收机 DCB 的改正方法

组合方式	P_1/P_2	C_1/P_2	C_1/X_1
消电离层组合	0	$+2.546B_{P_1-C_1}$	$+B_{P_1-C_1}$

下面以 DCB 为例分析接收系统硬件时延对时间传递结果的影响。若包含接收机和卫星硬件延迟的观测方程为

$$\Phi^j = \rho^j + \delta_t - \delta_t^j + N^j + T^j + d_{\text{hd}(\Phi)} - d_{\text{hd}(\Phi)}^j + \varepsilon_\Phi^j \qquad (6.73)$$

$$P^j = \rho^j + \delta_t - \delta_t^j + T^j + d_{\text{hd}(P)} - d_{\text{hd}(P)}^j + \varepsilon_P^j \qquad (6.74)$$

式中,$d_{\text{hd}(\Phi)}$、$d_{\text{hd}(P)}$ 分别为接收机载波相位和码硬件延迟,$d_{\text{hd}(\Phi)}^j$、$d_{\text{hd}(P)}^j$ 为卫星端载波相位和码硬件延迟。

在利用方程式(6.73)和(6.74)进行解算时,钟差和硬件延迟不可分离。接

收机硬件延迟会被吸收到接收机钟差参数中,卫星精密钟差产品包含了卫星硬件延迟偏差,则伪距观测方程式(6.74)变为

$$P^j = \rho^j + (\delta_t + d_{hd(P)}) - (\delta_t^j + d_{hd(P)}^j) + T^j + \varepsilon_P^j \qquad (6.75)$$

观察式(6.75)可知接收机钟差和模糊度参数是一一相关的,钟差误差可以完全被模糊度所补偿,同时载波相位的硬件延迟也会被模糊度参数吸收,这时新的模糊度参数 NN^j 和载波相位观测方程如下

$$NN^j = N^j + d_{hd(\Phi)} - d_{hd(\Phi)}^j - d_{hd(P)} + d_{hd(P)}^j \qquad (6.76)$$

$$\Phi^j = \rho^j + (\delta t + d_{hd(P)}) - (\delta_t^j + d_{hd(P)}^j) + NN^j + T^j + \varepsilon_\Phi^j \qquad (6.77)$$

由式(6.76)、(6.77)可知,接收机码硬件延迟会对钟差解算结果造成系统性偏差。

选取 2015 年 1 月 4 日 NRC1 和 BRUX 两观测站数据和 CODE 发布的事后卫星精密星历和钟差产品进行静态实验分析,数据采样间隔为 30 秒,码观测量采用 C_1 和 P_2 观测量。接收机 DCB 十分稳定,短期内可当作不变的常量。接收机 DCB 从 IGS 组织提供的 P1C11501_RINEX. DCB 文件中提取。分别采用加接收机 DCB 改正和不加接收机 DCB 改正两种方法进行实验,两种方法除对接收机 DCB 处理方式不同外,其他处理策略完全一致。图 6.2 和图 6.3 分别给出了 NRC1 和 BRUX 站采用两种方法得到的钟差结果与 CODE 事后精密钟差序列对比图。

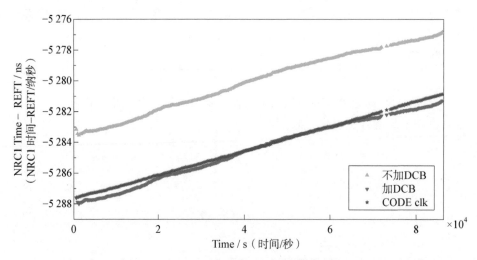

图 6.2 两种方法结果与 CODE 真值序列对比

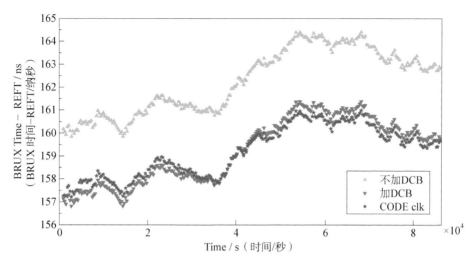

图 6.3　两种方法结果与 CODE 真值序列对比

由图 6.2 和图 6.3 可以看出,两种方法计算得到测站 NRC1 和 BRUX 的解算结果与 CODE 事后结果变化趋势十分一致,加入 DCB 改正后与 CODE 结果符合度更高,未加接收机 DCB 改正的结果与 CODE 结果明显存在一个系统性偏差。

将加接收机 DCB 改正和不加接收机 DCB 改正两种方法得到的结果作差,可以消除对流层延迟、多路径、电离层高阶项改正等误差的影响,所得结果误差中只含有接收机 DCB 的影响。图 6.4 给出了 NRC1 和 BRUX 站两种方法互差时间序列。

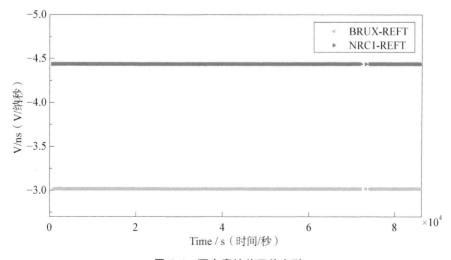

图 6.4　两方案钟差互差序列

表 6.3 给出了两测站接收机 C_1 和 P_1 码硬件延迟偏差 $B_{P_1-C_1}$，解算时在伪距消电离层组合上加的改正量 $2.546 B_{P_1-C_1}$，以及最终对钟差解算结果造成的系统性偏差。

表 6.3 DCB 及系统性偏差 纳秒

测站	$B_{P_1-C_1}$	$2.546 B_{P_1-C_1}$	系统性偏差
BRUX	−1.185	−3.017	−3.017
NRC1	−1.744	−4.440	−4.440

由图 6.2、图 6.3、图 6.4 及表 6.3 可知，两种方法解算得到的接收机钟差序列变化趋势十分一致，即噪声水平基本相同，但未加 DCB 改正的计算结果与加 DCB 改正的计算结果存在一系统性偏差，这一系统性偏差稳定为一固定值，且不同测站的接收机 DCB 不同，引起的系统性偏差大小也不同，BRUX 为 −3.017 ns，NRC1 为 −4.440 ns。实际上 DCB 并不是固定不变的，而是缓慢发生变化的，但由于其较为稳定，解算过程中把 DCB 当作了常量进行处理。由表 6.3 可知，接收机 DCB 引起的钟差结果系统性偏差的大小完全取决于接收机 C_1 和 P_1 码观测量的硬件延迟偏差。在解算过程中，$B_{P_1-C_1}$ 乘以一定的放大倍数加在伪距消电离层组合观测量上，对伪距组合观测量的改正量完全被接收机钟差参数吸收，对接收机钟差造成同样大小的系统性偏差，这也从侧面证明了伪距决定钟差解结果的绝对精度。

综上可知，接收系统硬件时延会对时间传递结果造成系统性的偏差，在进行时间传递时必须要对 GNSS 接收系统的硬件时延进行改正。

6.3 实时 GNSS 载波相位时间传递

GNSS 载波相位时间传递通常采用 PPP 技术，但 PPP 时间传递需要使用 IGS 及其分析中心提供的事后卫星精密轨道和钟差产品，其应用主要局限在事后处理模式上，实时应用受到很大限制（广伟，2012；张涛，2016）。鉴于此，本章针对 GNSS 载波相位时间传递的实时性问题，首先提出了基于广播星历的载波相位时间传递算法，然后分析了基于 IGS 实时产品的载波相位时间传递的性能，最后重点研究了站间非差实时载波相位时间传递算法。

6.3.1 基于广播星历的载波相位时间传递

PPP 时间传递方法受限于卫星精密钟差产品的实时性和精度,实时应用未能得到广泛开展。而基于广播星历的标准单点定位(standard point positioning, SPP)可以满足实时应用,但由于采用的是伪距观测量,时间传递精度较差,不能满足高精度用户的需求。为此,本节考虑结合 PPP 算法和 SPP 算法各自的优点,提出在 SPP 算法仅采用伪距观测量的基础上增加载波相位观测量,给出了一种基于广播星历的载波相位时间传递算法。该方法不需要外部轨道和钟差产品,摆脱了对 IGS 事后精密钟差产品的依赖,能够应用于实时时间传递,相比事后 PPP 时间传递算法,更容易独立地在接收机中实现。

SPP 算法主要是采用伪距观测量进行时间传递,为消除电离层影响,常采用伪距消电离层组合进行解算。其观测方程如下

$$P^j = \rho^j + c \cdot \delta t - c \cdot \delta t^j + T^j + \varepsilon_P^j \qquad (6.78)$$

式中, P 为消电离层伪距组合观测量; j 为卫星编号; ρ 为接收机天线相位中心到卫星天线相位中心的距离; c 为光速; δ_t、 δ_t^j 分别为接收机钟和卫星钟相对于参考时间的相对钟差; T 为对流层延迟; ε 为观测值噪声。

根据伪距观测方程,单台接收机只要观测到四颗卫星即可进行解算,实现接收机钟与参考时间的时间同步,对于坐标已知的测站点仅需要观测一颗卫星就可以实现与参考时间的时间同步。但 SPP 算法采用的是伪距观测量,时间传递精度较低。由于载波相位频率远高于伪距频率,载波相位观测噪声远低于伪距观测噪声,载波相位观测量精度远高于伪距观测量,考虑采用载波相位观测量进行解算来提高钟差解精度。载波相位消电离层组合观测方程如下

$$\Phi^j = \rho^j + c \cdot \delta_t - c \cdot \delta_t^j + \lambda N^j + T^j + \varepsilon_\Phi^j \qquad (6.79)$$

式中, Φ 为消电离层载波相位组合观测量, λ、 N 分别为消电离层组合的波长和模糊度,其他参数含义同式(6.78)。

码和载波相位观测量的精度直接决定着钟差解的精度,若采用式(6.79)代替式(6.78),理论上可以将时间传递精度提高两个量级,但采用载波相位观测量的关键问题是如何准确地确定整周模糊度,模糊度的准确与否直接决定着解算精度。整周模糊度与观测噪声和各项传播延迟有关。处理中通常采用消电离层组合来消除电离层影响,对流层延迟通过引入对流层天顶延迟参数来降低对流层的影响,硬件延迟偏差变化较为缓慢,可以利用 IGS 每月发布的产品进

行精确改正,潮汐、地球自转、相对论等误差可以通过现有的模型进行改正,各项误差改正后就可得到较为准确的模糊度信息,理论上就可以得到较好的解算结果。然而观察式(6.79)发现,接收机钟差参数和模糊度参数是一一相关、无法分离的,接收机钟差中的误差可以完全被模糊度中的误差所补偿,这使得载波相位观测方程存在无数多解,因此仅利用相位观测值并不能直接解算得到接收机钟差,考虑到伪距观测方程可以直接获得无偏的接收机钟差结果,可以同时联立式(6.78)和式(6.79)进行解算,为降低伪距观测值噪声的影响,需要对伪距观测值设置较小的权重。

为了分析基于广播星历的载波相位时间传递方法所能达到的精度,选取 PTBB 和 CRO1 两个配备有高精度频率基准的 IGS 观测站的数据进行实验分析,采用 2015 年 1 月 4 日的观测数据,数据采样间隔为 30 秒。对比分析采用基于广播星历的载波相位时间传递算法和传统 SPP 方法得到接收机钟差相对于参考时间(REFT)的时间同步结果,实验解算的是四维模式下的结果,即同时解算测站坐标和接收机钟差。目前 IGS 提供的事后网解结果精度可达 75 ps,可以将其作为"真值"进行比对,但需要注意的是,由于广播星历的时间基准和 IGS 钟差产品的时间基准并不完全一致(许龙霞,2012),会对解算结果造成一定的影响。图 6.5 给出了采用两种方法得到的 PTBB - REFT 时间同步结果与 IGS"真值"的对比序列,图 6.6 是采用两种方法得到的 CRO1 - REFT 时间同步结果与 IGS"真值"的对比序列,图中 SPP 表示标准单点定位解算结果,CSPP 表示基于广播星历的单站载波相位时间传递方法解算结果。

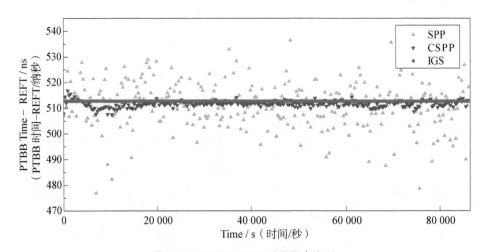

图 6.5　PTBB - REFT 时间同步序列

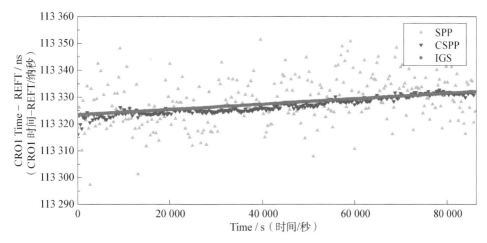

图 6.6　CRO1 - REFT 时间同步序列

　　显然两种方法得到的 PTBB - REFT 和 CRO1 - REFT 时间同步序列与 IGS 事后精密结果基本一致,变化趋势相同。但 SPP 方法解算结果较为离散,而基于广播星历的单站载波相位算法得到的时间同步序列更为平稳可靠,与 IGS 事后精密结果的吻合度更高。

　　为更好地分析两种方法解算精度,将解算的钟差结果与 IGS 事后网解结果作差,得到 PTBB - REFT 和 CRO1 - REFT 时间同步结果与 IGS 事后结果的差值序列,如图 6.7、图 6.8 所示,表 6.4 给出了相应的误差统计结果,表 6.5 给出了相应的 A 类不确定度结果。

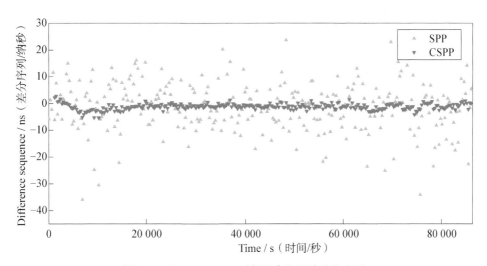

图 6.7　PTBB - REFT 时间同步结果的差值序列

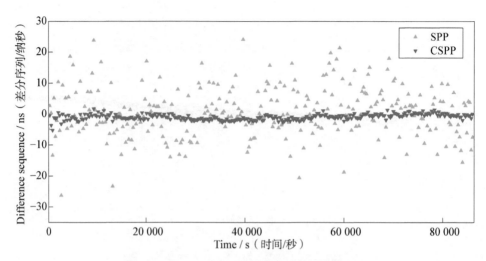

图 6.8　CRO1－REFT 时间同步结果的差值序列

表 6.4　两种方案解算精度　　　　　　　　　纳秒

方法		Mean	STD	RMS
PTBB－REFT	SPP	−1.45	9.14	9.24
	CSPP	−1.02	1.22	1.57
CRO1－REFT	SPP	0.69	8.09	8.11
	CSPP	−0.81	0.91	1.22

表 6.5　两种方案结果的 A 类不确定度　　　　　　　　纳秒

	SPP	CSPP
PTBB－REFT	0.54	0.07
CRO1－REFT	0.47	0.05

　　由图 6.7、图 6.8 及表 6.4、表 6.5 可知，采用基于广播星历的载波相位时间传递算法后，时间同步精度得到显著改善，可将 PTBB－REFT 和 CRO1－REFT 的时间同步精度分别从 9.24 ns、8.11 ns 提高到 1.57 ns、1.22 ns，A 类不确定度分别从 0.54 ns、0.47 ns 提高到 0.07 ns、0.05 ns，显而易见，时间同步结果频率稳定度也会得到显著提高。相比 SPP 方法，基于广播星历的单站载波相位算法解算结果更加光滑，更能准确地描述测站接收机钟的变化规律。

　　为近一步分析本节算法用于站间时间传递的效果，将两测站的单站解算结果相减可得 PTBB－CRO1 的站间时间传递结果。图 6.9 给出了 PTBB－CRO1 站间时间传递结果,图 6.10 给出了 PTBB－CRO1 站间时间传递结果同 IGS 结果的差值序列。表 6.6 给出了时间传递的精度统计结果,表 6.7 给出了时间传递结果的 A 类不确定度。

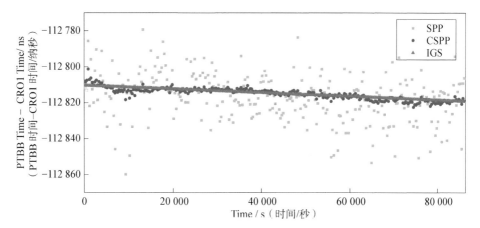

图 6.9　PTBB－CRO1 链路时间同步序列图

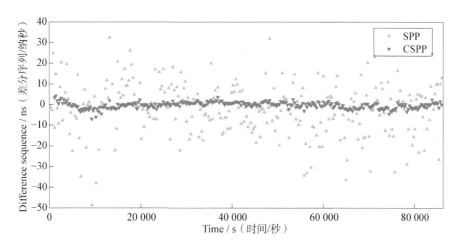

图 6.10　PTBB－CRO1 时间传递结果差值序列

表 6.6　两种方案时间传递精度　　　　　　　　　　　　　　纳秒

	方法	Mean	STD	RMS
PTBB－CRO1	SPP	−2.14	12.48	12.64
	CSPP	−0.24	1.55	1.57

表 6.7　两种方案时间传递结果的 A 类不确定度　　　　纳秒

	SPP	CSPP
PTBB－CRO1	0.73	0.09

从图 6.9、图 6.10、表 6.6、表 6.7 可知,本节算法能够显著提高时间传递精度,能够将 PTBB－CRO1 链路的时间传递精度从 12.64 ns 提高到 1.57 ns,将 A 类不确定度从 0.73 ns 提高到 0.09 ns。

此外,还利用 Allan 方差公式对两种方案时间传递结果的频率稳定度进行了分析,图 6.11 给出了两种方法得到 PTBB－CRO1 链路的频率稳定性结果,采样间隔为 300 秒。由图 6.11 可知,两种方法得到的频率稳定度曲线变化趋势十分一致,基于广播星历的载波相位时间传递能够显著提高时间传递结果所体现出的频率稳定性。

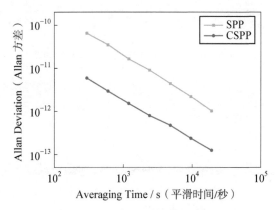

图 6.11　PTBB－CRO1 时间传递序列的频率稳定性

综上可知,基于广播星历的载波相位时间传递算法仅利用广播星历即可实现一定精度的实时时间传递,摆脱了对 IGS 事后精密轨道和钟差产品的依赖,能够广泛应用于实时时间传递。相比 SPP 方法,可以大大提高时间传递精度。实验结果表明,该方法能够显著提高时间传递结果的精度和频率稳定度,可将 SPP 时间传递精度从 10 ns 左右提高到 1～2 ns。该算法不需要依赖外部提供的精密产品,能够较为方便地在接收机中实现。

6.3.2　基于 IGS 实时产品的载波相位时间传递

GNSS 载波相位时间传递作为一种十分有效的时间传递手段,在国际原子时和世界时的建立和维持中发挥了重要作用,有必要对 IGS 实时产品在时间传递中的应用效果进行进一步的研究。为了能够提供实时服务,CDDIS (Crustal Dynamics Data Information System)提供了实时数据流生成的产品。目前提供 igt 和 igc 两种形式的产品,可通过 ftp://cddis. nasa. gov/gps/products/rtpp 进行下载。实验采用命名为 igc 的实时产品,卫星轨道采样间隔为 30 秒,卫星钟差采样间隔为 10 秒。选取 2015 年 1 月 5 日配备了氢原子钟的 USNO、WAB2、MDVJ、PTBB、NRC1、CRO1 6 个测站的观测数据进行实验分析,观测数据采样间隔为 30 秒。处理过程中采用 PPP 模型进行解算,使用伪距和载波相位消电离层组合观测量,伪距与载波相位的权比为 1/10 000,高度截止角设为 10°。实验采用静态模式进行处理,利用前向 Kalman 滤波估计坐标、接收机钟差、对流层延迟和模糊度参数,模糊度参数采用浮点解。为了更好地分析 IGS 实时产品在时间传递中的应用效果,还对采用 IGS 快速产品 (IGR)和事后精密产品的时间传递效果进行了分析。卫星轨道和钟差根据需要采用 IGS 提供的实时产品、快速产品或事后精密产品。对于地球自转、相对论效应、天线相位缠绕、固体潮等采用相应的模型进行改正,硬件延迟偏差利用 CODE 发布的 DCB 产品进行改正。其处理策略如表 6.8 所示。

表 6.8　处理策略

参数	处理策略
观测量	消电离层组合观测量
截止角	10°
相位缠绕	模型改正
天线相位中心	模型改正
固体潮汐	模型改正
相对论效应	模型改正
DCB	DCB 产品进行改正
对流层	Saastamoine 模型＋参数估计
测站坐标	参数估计,先验约束 100 m
接收机钟差	白噪声,初始方差 9 000 m^2
模糊度	估计,浮点解

以测站 USNO、PTBB、CRO1 和 NRC1 为例,采用 IGS 实时产品进行解算,获得各测站相对于参考时间的钟差结果。图 6.12 给出了各测站钟差解序列。由图 6.12 可以看出,利用 IGS 实时精密产品获得的单站钟差解不连续,均存在跳变现象,但是 USNO、PTBB、CRO1 和 NRC1 四个测站钟差解发生跳变的情况十分一致,均是在相同时刻发生了相同大小的跳变,这主要是因为 IGS 实时卫星钟差产品的参考时间基准发生跳变引起的(Defraigne et al, 2014)。由于 IGS 实时卫星钟差产品的参考时间基准频繁发生调整,利用 IGS 实时产品并不能获得测站钟的实际运行变化情况,但 IGS 实时卫星钟差产品参考时间基准调整变化对所有测站相同,在进行站间时间传递时可以消除。

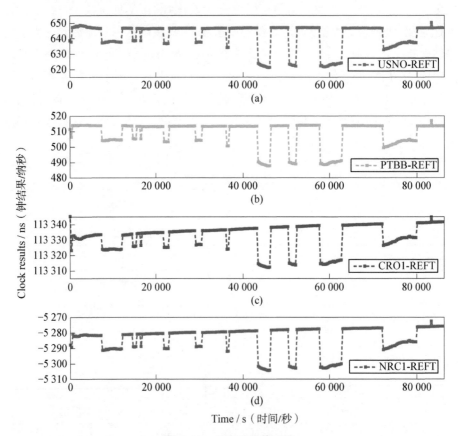

图 6.12　各测站解算结果

为分析 IGS 实时精密产品用于站间时间传递的效果,分别采用 IGS 发布的实时精密产品、快速产品和事后精密产品进行解算,获得 USNO - PTBB、

CRO1 - NRC1、WAB2 - NRC1、USNO - WAB2、WAB2 - MDVJ 比对链路的时间传递结果。限于篇幅,图 6.13、图 6.14 仅给出了采用三种 IGS 产品得到的 USNO - PTBB、CRO1 - NRC1 链路时间传递结果与 IGS 网解结果的对比图。

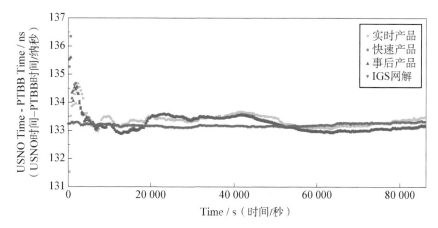

图 6.13 USNO - PTBB 时间传递结果

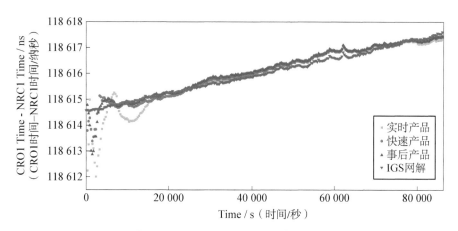

图 6.14 CRO1 - NRC1 时间传递结果

由图 6.13、图 6.14 可知,利用 IGS 实时产品得到的 USNO - PTBB、CRO1 - NRC1 链路的时间传递结果是连续的,图 6.12 中各测站钟差解的跳变和不连续现象消失了,说明通过站间作差可以消除 IGS 实时钟差产品时间基准调整的影响。采用三种 IGS 产品解算得到的站间时间传递序列变化趋势一致,与 IGS 网解结果符合较好。

以 IGS 网解结果作为"真值",将解算得到的时间传递结果与 IGS 网解结果作差,得到时间传递结果的差值序列。表 6.9 给出了 USNO - PTBB、CRO1 - NRC1、WAB2 - NRC1、USNO - WAB2、WAB2 - MDVJ 链路的时间传递精度统计结果,表 6.10 给出了对应链路时间传递结果的 A 类不确定度。限于篇幅,图 6.15、图 6.16 仅给出了 USNO - PTBB、CRO1 - NRC1 链路时间传递结果的差值序列,其他时间传递链路的情况类似。

表 6.9 不同链路时间传递精度统计结果 纳秒

比对链路	统计类型	实时产品	快速产品	事后产品
USNO - PTBB	STD	0.19	0.25	0.25
	RMS	0.23	0.25	0.25
CRO1 - NRC1	STD	0.23	0.14	0.12
	RMS	0.24	0.15	0.16
WAB2 - NRC1	STD	0.25	0.24	0.23
	RMS	0.35	0.27	0.27
USNO - WAB2	STD	0.18	0.24	0.23
	RMS	0.26	0.24	0.23
WAB2 - MDVJ	STD	0.15	0.09	0.01
	RMS	0.18	0.22	0.21
平均值	STD	0.20	0.19	0.17
	RMS	0.25	0.23	0.22

表 6.10 不同链路时间传递结果的 A 类不确定度 纳秒

比对链路	实时产品	快速产品	事后产品
USNO - PTBB	0.011	0.015	0.015
CRO1 - NRC1	0.014	0.008	0.007
WAB2 - NRC1	0.015	0.014	0.014
USNO - WAB2	0.011	0.014	0.013
WAB2 - MDVJ	0.009	0.005	0.001
平均	0.012	0.011	0.010

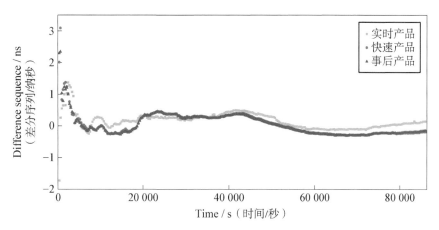

图 6.15　USNO‑PTBB 时间传递结果差值序列

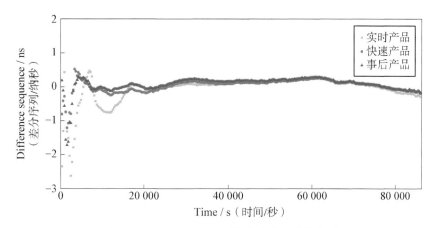

图 6.16　CRO1‑NRC1 时间传递结果差值序列

由图 6.15、图 6.16 可知,采用 IGS 发布的三种产品获得的时间传递结果变化趋势基本一致。由表 6.9、表 6.10 可知,使用 IGS 实时精密产品、快速产品和事后精密产品得到的时间传递结果的平均精度分别为 0.25 ns、0.23 ns、0.22 ns,A 类不确定度分别为 0.012 ns、0.011 ns、0.010 ns,精度基本相当,实时产品精度略差。

为进一步从频率稳定度角度对 IGS 实时产品用于载波相位时间传递的性能进行分析,以 300 秒为采样间隔,分别计算利用 IGS 实时产品、快速产品和事后精密产品得到的 USNO‑PTBB、CRO1‑NRC1 链路时间传递序列的 Allan 方差。图 6.17、图 6.18 给出了两链路的频率稳定性结果。

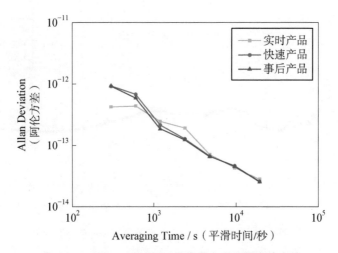

图 6.17　USNO‐PTBB 时间传递序列的频率稳定性

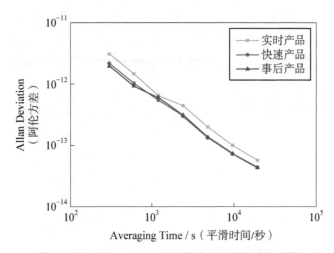

图 6.18　CRO1‐NRC1 时间传递序列的频率稳定性

　　由图 6.17、图 6.18 可知,采用 IGS 实时产品的频率稳定度略差于采用 IGS 快速产品和事后精密产品的结果,但三种产品得到的频率稳定度曲线变化趋势一致,数值上也比较接近。

　　综上可知,由于 IGS 实时卫星钟差产品的参考时间基准频繁调整,采用 IGS 实时产品获得的单站钟差解不连续,存在跳变现象,利用 IGS 实时产品不能获得测站钟的实际运行变化情况。但进行站间时间传递时可以消除钟差参考时间基准调整的影响,能够获得连续的时间传递结果。利用 IGS 实时产品进行载波相位时间传递的精度与使用 IGS 快速产品和事后精密产品获得的时间传递精度基本相当。

6.3.3　站间非差 GNSS 载波相位时间传递

GNSS 载波相位时间传递较多采用 PPP 技术，PPP 是单站作业，无法有效消除中短距离内站间时间传递的相关误差，且 PPP 需要使用 IGS 及其分析中心提供的事后精密轨道和钟差产品，其应用主要停留在事后处理模式上。卫星轨道由于变化平缓可以预报，目前 IGS 提供的超快速预报轨道精度为 5 cm，可以满足实时需要（Dagoberto，2010）。然而，由于卫星钟变化复杂而难以准确地预报，使超快速钟差产品精度较低，仅为 3 ns 左右，远低于事后精密钟差产品，对时间传递结果的影响可以达到数个纳秒，且误差会随时间的延长呈线性增长，不能满足实时时间传递的需要。为此，提出一种站间非差实时载波相位时间传递方法，该方法与传统的 PPP 时间传递算法相比，不需要使用卫星精密钟差产品，不受钟差内插和采样率限制；与传统的共视时间传递算法相比，虽然都不需要精密钟差产品，但处理方法略有不同。传统的共视时间传递算法是通过站间作差消去了卫星钟差参数，而本节算法不是通过站间作差将卫星钟差消除，而是将卫星钟差作为未知参数在线解算，通过共视卫星建立两测站观测方程之间的联系，同时解算卫星钟差参数和站间时间传递结果。

1）传统模型

误差方程如下

$$v_{k,\Phi}^{j} = \delta t_k - \delta t^j + \delta\rho_{k,\text{trop}}/c + \lambda \cdot N_k^j/c + \rho_k^j/c + \varepsilon_{k,\Phi}^j - \lambda \cdot \Phi_k^j/c$$

$$(6.80)$$

$$v_{k,P}^j = \delta t_k - \delta t_t^j + \delta\rho_{k,\text{trop}}/c + \rho_k^j/c + \varepsilon_{k,P}^j - P_k^j/c \qquad (6.81)$$

式中，k 为测站号，j 为卫星号，δt_k、δt^j 分别为接收机和卫星钟差相对于参考时间的相对钟差，$\delta\rho_{k,\text{trop}}$ 为对流层延迟，N_k^j 为消电离层组合的模糊度，Φ_k^j、P_k^j 分别为相位和伪距组合观测量；$v_{k,\Phi}^j(i)$、$v_{k,P}^j(i)$ 为观测误差；$\varepsilon_{k,\Phi}^j$、$\varepsilon_{k,P}^j$ 为未模型化的误差影响。

通过 PPP 解算可获得各测站相对于参考时间的钟差结果，然后将不同测站的单站结果相减，消去参考时间即可实现站间时间传递。但 PPP 算法需要依赖外部提供卫星精密钟差产品，其实时应用受到很大限制。

2) 站间非差模型

为克服 PPP 算法对 IGS 事后卫星精密钟差产品的依赖,提出了一种站间非差 GNSS 载波相位时间传递方法,该方法通过共视卫星建立不同测站观测方程之间的联系,将卫星钟差和站间时间传递结果当作未知参数一同进行实时估计。

GNSS 测量的是测站与卫星之间的相对时间延迟,观察式(6.80)和式(6.81)可知,同时估计卫星钟差参数和接收机钟差参数时,法方程奇异,存在无穷多解。因此必须首先固定一个基准钟,才能解算出其他测站和卫星钟相对于基准钟的时间传递结果。设测站 l 钟差为 δt_l,若选择测站 l 作为基准钟,卫星 j 相对于基准钟的相对钟差 δt^{-j} 满足

$$\delta t^{-j} = \delta t^j - \delta t_l \tag{6.82}$$

选择测站 l 为基准钟后,测站 l 的观测方程中不再含有接收机钟差参数,只含有卫星钟差、对流层和模糊度参数,其中卫星钟差是卫星钟相对于基准钟的相对钟差。测站 l 的误差观测方程为

$$v_{l,\Phi}^j = -\delta_t^{-j} + \delta\rho_{l,\text{trop}}/c + \lambda \cdot N_l^j/c + \rho_l^j/c + \varepsilon_{l,\Phi}^j - \lambda \cdot \Phi_l^j/c \tag{6.83}$$

$$v_{l,P}^j = -\delta_t^{-j} + \delta\rho_{l,\text{trop}}/c + \rho_l^j/c + \varepsilon_{l,P}^j - P_l^j/c \tag{6.84}$$

选定测站 l 为基准钟,测站 k 相对于基准钟的相对钟差 $\delta\bar{t}_k$ 满足

$$\delta\bar{t}_k = \delta t_k - \delta t_l \tag{6.85}$$

式中,$\delta\bar{t}_k$ 为测站 k 和测站 l 的站间时间传递结果,将式(6.82)和式(6.85)代入测站 k 的误差方程(6.80)和(6.81)可得新的误差方程为

$$v_{k,\Phi}^j = \delta\bar{t}_k - \delta_t^{-j} + \delta\rho_{k,\text{trop}}/c + \lambda \cdot N_k^j/c + \rho_k^j/c + \varepsilon_{k,\Phi}^j - \lambda \cdot \Phi_k^j/c \tag{6.86}$$

$$v_{k,P}^j = \delta\bar{t}_k - \delta_t^{-j} + \delta\rho_{k,\text{trop}}/c + \rho_k^j/c + \varepsilon_{k,P}^j - P_k^j/c \tag{6.87}$$

式(6.86)、式(6.87)和式(6.80)、式(6.81)形式上完全一致,只是误差方程中卫星钟差参数和接收机钟差参数的含义发生了变化,均是相对于基准钟的相对钟差。

如果某测站 r 精确坐标未知,也可以联立观测方程参与解算,只是需要在测站观测方程中增加测站三维位置参数,将测站三维位置参数同接收机钟差、卫星钟差、模糊度和对流层参数一同解算,此时观测方程为

$$v_{r,\Phi}^{j} = \frac{x_{r_0} - x^j}{c \cdot \rho_{r_0}^j}\mathrm{d}x + \frac{y_{r_0} - y^j}{c \cdot \rho_{r_0}^j}\mathrm{d}y + \frac{z_{r_0} - z^j}{c \cdot \rho_{r_0}^j}\mathrm{d}z \tag{6.88}$$
$$+ \delta\bar{t}_r - \delta\bar{t}^j + \delta\rho_{r,\,\mathrm{trop}}/c + \lambda \cdot N_r^j/c + l_{r,\,\Phi}^j/c$$

$$v_{r,P}^{j} = \frac{x_{r_0} - x^j}{c \cdot \rho_{r_0}^j}\mathrm{d}x + \frac{y_{r_0} - y^j}{c \cdot \rho_{r_0}^j}\mathrm{d}y + \frac{z_{r_0} - z^j}{c \cdot \rho_{r_0}^j}\mathrm{d}z + \delta\bar{t}_r - \delta\bar{t}^j + \delta\rho_{r,\,\mathrm{trop}}/c + l_{r,\,P}^j/c$$

$$\tag{6.89}$$

式中，$\delta\bar{t}_r$ 为测站 r 相对钟差，即测站 r 与测站 l 的时间传递结果；$(x_{r_0}, y_{r_0}, z_{r_0})$ 为测站 r 的概略位置；参数 $(\mathrm{d}x, \mathrm{d}y, \mathrm{d}z)$ 为测站概略位置的改正参数；(x^j, y^j, z^j) 为卫星 j 的位置，其他符号含义同前文。

观察测站 l、测站 k 和测站 r 的误差方程知，通过方程中同时估计的卫星钟差参数（例如：$\delta_t^{\overline{j}}$），可以建立起各个测站误差方程之间的联系，当测站间有足够的共视卫星时，联立各个测站的观测方程进行解算就可以获得各测站相对于基准钟的相对钟差，即实现各测站与测站 l 的站间时间传递。

站间非差 GNSS 载波相位时间传递算法是利用共视卫星建立各测站观测误差方程之间的联系，将卫星钟差作为未知参数同站间时间传递结果一起进行实时估计。该方法摆脱了对事后精密钟差产品的依赖，不受钟差内插精度和采样率的限制。该方法只需要使用精密轨道信息就可以直接获得站间时间传递结果，而卫星轨道由于变化平缓可以预报，目前 IGS 提供的超快速预报轨道精度为 5 cm，在实时时间传递中，可以利用超快速预报轨道进行解算。

3）算例分析

实验一：为了验证文中所给方法的有效性，采用 2015 年 6 月 10 日的 TLSE 和 SFER 两 IGS 观测站的数据进行实验分析，两站相距 1 067 km，数据采样间隔为 30 秒。目前，IGS 提供的事后精密钟差产品精度为 75 ps，可将其作为"真值"进行比对。设计了以下两种方案进行实验分析：

方案 1，两测站采用 PPP 算法进行时间传递，分别利用 IGS 事后精密轨道和精密钟差产品进行 PPP 解算获得两测站钟差结果，将两个测站钟差结果作差，获得站间时间传递结果。

方案 2，采用本节提出的站间非差载波相位时间传递方法，直接获得两测站的时间传递结果。选择 TLSE 站作为基准站，TLSE 站的接收机钟作为基准钟，将卫星钟差作为未知参数同站间时间传递结果一同进行估计。

将两种方案计算得到的 SFER - TLSE 站间时间传递结果和 IGS 网解结

果进行比较,其时间序列如图 6.19 所示。为了便于区分 3 种时间传递结果,更好地分析两种方案的时间传递效果,图 6.20 给出了方案 1 站间时间传递结果统一加上 8 ns,方案 2 站间时间传递结果统一减去 8 ns 后与 IGS 网解结果的对比图。

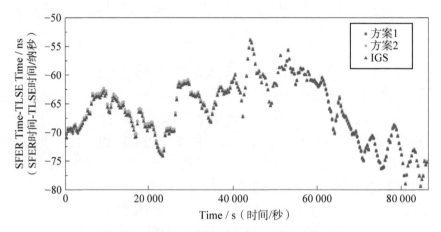

图 6.19　两种方案原始结果与 IGS 网解结果对比

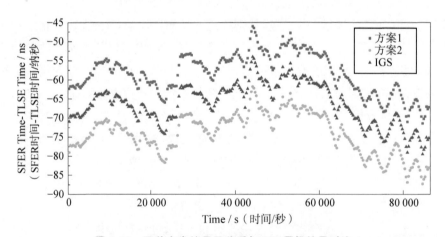

图 6.20　两种方案结果平移后与 IGS 网解结果对比

由图 6.19、图 6.20 可知方案 1、方案 2 站间时间传递结果与 IGS 网解结果变化趋势十分一致,站间时间传递结果与 IGS 结果符合较好。

为进一步分析两方案时间传递结果的精度,将得到的时间传递结果与 IGS 网解结果作差,得到两种方案时间传递结果的差值序列,如图 6.21 所示。表

6.11 给出了两种方案的时间传递精度统计结果。

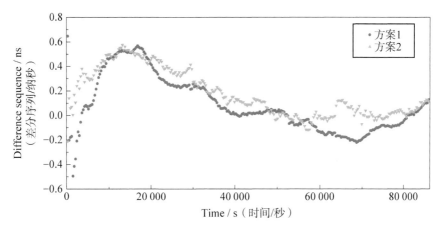

图 6.21　两种方案时间传递结果与 IGS 网解结果的差值序列

表 6.11　两种方案时间传递精度　　　　　　　　　　　　　　　　纳秒

Scheme	Mean	STD	RMS
1	0.083	0.224	0.239
2	0.174	0.190	0.257

图 6.22 给出了利用 Allan 方差公式计算两种方案 SFER – TLSE 时间传递链路的频率稳定度结果,采样间隔为 300 秒。

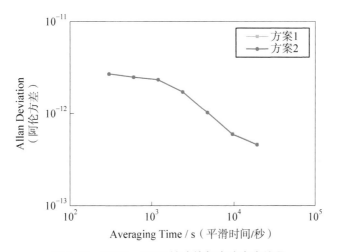

图 6.22　SFER – TLSE 链路的频率稳定度结果

根据图 6.19、图 6.20、图 6.21 和表 6.11 可知,两种方案时间传递结果变化趋势均与 IGS 网解结果变化趋势一致。两种方案的时间传递结果无论是 RMS 还是 STD 都相差很小(均在 0.03 ns 左右),精度基本相当。方案 2 得到的钟差序列的离散程度(标准差 STD)略优于方案 1,较为稳定。同时由图 6.22 可知,两种方案得到的频率稳定度结果十分一致。但方案 1 由于需要事后卫星精密钟差产品只适用于事后处理,而方案 2 不仅能应用于事后时间传递,还可用于实时时间传递。综上可知,本节提出的站间非差实时载波相位时间传递算法与 PPP 时间传递精度相当。

实验二:为进一步分析本节方法用于多站时间传递的效果,采用 2015 年 6 月 10 日的 WTZR、GRAZ、GOPE 和 BOR1 四个 IGS 参考站组成的区域网络的观测数据进行实验,其中,测站 BOR1 和 GRAZ 相距最远为 590 千米,测站 WTZR 和 GOPE 相距最近为 162 千米。选择测站 WTZR 的钟作为基准钟,同时解算站间时间传递结果和卫星相对钟差,观测数据采样间隔为 30 秒。

图 6.23、图 6.24、图 6.25 分别给出了本节方法解算得到的 GRAZ - WTZR、GOPE - WTZR 和 BOR - WTZR1 链路的时间传递结果与 IGS 网解结果的对比图。图 6.26 给出了 GRAZ - WTZR、GOPE - WTZR 和 BOR - WTZR1 链路时间传递结果减去 IGS 网解结果的差值序列。

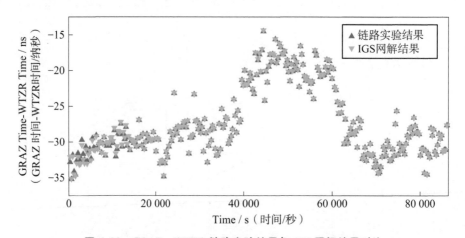

图 6.23　GRAZ - WTZR 链路实验结果与 IGS 网解结果对比

表 6.12 给出了 GRAZ - WTZR、GOPE - WTZR、BOR1 - WTZR 链路的站间时间传递精度统计结果。

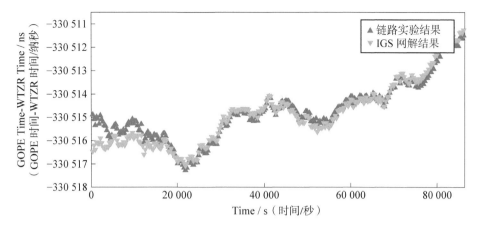

图 6.24　GOPE－WTZR 链路实验结果与 IGS 网解结果对比

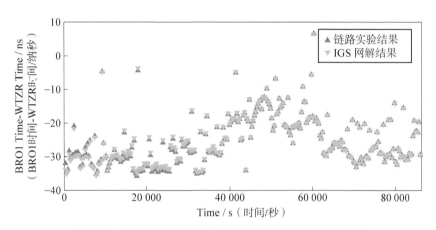

图 6.25　BOR1－WTZR 链路实验结果与 IGS 网解结果对比

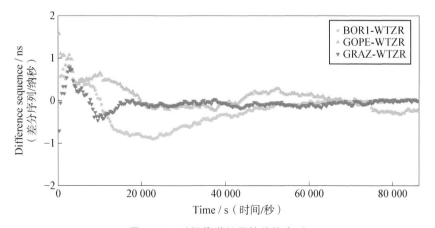

图 6.26　时间传递结果的差值序列

表 6.12 　不同链路时间传递精度 　　　　　　　　　　　　　纳秒

	Mean	STD	RMS
GRAZ – WTZR	−0.05	0.15	0.16
GOPE – WTZR	0.07	0.30	0.31
BOR1 – WTZR	−0.21	0.37	0.42

　　由图 6.23、图 6.24、图 6.25 可知解得的站间时间传递序列与 IGS 网解结果变化趋势一致，结果基本相当，与 IGS 结果符合较好。由图 6.26 及表 6.12 可知，不同时间链路时间传递精度可以达到 0.16～0.42 ns，与 GNSS 载波相位时间传递精度基本相当。

　　综上可知，本节提出的站间非差 GNSS 载波相位时间传递方法是通过共视卫星建立站间非差观测方程的联系，将卫星钟差作为未知参数同站间时间传递结果一起进行估计。只要测站间有足够的共视卫星就可以获得站间时间传递结果，不受卫星精密钟差产品精度和实时性的限制，时间传递精度可以达到亚纳秒量级，在实时应用中，可以利用超快速预报轨道进行解算，比较适用于实时高精度时间传递。

6.4 　GNSS 载波相位时间传递收敛方法

　　随着 IGS 精密星历与钟差产品精度的不断提高，当前 GNSS 载波相位（PPP）时间传递的精度可以达到亚纳秒量级，但是这需要一定的收敛时间才能达到较高的精度，一般需要 30 分钟甚至更长时间（广伟，2012；张涛，2016）。当 PPP 未收敛时，只能实现纳秒级的时间传递精度。而在实际应用中，用户希望整个观测时段都能获得高精度的时间传递结果。如何减少 PPP 时间传递的收敛时间，对于提高用户作业效率，拓展 PPP 在时间传递领域的应用具有重要的意义。鉴于此，本章重点对载波相位时间传递的收敛方法进行研究。在滤波方法上提出采用双向滤波平滑来获得整个观测弧段的高精度时间传递结果，同时还研究了通过附加原子钟物理模型来加快 PPP 时间传递收敛速度的方法。

6.4.1 　双向滤波平滑在载波相位时间传递中的应用

　　利用 PPP 进行时间传递通常需要一定的收敛时间，且在经过隧道、桥梁等卫星信号遮挡严重造成观测数据中断时还需要重新收敛(宋超,2015;刘帅,2016)。在未收敛及重新收敛阶段时间传递精度较低,而在实际应用中,时间传递用户希望整个观测时段都能获得高精度的时间传递结果,这使得 Kalman 滤波在载波相位时间传递中的应用受到限制。针对这一问题,为提高数据利用率,确保所有历元滤波解的精度和可靠性,对于可以事后处理的部分用户,可以采用双向滤波平滑算法来获取整个观测弧段的时间传递结果。双向滤波平滑是对前向 Kalman 滤波结果和后向 Kalman 滤波结果的加权平滑。主要包括三个步骤,即前向滤波、后向滤波和前后向滤波结果加权平滑,图 6.27 给出了双向滤波平滑的示意图。前向滤波是指根据 Kalman 滤波原理从观测历元初始时刻向结束时刻进行滤波,后向滤波与前向滤波方向相反,是从观测历元结束时刻到开始时刻反向进行滤波。双向滤波平滑是根据前向滤波和后向滤波保存的状态向量及其协方差在同一历元处进行加权平滑得到该历元时刻的双向滤波平滑结果。

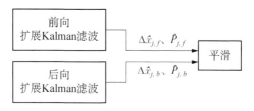

图 6.27　双向滤波平滑示意图

扩展 Kalman 滤波过程如下:
假设离散线性系统的状态方程和观测方程为

$$\Delta x_{j+1} = \Phi_j \Delta x_j + Gw_j \tag{6.90}$$

$$z_{j+1} = A_{j+1} \Delta x_{j+1} + v_{j+1} \tag{6.91}$$

Kalman 滤波过程由时间更新和观测更新通过迭代处理来获得误差状态的最优估计

$$\Delta \widetilde{x}_{j+1} = \Phi_j \Delta \hat{x}_j \tag{6.92}$$

$$\widetilde{P}_{j+1} = \Phi_j \hat{P}_j \Phi_j^{\mathrm{T}} + GQ_j G^{\mathrm{T}} \tag{6.93}$$

$$K_{j+1} = \widetilde{P}_{j+1} A_{j+1}^{\mathrm{T}} (A_{j+1} \widetilde{P}_{j+1} A_{j+1}^{\mathrm{T}} + R_{j+1})^{-1} \tag{6.94}$$

$$\Delta \hat{x}_{j+1} = \Delta \tilde{x}_{j+1} + K_{j+1}(z_{j+1} - A_{j+1}\Delta \tilde{x}_{j+1}) \tag{6.95}$$

$$\hat{P}_{j+1} = (I - K_{j+1}A_{j+1})\tilde{P}_{j+1} \tag{6.96}$$

式中,j 为历元时刻;Δx、z 分别为状态向量和观测向量;$\boldsymbol{\Phi}$ 为状态转移矩阵;$\boldsymbol{G}$ 为系统噪声驱动矩阵;w 为白噪声,并具有方差矩阵 $\boldsymbol{Q}$;$\boldsymbol{A}$ 为设计矩阵;$\boldsymbol{v}$、$\boldsymbol{R}$ 为观测噪声向量及其协方差矩阵;$\boldsymbol{K}$ 为增益矩阵;$\Delta \tilde{x}$、$\tilde{P}$ 为预报的状态向量、协方差矩阵;$\Delta \hat{x}$、$\hat{P}$ 为估计的状态向量、协方差矩阵。

采用扩展卡尔曼滤波分别进行前向滤波和后向滤波解算,设得到的前向滤波结果及其协方差矩阵分别为 $\Delta \hat{x}_{j,f}$、$\hat{P}_{j,f}$ 得到的后向滤波结果及其协方差矩阵分别为 $\Delta \hat{x}_{j,b}$、$\hat{P}_{j,b}$,则双向滤波平滑结果及其协方差矩阵 $\Delta \hat{x}_{j,s}$、$\hat{P}_{j,s}$ 为

$$\Delta \hat{x}_{j,s} = (\hat{P}_{j,f}^{-1} + \hat{P}_{j,b}^{-1})^{-1}(\hat{P}_{j,f}^{-1} \cdot \Delta \hat{x}_{j,f} + \hat{P}_{j,b}^{-1} \cdot \Delta \hat{x}_{j,b}) \tag{6.97}$$

$$\hat{P}_{j,s} = (\hat{P}_{j,f}^{-1} + \hat{P}_{j,b}^{-1})^{-1} \tag{6.98}$$

前向 Kalman 滤波使用了时刻 j 之前的所有信息,后向 Kalman 滤波使用了时刻 j 之后的所有信息,双向滤波平滑将前向和后向滤波结果进行加权平滑可以充分利用整个观测时段的信息。由式(6.98)可知,经过平滑之后误差的协方差不会大于前向滤波或后向滤波单独估计的协方差,理论上双向滤波平滑能够提高滤波解的精度和稳定性。

为分析双向滤波平滑算法用于载波相位时间传递的效果,选择配备了高频稳度的原子钟作为外接频率基准的 MDVJ 测站进行实验分析。选择 2015 年 1 月 6 日的观测数据,数据采样间隔为 30 秒,卫星轨道和钟差采用 IGS 发布的采样间隔 5 分钟的卫星精密轨道和 30 秒的卫星钟差产品。相对论效应、相位缠绕、固体潮等采用模型进行改正,模糊度参数采用浮点解,卫星高度截至角设为 10°。为对比分析本节算法的效果,设计以下三种方案进行计算:

方案 1:采用前向 Kalman 滤波进行 PPP 解算,获得测站相对于参考时间 (IGST)的钟差结果。

方案 2:采用后向 Kalman 滤波进行 PPP 解算,获得测站相对于 IGST 的钟差结果。

方案 3:采用本节提出的双向滤波平滑算法进行解算。将前向和后向滤波结果进行加权平滑获得测站相对于 IGST 的钟差结果。

为便于对比分析,引入 IGS 发布的事后网解结果进行比较。由于 IGS 事后网解结果采样间隔为 5 分钟,本节以 5 分钟为采样间隔对三种方案的结果进

行分析。图 6.28 给出了测站 MDVJ 采用三种方案得到的钟差结果与 IGS 网解结果的对比图。图 6.29 给出了分别将三种方案得到的结果与 IGS 网解结果作差得到的差值序列。

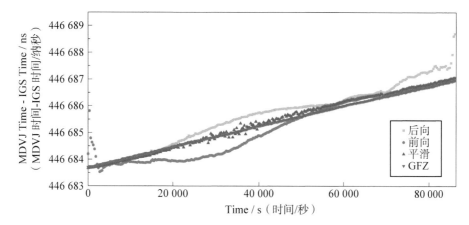

图 6.28　MDVJ‐IGST 时间传递结果

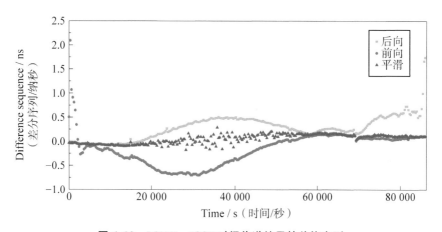

图 6.29　MDVJ‐IGST 时间传递结果的差值序列

从图 6.28、图 6.29 可知,前向 Kalman 滤波和后向 Kalman 滤波在滤波开始阶段均存在一定的收敛时间,除收敛过程外,三种方案钟差解变化趋势相似,但方案 3 双向滤波平滑算法计算得到的结果更加平滑,与 IGS 网解结果符合度更高。

为了进一步分析本节算法用于站间时间传递的效果,引入另一配备有高精度氢原子钟的测站 WSRT 进行实验,图 6.30 给出了三种方案得到的测站

WSRT 的钟差结果与 IGS 网解结果作差的差值序列。并以 IGS 网解结果为标准,统计测站 MDVJ 和 WSRT 三种方案解算结果的标准差。由于前后向滤波初始收敛阶段精度较差,为避免收敛阶段对精度统计造成的影响,仅统计中间阶段时间传递结果的标准差,表 6.13 给出了三种方案钟差解的精度统计结果。表 6.14 还给出了三种方案对应的标准不确定度,采用的是标准不确定度的 A 类评估方法。

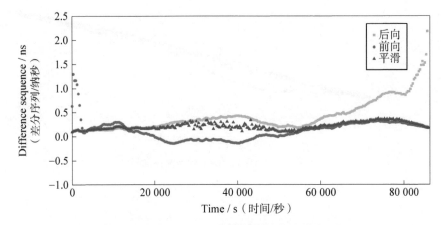

图 6.30　WSRT－IGST 时间传递结果的差值序列

表 6.13　时间传递精度结果　　　　　　　　　　　　　　　　　纳秒

	前向	后向	平滑
MDVJ－IGST	0.28	0.21	0.10
WSRT－IGST	0.15	0.23	0.06

表 6.14　时间传递结果的 A 类不确定度　　　　　　　　　　　　纳秒

	前向	后向	平滑
MDVJ－IGST	0.017	0.013	0.006
WSRT－IGST	0.009	0.014	0.004

　　由图 6.29、图 6.30 及表 6.13、表 6.14 可知,单向(前向、后向)Kalman 滤波,在滤波收敛之前钟差解误差较大,尤其是滤波刚开始时,钟差结果极不稳定。滤波收敛之后,无论是前向还是后向滤波都能达到较高的精度。而双向滤

波平滑通过对前向和后向滤波的加权平滑,不仅能够显著提高滤波开始阶段钟差解的精度,还可以提高收敛后钟差结果的稳定性。经过双向滤波平滑后,测站 MDVJ 和 WSRT 整个观测时段都获得了高精度的结果,提高了数据利用率,MDVJ－IGST 和 WSRT－IGST 的时间序列的精度相比单向滤波均有不同程度的提高。

将两测站解算得到的 MDVJ－IGST 和 WSRT－IGST 的时间序列相减可得站间时间传递结果,图 6.31 给出了测站 MDVJ 和 WSRT 的站间时间传递序列。以 IGS 网解结果计算得到的站间时间传递结果作为真值,图 6.32 给出了三种方案站间时间传递结果与 IGS 网解结果的差值序列,表 6.15 给出了站间时间传递的精度统计结果,表 6.16 给出了站间时间传递结果的 A 类不确定度。

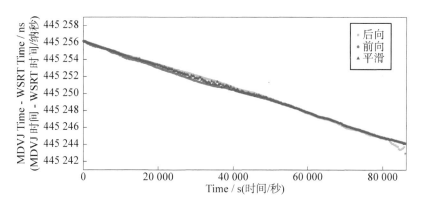

图 6.31　**MDVJ－WSRT 时间传递结果**

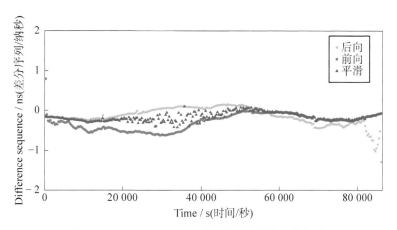

图 6.32　**MDVJ－WSRT 时间传递结果的差值序列**

表 6.15 时间传递精度结果 纳秒

	前向	后向	平滑
MDVJ - WSRT	0.19	0.17	0.10

表 6.16 时间传递结果的 A 类不确定度 纳秒

	前向	后向	平滑
MDVJ - WSRT	0.012	0.010	0.006

由图 6.31、图 6.32、表 6.15 和表 6.16 可知,与单站解算结果类似,经过双向滤波平滑后,整个观测时段都可以获得高精度的站间时间传递结果。采用双向滤波平滑获得的站间时间传递结果明显优于前向、后向滤波得到的时间传递结果,尤其是在滤波开始阶段。实际上如果对双向滤波平滑结果再进行拟合平滑,会进一步提高时间传递结果的稳定性。双向滤波平滑能够克服传统 Kalman 滤波方法在收敛阶段时间传递结果不可用的问题,提高数据利用率。

综上可知,前向、后向滤波在滤波收敛之前时间传递误差较大,尤其是滤波刚开始时,时间传递结果极不稳定。而双向滤波平滑算法通过对前向滤波和后向滤波结果进行加权平均,不仅可以显著提高单向滤波开始阶段的时间传递精度,还能够提高滤波收敛后时间传递结果的稳定性,整个观测时段都可以获得高精度的时间传递结果。双向滤波平滑算法可以解决无法使用滤波收敛前时间传递结果的问题,但双向滤波平滑算法主要用于事后处理,因此有必要进一步对实时收敛方法进行研究。

6.4.2 附加原子钟物理模型的载波相位时间传递

GNSS 载波相位时间传递算法通常采用 PPP 算法,而传统的 PPP 时间传递算法通常是将各历元接收机钟差看作相互独立的白噪声逐历元进行估计(张小红等,2015),未充分发掘接收机钟差参数在相邻历元间变化可能较为平稳的约束信息。同时由于接收机钟差、测站高程和对流层参数的高度相关,解算得到的钟差序列往往会偏离接收机钟差序列多项式的特性(李红涛 2012;Wang et al,2013),时间传递结果还会存在一定时间的收敛过程。为此考虑利用原子钟的物理特性对接收机钟差建模来进一步提高 PPP 时间传递的精度和稳定性。

利用接收机钟物理特性对钟差进行建模的思想并不是最新提出的,美国喷气推进实验室在 20 世纪 80 年代为了提高 GNSS 轨道等相关参数的精度就采用不同的随机过程模型来对接收机钟差和对流层进行建模(Lichten SM et al,1987)。但由于早期的接收机一般采用稳定度较差的石英钟,即使采用复杂的数学模型也无法准确描述石英钟的运行特征,钟差建模对解算结果的影响微乎其微。而目前许多时间实验室都已经配备了高稳定度的原子钟,这使得通过钟差物理建模提高时间传递精度变得可能。近年来众多学者对钟差建模进行了大量的研究,并取得了丰硕的成果。在卫星原子钟建模方面,Jones 和 Tryon 在顾及原子钟物理模型的基础上提出了适用于原子钟的 Kalman 滤波器(Jones and Tryon 1987);Stein、郭海荣、林旭等进一步研究了原子钟滤波过程中状态矩阵和观测噪声矩阵的确定方法(Stein et al,1988;郭海荣等,2010;林旭等,2015);张清华等利用原子钟物理特性对钟差建模实现了对铷原子钟的状态监测(张清华等,1987)。在接收机钟差建模方面,Weinbach、Yang 等对低轨卫星星载接收机端的钟差建模方法进行了研究(Weinbach et al,2012;Weinbach et al,2013;Yang et al,2014);Wang 等对高稳定性地面接收机钟的随机模型进行了研究(Wang et al,2013);Weinbach、张小红、肖国瑞等都对通过接收机钟物理建模来提高定位精度和收敛速度进行了研究,并取得了一定的效果(Weinbach et al,2011;张小红等,2015;肖国瑞等,2015)。但目前针对接收机钟差建模提高时间传递性能方面的研究较少,且处于起步阶段。Filho 等通过接收机钟差建模对接收机钟差参数估计进行了一些研究,但主要是针对石英晶振接收机,并不能有效提高时间传递精度(Filho et al,2003)。李红涛等也对基于原子钟钟差模型的时间传递算法进行了初步的研究(李红涛等,2012)。

因此,本节利用原子钟的物理特性,采用 Kalman 滤波对接收机钟差进行建模,给出了 Kalman 滤波过程噪声协方差矩阵、初始状态向量及其协方差矩阵的确定方法,并重点分析了附加原子钟物理模型对单站时间传递及站间时间传递结果的影响。

原子钟具有较高的频率稳定度,其钟差通常采用简单的一次多项式或二次多项式进行描述(于合理等,2016)。限于篇幅仅以二次多项式为例进行分析。

$$x(t) = a_0 + a_1(t - t_0) + a_2(t - t_0)^2 + \varepsilon_x(t) \tag{6.99}$$

式中,$x(t)$ 为 t 时刻的接收机钟差;a_0、a_1、a_2 为确定性分量,分别表示参考时

刻 t_0 的初始钟差、钟速、钟漂,当 $a_2=0$ 时,式(6.99)可简化为线性模型;$\varepsilon_x(t)$ 为随机变化的不确定性分量。

PPP 时间传递算法通常采用 Kalman 滤波进行参数估计,一般是将接收机钟差当作独立的白噪声,逐历元估计钟差参数,未充分发掘接收机钟差参数在相邻历元间变化可能较为平稳的约束信息。若考虑接收机钟差历元间的关系,可附加原子钟的物理模型进行约束,拓展传统 PPP 模型中的接收机钟差参数,使解算的钟差序列仍然体现原子钟的物理特性。具体做法是在 PPP 时间传递基本观测方程式(6.5)和式(6.6)估计接收机钟差参数的基础上,同时估计钟速和钟漂参数。此时观测方程中未知参数为测站三维坐标参数、钟差、钟速、钟漂、对流层和模糊度参数。为了便于推导和直观地显示附加钟差模型的方法,公式推导过程仅考虑钟差模型参数,观测方程简化为

$$\boldsymbol{L}_k = \boldsymbol{A}_k \boldsymbol{X}_k + \boldsymbol{\Delta}_k \tag{6.100}$$

式中,$\boldsymbol{L}_k$ 为观测量;$\boldsymbol{A}_k = \begin{bmatrix} 1 & 0 & 0 \end{bmatrix}$ 为设计矩阵;$\boldsymbol{X}_k = \begin{bmatrix} x(t+\tau) & y(t+\tau) & z(t+\tau) \end{bmatrix}^{\mathrm{T}}$ 为 t_k 时刻的三维状态向量,$x(t)$、$y(t)$、$z(t)$ 为接收机钟差(时差)、钟速(频率)和钟漂(频漂),τ 为 t_k 时刻与 t_{k-1} 时刻的时间间隔;$\boldsymbol{\Delta}_k$ 为观测噪声。

Kalman 滤波三维状态空间方程为

$$\begin{bmatrix} x(t+\tau) \\ y(t+\tau) \\ z(t+\tau) \end{bmatrix} = \begin{bmatrix} 1 & \tau & \tau^2/2 \\ 0 & 1 & \tau \\ 0 & 0 & 1 \end{bmatrix} \begin{bmatrix} x(t) \\ y(t) \\ z(t) \end{bmatrix} + \boldsymbol{W}_k \tag{6.101}$$

令

$$\boldsymbol{\Phi}_{k,k-1} = \begin{bmatrix} 1 & \tau & \tau^2/2 \\ 0 & 1 & \tau \\ 0 & 0 & 1 \end{bmatrix} \tag{6.102}$$

可得状态空间方程的简化形式

$$\boldsymbol{X}_k = \boldsymbol{\Phi}_{k,k-1} \boldsymbol{X}_{k-1} + \boldsymbol{W}_k \tag{6.103}$$

式中,$\boldsymbol{\Phi}_{k,k-1}$ 为状态转移矩阵;$\boldsymbol{W}_k$ 为三维过程噪声向量,其协方差矩阵 $\boldsymbol{Q}$ 可以表示成过程噪声参数的函数(郭海荣等,2010)。

$$Q = \begin{bmatrix} q_1\tau + \dfrac{q_2\tau^3}{3} + \dfrac{q_3\tau^5}{20} & \dfrac{q_2\tau^2}{2} + \dfrac{q_3\tau^4}{8} & \dfrac{q_3\tau^3}{6} \\[3mm] \dfrac{q_2\tau^2}{2} + \dfrac{q_3\tau^4}{8} & q_2\tau + \dfrac{q_3\tau^3}{3} & \dfrac{q_3\tau^2}{2} \\[3mm] \dfrac{q_3\tau^3}{6} & \dfrac{q_3\tau^2}{2} & q_3\tau \end{bmatrix} \qquad (6.104)$$

式中，q_1、q_2 和 q_3 分别可用调频白噪声、调频随机游走噪声和调频随机奔跑噪声来描述。

若原子钟线性频漂不明显，可采用二维状态模型来描述接收机的动态过程，此时状态转移矩阵和协方差阵需要根据三维状态模型进行相应的调整。系统过程噪声协方差矩阵的确定是 Kalman 滤波的关键，可由原子钟的滤波过程噪声参数来表示。过程噪声参数可以通过 Hadamard 总方差或 Allan 方差进行估计。

原子钟频漂较明显时，可采用 Hadamard 总方差来估计过程噪声参数。基于时差数据的 Hadamard 总方差计算公式为(Riley et al，2010；黄观文等，2012)

$$H\sigma_{\text{Hadamard}}^2(\tau) = \frac{1}{6(m\tau_o)^2(N-3m)} \sum_{n=1}^{N-3m}\left[\frac{1}{6m}\sum_{i=n-3m}^{n+3m-1}(x_{i+3m}^\# - 3x_{i+2m}^\# + 3x_{i+m}^\# - x_i^\#)\right]$$

$$(6.105)$$

式中，$H\sigma_{\text{Hadamard}}^2(\tau)$ 为采样间隔为 τ 的 Hadamard 总方差；$\tau = m\tau_0$，τ_0 为原始数据采样间隔，m 为平滑因子；N 为时差数据个数；$\{x_i^\#\}$ 为去除频漂的原始时差数据子序列映射延伸得到的子序列。

当同时考虑调相白噪声和状态方程中存在的 3 种调频噪声，且假设调相白噪声与其他 3 种噪声不相关时，可推导出公式

$$H\sigma_{\text{Hadamard}}^2(\tau) = \frac{10}{3}q_0\tau^{-2} + q_1\tau^{-1} + \frac{q_2\tau}{6} + \frac{11}{120}q_3\tau^3 \qquad (6.106)$$

式中，q_0 为对应于调相白噪声的测量噪声参数。

原子钟频漂不明显时，可以采用 Allan 方差来估计过程噪声参数。基于时差数据 Allan 方差计算公式为(Stein et al，1988；Riley et al，2010；黄观文等，2012)

$$H\sigma_{\text{Allan}}^2(\tau) = \frac{1}{2(N'-2)\tau^2} \sum_{i=1}^{N'-2}[x_{i+2m} - 2x_{i+m} + x_i]^2 \qquad (6.107)$$

式中，$H\sigma^2_{\text{Allan}}(\tau)$ 为采样间隔为 τ 的阿伦方差，$N'=\text{int}(N/M)+1$ 为测量间隔为 τ 的时差数据个数。

当同时考虑调相白噪声和状态方程中存在的 3 种调频噪声时，可推导出公式

$$H\sigma^2_{\text{Allan}}(\tau)=3q_0\tau^{-2}+q_1\tau^{-1}+\frac{q_2\tau}{3}+\frac{1}{20}q_3\tau^3 \tag{6.108}$$

设定不同的采样间隔，就可以得到不同的 Hadamard 总方差（或 Allan 方差）公式，联立各式利用最小二乘算法即可解得过程噪声参数 q_0、q_1、q_2 和 q_3，进而确定系统过程噪声协方差矩阵。

Kalman 滤波算法需要给定初始状态向量及其协方差矩阵。在无先验信息时，通常令初始状态向量为零向量，协方差矩阵为 $a\boldsymbol{I}$，其中 a 为很大的正数，$\boldsymbol{I}$ 为单位矩阵，以确保滤波结果的无偏性。但在没有先验信息时，滤波器初始化会比较困难，且会影响滤波器的稳定性。在进行连续解算或已知先验信息时，若已知三个时差测量值 $l(0)$、$l(1)$、$l(2)$，τ_1、τ_2 为这三个观测量的采样间隔，则根据式（6.109）～式（6.117）即可确定状态向量初值 $\boldsymbol{X}(2)=\begin{bmatrix}x(2) & y(2) & z(2)\end{bmatrix}$ 以及协方差矩阵 $\boldsymbol{P}(2)$，其中协方差矩阵为对角阵（Stein et al，1988；张清华等，2012）

$$x(2)=l(2) \tag{6.109}$$

$$y(2)=\frac{\tau_1+\tau_2}{\tau_1}\left[\frac{l(2)-l(1)}{\tau_2}\right]-\frac{\tau_2}{\tau_1}\left[\frac{l(2)-l(0)}{\tau_1+\tau_2}\right] \tag{6.110}$$

$$z(2)=\frac{2}{\tau_1+\tau_2}\left[\frac{l(2)-l(1)}{\tau_2}-\frac{l(1)-l(0)}{\tau_1}\right] \tag{6.111}$$

$$P_{11}(2)=q_0 \tag{6.112}$$

$$P_{12}(2)=\frac{\tau_1+2\tau_2}{\tau_2(\tau_1+\tau_2)}q_0 \tag{6.113}$$

$$P_{13}(2)=\frac{2}{\tau_1(\tau_1+\tau_2)}q_0 \tag{6.114}$$

$$\begin{aligned}P_{22}(2)=&\frac{2\tau_1^4+8\tau_1^3\tau_2+10\tau_1^2\tau_2^2+4\tau_1\tau_2^3+2\tau_2^4}{\tau_1^2\tau_2^2(\tau_1/\tau_2)^2}q_0\\&+\frac{\tau_1^3+4\tau_1^2\tau_2+4\tau_1\tau_2^2+\tau_2^3}{\tau_1\tau_2(\tau_1+\tau_2)^2}q_1+\frac{\tau_2}{3}q_2\\&+\frac{\tau_2^2(3\tau_1^3+80\tau_1^2\tau_2+7\tau_1\tau_2^2+2\tau_2^3)}{60(\tau_1+\tau_2)^2}q_3\end{aligned} \tag{6.115}$$

$$P_{23}(2) = \frac{2(2\tau_1^3 + 5\tau_1^2\tau_2 + 3\tau_1\tau_2^2 + 2\tau_2^3)}{\tau_1^2\tau_2^2(\tau_1 + \tau_2)^2}q_0 + \frac{2}{\tau_1\tau_2}q_1 + \frac{\tau_2}{3(\tau_1 + \tau_2)}q_2$$
$$+ \frac{\tau_2(6\tau_1^3 + 20\tau_1^2\tau_2 + 21\tau_1\tau_2^2 + 7\tau_2^3)}{60(\tau_1 + \tau_2)^2}q_3 \tag{6.116}$$

$$P_{33}(2) = \frac{8(\tau_1^2 + \tau_1\tau_2 + \tau_2^2)}{\tau_1^2\tau_2^2(\tau_1 + \tau_2)^2}q_0 + \frac{4}{\tau_1\tau_2(\tau_1 + \tau_2)}q_1 + \frac{4}{3(\tau_1 + \tau_2)}q_2$$
$$+ \frac{3\tau_1^3 + 15\tau_1^2\tau_2 + 20\tau_1\tau_2^2 + 8\tau_2^3}{15(\tau_1 + \tau_2)^2}q_3 \tag{6.117}$$

最后，基于实验进行验证和分析。其中，由 JPL 发布的"loglist. txt"文件 (ftp：//igscb. jpl. nasa. gov/igscb/station/general/loghist. txt)可知，截至 2016 年 6 月 2 日，IGS 已经有超过 130 个跟踪站配备了高频稳度的原子钟，其中 71 个配备了氢原子钟，这为本节算法性能的验证提供了很大的便利。为了验证附加原子钟物理模型的 PPP 时间传递算法的有效性，选取 2015 年 1 月 5 日配备了氢原子钟的 WAB2、CRO1、PTBB、NRC1 和 MDVJ 5 个 IGS 跟踪站的观测数据进行实验分析。观测数据采样间隔为 30 秒，采用伪距和载波相位消电离层组合观测量，伪距与载波相位的权比为 1/10 000，高度截止角设为 10°。实验采用静态模式进行处理，利用 Kalman 滤波估计三维坐标、接收机钟差、钟速、对流层延迟和模糊度参数。卫星轨道和钟差采用 IGS 提供的事后精密星历和钟差产品，为了避免卫星和接收机硬件延迟偏差对接收机钟差造成的系统性偏差影响，利用 CODE 发布的 DCB 产品对其进行改正。分别采用以下两种方案进行 PPP 解算：

方案 1：将接收机钟差当作白噪声，采用传统的逐历元估计一维钟差参数的方法。

方案 2：顾及接收机钟差历元间的相关性，采用附加原子钟物理模型的方法进行解算，过程噪声由阿伦方差根据 IGS 事后精密产品解算得到。

目前 IGS 提供的事后接收机钟差产品精度为 75 ps，可将其作为真值进行比对。由于 IGS 事后精密钟差产品的采样间隔为 5 分钟，以 5 分钟为采样间隔对方案 1 和方案 2 的时间传递精度进行分析。限于篇幅，仅给出了采用两种方案得到的测站 WAB2 和 CRO1 的结果与 IGS 时间序列对比图，分别如图 6.33、图 6.34。同时将两种方案的钟差结果分别与 IGS 最终结果作差可以得到对应的差值序列，图 6.35、图 6.36 分别给出了 WAB2 和 CRO1 两跟踪站钟差解的差值序列。

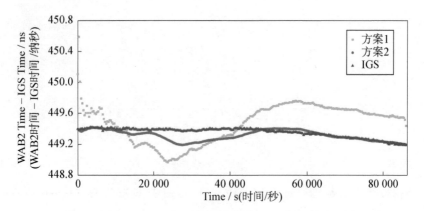

图 6.33　WAB2 - IGST 两种方案结果与 IGS 时间序列对比

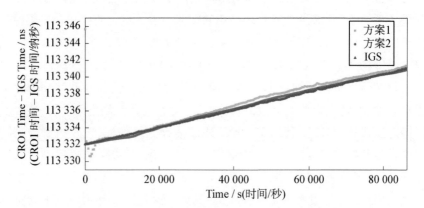

图 6.34　CRO1 - IGST 两种方案结果与 IGS 时间序列对比

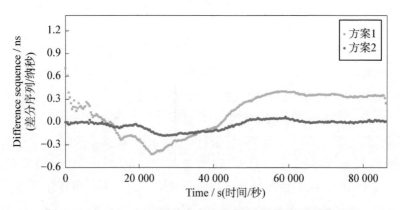

图 6.35　WAB2 - IGST 两种方案时间传递结果与 IGS 差值序列

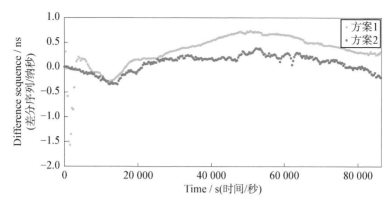

图 6.36　CRO1 - IGST 两种方案时间传递结果与 IGS 差值序列

从图 6.33、图 6.34、图 6.35、图 6.36 可知：

（1）方案 2 的收敛速度明显快于方案 1，单历元就可以达到很高的精度。而方案 1 由于未使用原子钟物理模型作为先验信息进行约束，需要一定时间的收敛过程才能达到较高的精度，WAB2 和 CRO1 两测站分别需要 22 分钟、35 分钟才能收敛。另外，对方案 2 得到的坐标，对流层和模糊度结果进行分析，其收敛速度均有一定程度的提高。

（2）方案 2 由于附加了原子钟物理模型，得到的接收机钟差时间序列的连续性和稳定性明显优于方案 1，与 IGS 发布的事后精密钟差结果的一致性较高，更能准确地描述接收机钟差的变化规律。

（3）从图 6.33 明显可以看出，方案 1 解算的钟差序列略微偏离了接收机钟本身的多项式特性，这是由于方案 1 解算的钟差序列之间是相互独立的，解算的过程中吸收了许多其他误差源而造成。方案 2 的滤波结果更能准确可靠反映原子钟的物理特性。

表 6.17 中给出了 WAB2、CRO1、PTBB、NRC1 和 MDVJ 5 个跟踪站相应的误差统计结果。表中 STD 为标准差，用来衡量钟差误差序列自身的离散程度，RMS 为均方根误差用来衡量钟差估计值同真值之间的误差。表 6.18 给出了两种方案结果的 A 类不确定度。

表 6.17　两种方案精度统计结果

跟踪站	统计类型	方案 1	方案 2	提高程度
WAB2 - IGST	STD	0.27	0.07	
	RMS	0.28	0.08	71%

（续表）

跟踪站	统计类型	方案 1	方案 2	提高程度
CRO1 - IGST	STD	0.34	0.17	
	RMS	0.47	0.18	62%
PTBB - IGST	STD	0.29	0.06	
	RMS	0.30	0.08	73%
NRC1 - IGST	STD	0.21	0.10	
	RMS	0.32	0.15	53%
MDVJ - IGST	STD	0.23	0.08	
	RMS	0.24	0.16	33%

表 6.18 两种方案结果的 A 类不确定度 纳秒

跟踪站	方案 1	方案 2
WAB2 - IGST	0.016	0.004
CRO1 - IGST	0.020	0.010
PTBB - IGST	0.017	0.004
NRC1 - IGST	0.012	0.006
MDVJ - IGST	0.013	0.005
平均	0.016	0.006

由表 6.17、表 6.18 可知：各测站方案 2 钟差解的 STD 和 RMS 均优于方案 1，方案 1 的钟差解相对较为离散，方案 2 的钟差解稳定度较高，与 IGS 结果的符合程度更高。方案 2 附加原子钟物理模型后，能够显著提高 PPP 钟差解的精度，可将 WAB2 - IGST、CRO1 - IGST、PTBB - IGST、NRC1 - IGST 和 MDVJ - IGST 钟差解的精度（RMS）分别提高 71%、62%、73%、53% 和 33%，平均提高 58%。方案 2 可以将钟差解的 A 类不确定度从平均 0.016 ns 提高到 0.006 ns。该算法对于促进 PPP 技术在国际时间实验室等高精度时间传递领域的应用具有一定意义。

为了进一步分析附加原子钟物理模型的 PPP 算法用于站间时间传递时的效果，将各站利用 PPP 获得的钟差结果相减即可得到站间时间传递结果，表

6.19 给出了两种方案得到的不同时间链路的时间传递精度统计结果,表 6.20 给出了两种方案不同时间链路的 A 类不确定度。为更好的观察时间传递序列变化情况,以 CRO1 - WAB2 时间链路为例,图 6.37 给出了两种方案得到的站间时间传递结果与 IGS 网解结果对比图,图 6.38 给出了站间时间传递结果同 IGS 结果的差值序列图。

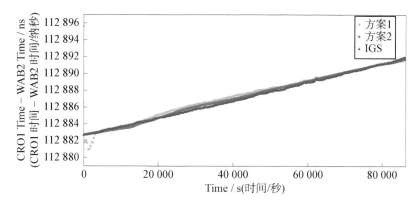

图 6.37 CRO1 - WAB2 链路两方案时间传递结果与 IGS 结果差值序列

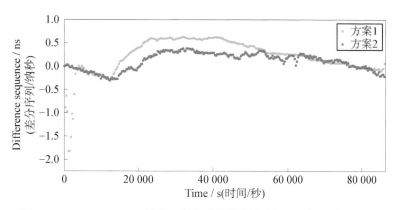

图 6.38 CRO1 - WAB2 链路两方案时间传递结果与 IGS 结果差值序列

表 6.19 两种方案时间传递的精度统计结果

	统计类型	方案 1	方案 2	提高程度
CRO1 - WAB2	STD	0.37	0.18	
	RMS	0.43	0.21	51%

（续表）

	统计类型	方案 1	方案 2	提高程度
CRO1 – PTBB	STD	0.28	0.17	
	RMS	0.37	0.19	49％
CRO1 – NRC1	STD	0.23	0.17	
	RMS	0.24	0.17	29％
CRO1 – MDVJ	STD	0.31	0.10	
	RMS	0.52	0.14	73％

表 6.20　两种方案时间传递结果的 A 类不确定度　　　　纳秒

	方案 1	方案 2
CRO1 – WAB2	0.022	0.011
CRO1 – PTBB	0.017	0.010
CRO1 – NRC1	0.014	0.010
CRO1 – MDVJ	0.018	0.006
平均	0.018	0.009

根据表 6.19、表 6.20 和图 6.37、图 6.38 可知，方案 2 的站间时间传递精度明显优于方案 1，与 IGS 时间传递结果一致性较高，能够可靠地描述测站间时间传递序列的变化规律。由图 6.37、图 6.38 可知，方案 1 采用传统算法 CRO1 – WAB2 链路需要大约 35 分钟才能收敛，而方案 2 附加原子钟物理模型后几乎不需要收敛时间即可达到很高的精度。方案 2 相比方案 1，能够将 CRO1 – WAB2、CRO1 – PTBB、CRO1 – NRC1 和 CRO1 – MDVJ 链路的站间时间传递精度分别提高 51％、49％、29％ 和 73％，平均提高 51％。方案 2 可以将站间时间传递结果的 A 类不确定从平均 0.018 纳秒提高到 0.009 纳秒。

利用 Allan 方差公式分析两种方案时间传递结果的频率稳定度，采样间隔为 300 秒，图 6.39 给出了 CRO1 – WAB2 链路时间传递序列的频率稳定度结果。

由图 6.39，附加原子钟物理模型的载波相位时间传递算法，由于顾及了钟差参数历元间的相关性，能够显著地提高时间传递序列的频率稳定度。

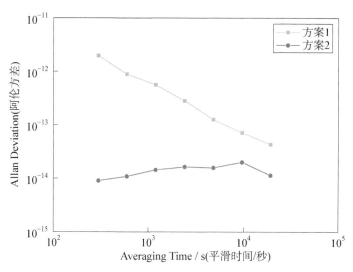

图 6.39　CRO1－WAB2 时间传递序列的频率稳定性

综上可知,附加原子钟物理模型后,解决了传统算法收敛过程的耗时问题,显著提高单站时间传递和站间时间传递的精度,可将单站时间传递精度平均提高 58%,将 A 类不确定从平均 0.016 纳秒提高到 0.006 纳秒;同时可将站间时间传递精度平均提高 51%,尤其是 CRO1－MDVJ 链路的时间传递精度提高水平高达 73%,站间时间传递结果的 A 类不确定从平均 0.018 纳秒提高到 0.009 纳秒。附加原子钟物理模型后还能显著提高时间传递序列的频率稳定度。研究附加原子钟物理模型的 PPP 时间传递算法,对于国际时间实验室实现高精度的时间传递具有一定的参考意义,对于拓展 GNSS 在时间传递领域的应用具有重要意义。但该算法并非适用于所有的 GNSS 接收机,其前提是要判定接收机钟本身的物理特性。它要求接收机配备有高精度和高稳定的原子钟,否则加入钟差物理模型后不但不能提高时间传递精度,反而会引起比较大的误差。

6.5　GNSS 载波相位时间传递连续性维持方法

GNSS 载波相位时间传递作为一种主要的时间传递技术,已经被国际上许多国家时间实验室认可并用于高精度时间传递。但是载波相位时间传递结果经常会出现跳变,导致时间传递结果不连续。如图 6.40 中给出了儒略日 57024—57032 共 8 天的 NIST 与 IGST 的时间传递序列,可以看出 NIST - IGST 时间传递结果并不连续,发生了数次跳变。这种跳变有时可以达到 1 纳秒甚至更大,直接影响载波相位时间传递的精度,甚至造成结果失真。国际上许多时间实验室一直受到跳变问题的困扰。

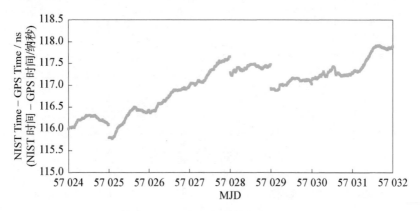

图 6.40   NIST - IGST 时间传递序列

无论是高精度的时间传递还是精密授时都需要连续的时间序列,同时跳变的存在也不利于观察原子钟长期真正的运行状态。因此,有必要对 GNSS 载波相位时间传递的连续性维持方法进行研究。针对这一问题,本节首先分析了 GNSS 载波相位时间传递产生跳变的原因;理论推导并实验分析了多天数据弧段跳变和天跳变之间的关系;然后重点研究了基于重叠弧段和基于参数传递的连续时间传递方法;最后针对观测数据异常引起的时间传递结果不连续的问题,提出了一种基于最小二乘曲线拟合的载波相位时间传递方法。

6.5.1   跳变产生的原因及分类

载波相位时间传递的不连续通常是由于相邻观测弧段单独解算造成的。为分析载波相位时间传递产生跳变的原因,观察 6.1 节基本观测方程式(6.5)和式(6.6)可知,接收机钟差参数和模糊度参数是一一相关的,接收机钟差参数中的误差可以完全被模糊度参数吸收,因此无法直接利用载波相位观测量得到接收机钟差,必须联合使用伪距观测量进行解算。解算时首先采用伪距观测量计算初始历元无偏的钟差参数 δt,由于伪距观测量噪声较大,即使采用平滑伪距观测量,仍然会有几百皮秒的不确定度,对应误差用随机变量 Δ_P 表示。设在初始历元载波相位观测噪声为 ε_ϕ,得到模糊度参数 N 的有偏估计,在随后的历元,载波相位噪声 ε_ϕ 均值为零,且模糊度参数被固定为初始历元结果不发生变化,解算的 δt 会存在一个平均偏差 $\Delta_\phi = \varepsilon_\phi(\text{initial epoch})/c$。例如初始历元 ε_ϕ 为 +1 cm,δt 已经通过伪距观测量估计得到不会发生改变,为了满足载波相位观测方程 λN 必须包含 −1 cm 的误差。在后续历元 ε_ϕ 平均值为零,且模糊度参数保持不变,因此解算的 $c\delta t$ 包含了 +1 cm 的平均误差。随机变量 $\Delta_P + \Delta_\phi$ 即是钟差 δt 的总误差。时间传递的不连续是相邻两个数据段之间的时间传递结果发生跳变,若一个数据段时间传递的误差为 $\Delta_{P,1} + \Delta_{\phi,1}$,另一数据段的总误差为 $\Delta_{P,2} + \Delta_{\phi,2}$,$\Delta_{P,1}$、$\Delta_{\phi,1}$、$\Delta_{\phi,1}$ 和 $\Delta_{\phi,2}$ 相互独立,则跳变的大小为

$$BD = (\Delta_{P,2} + \Delta_{\phi,2}) - (\Delta_{P,1} + \Delta_{\phi,1}) \tag{6.118}$$

其标准差为

$$\sigma(BD) = \sqrt{2}\,\sigma(\Delta_{P,1} + \Delta_{\phi,1}) \tag{6.119}$$

由式(6.118)可知,跳变的大小取决于伪距观测噪声和载波相位观测噪声。由于伪距观测噪声明显大于载波相位观测噪声,伪距观测噪声是影响时间传递结果不连续的主要原因。通常伪距观测噪声受仪器误差、多路径误差等影响,噪声并不是单纯的白噪声,其误差会直接被接收机钟差解吸收,从而产生跳变。此外,卫星钟差参考时间基准的调整也会引起时间传递结果发生跳变。

实际上跳变可以分成两类。第一类是天跳变,通常在每天的凌晨发生跳变,主要是由于 GNSS 载波相位时间传递通常是以天为单位独立进行解算,人为地把连续的观测数据分成不同的数据段,导致时间序列在天与天交界处发生跳变。第二类是观测数据异常引起的跳变,主要是由于观测环境变化、接收机异常造成部分观测数据缺失或误差较大,导致观测数据异常前后时间传递结果的不连续。

天跳变是人为的以天为单位进行解算造成的,但检查相邻两天的 RINEX 文件发现,伪距和载波相位观测量在天与天之间是连续的,并没有发生跳变。跳变产生的主要原因是由于每天的初始条件、对流层、多路径等误差影响不完全相同,即相邻两天的伪距和载波相位平均观测噪声不同,使得相邻两天估计的模糊度参数不一致,最终导致相邻两天的时间传递序列在天与天交界处发生跳变,图 6.40 中的跳变就是这种原因引起的。同时 IGS 卫星精密钟差产品大

多按天提供,精密钟差产品参考时间基准的调整和跳变,也会导致时间传递结果的不连续。图 6.41 给出了参考时间基准 GPST 与 IGST 之间的时间传递序列,明显可以看出时间基准在天与天之间也会发生调整。

观测数据异常引起的跳变,主要是因为在一天之内,可能因观测环境变化、接收机异常造成部分观测数据缺失或误差较大,导致解算时需要重新估计新的模糊度参数,造成数据异常前后估计的模糊度参数不一致,最终导致时间传递结果的不连续。

总之,无论是天跳变还是数据异常引起的跳变主要都是由于跳变前后估计的模糊度参数不一致造成的。

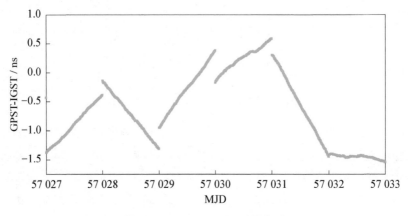

图 6.41　GPST－IGST 时间序列

6.5.2　多天数据弧段的跳变分析

为了避免天跳变现象,国外许多学者和包括 BIPM 在内的组织提出采用多天观测数据进行 PPP 连续求解,以获得连续时间传递结果(Defraigne and Bruyninx, 2007;Ray et al, 2005;Delporte et al, 2007)。通过这种方法可以降低平均伪距观测噪声,能够有效削弱多天数据弧段内天与天之间的边界不连续,但是该种方法并不能有效获得长时间的连续时间传递结果,它只是将一天数据弧段间的边界不连续问题转化成了多天数据弧段间的边界不连续问题,相邻数据弧段之间依然存在跳变,因此有必对多天数据弧段时间传递的边界不连续性进行研究。

假设利用 PPP 解算的钟差解为 $t+\Delta$,其中 t 为真实的时间信息,Δ 是由于

模糊度的不确定性造成的偏差,则天跳变满足

$$BD^1_{N, N+1} = \Delta^1_{N+1, N+1} - \Delta^1_{N, N} \tag{6.120}$$

式中,上标表示数据弧段的长度;BD 的下标 $(k, k+1)$ 表示第 k 天和第 $k+1$ 天间的跳变,Δ 的下标 (k, n) 表示第 k 天和第 n 天之间钟差结果的时间偏差,我们知道 Δ 取决于整个弧段伪距噪声的平均值和首历元的相位噪声。由于相位观测噪声较小,Δ 主要取决于整个数据段伪距噪声的平均值,如果数据段从 1 天增加到 N 天,N 天数据段的钟差结果是四个单天解的平均值。满足

$$\Delta^N_{1, N} = (\Delta^1_{1, 1} + \Delta^2_{2, 2} + \cdots + \Delta^1_{N, N}) / N \tag{6.121}$$

当增加数据弧段到 N 天,多天数据弧段间的跳变计算公式类似于式(6.120)

$$BD^N_{N, N+1} = \Delta^N_{N, 2N} - \Delta^N_{1, N} \tag{6.122}$$

把式(6.121)代入式(6.122),可得

$$BD^N_{N, N+1} = \frac{\left[(\Delta^1_{N+1, N+2} + \Delta^1_{N+2, N+2} + \cdots + \Delta^1_{2N, 2N}) - (\Delta^1_{1, 1} + \Delta^1_{2, 2} + \cdots + \Delta^1_{N, N})\right]}{N} \tag{6.123}$$

将公式重新整理可得

$$BD^N_{N, N+1} = \frac{\left[(\Delta^1_{N+1, N+1} - \Delta^1_{1, 1}) + (\Delta^1_{N+2, N+2} - \Delta^1_{2, 2}) + \cdots + (\Delta^1_{2N, 2N} - \Delta^1_{N, N})\right]}{N} \tag{6.124}$$

令 $t = 1, 2, \cdots, N-1$,则

$$
\begin{aligned}
\Delta^1_{N+t, N+t} - \Delta^1_{t, t} &= (\Delta^1_{N+t, N+t} - \Delta^1_{N+t-1, N+t-1}) + \cdots \\
&\quad + (\Delta^1_{t+2, t+2} - \Delta^1_{t+1, t+1}) + (\Delta^1_{t+1, t+1} - \Delta^1_{t, t}) \\
&= \sum_{i=t}^{N+t} BD^1_{i, i+1}
\end{aligned} \tag{6.125}
$$

将式(6.125)代入式(6.124),可得采用单天弧段的跳变 $BD^i_{i, i+1}$ 来表示多天弧段跳变 $BD^N_{N, N+1}$ 的计算公式

$$BD^N_{N, N+1} = \frac{\sum_{i=1}^{N} BD^1_{i, i+1} + \sum_{i=2}^{N+1} BD^1_{i, i+1} + \cdots + \sum_{i=N}^{2N-1} BD^1_{i, i+1}}{N} \tag{6.126}$$

对于 N 天弧段的期望值

$$E(BD_{N,\,N+1}^N) = E\left(\frac{\sum_{i=1}^{N} BD_{i,\,i+1}^1 + \sum_{i=2}^{N+1} BD_{i,\,i+1}^1 + \cdots + \sum_{i=N}^{2N-1} BD_{i,\,i+1}^1}{N}\right)$$

$$(6.127)$$

因为 $BD_{i,\,i+1}^1$ 服从相同的分布,则

$$E(BD_{N,\,N+1}^N) = \frac{N \cdot E(BD_{i,\,i+1}^1) + N \cdot E(BD_{i,\,i+1}^1) + \cdots + N \cdot E(BD_{i,\,i+1}^1)}{N}$$

$$= N \cdot E(BD_{i,\,i+1}^1)$$

$$(6.128)$$

由式(6.128)可知,从统计学角度来说,多天弧段间的跳变大小与天数 N 成比例,是单天数据弧段跳变平均值的 N 倍。

为了验证前述的推导结果,利用测站 NIST 和 AMC2 的观测数据来分析多天数据弧段时间传递结果的边界不连续问题。采用 2015 年 1 月 4 日至 1 月 9 日(约化儒略日 57 026—57 031)共 6 天的数据,观测数据采样间隔为 30 秒,卫星轨道和钟差采用 GFZ 提供的 5 分钟采样间隔的精密星历和 30 秒采样间隔的精密钟差产品。分别采用单天数据和三天数据弧段进行 PPP 解算,图 6.42 和图 6.43 给出了两测站与 IGST 的时间比对序列。

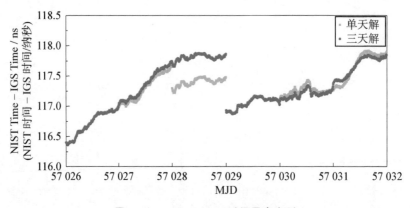

图 6.42　NIST - IGST 时间同步序列

将两测站获得的结果作差,可以得到测站 NIST 和 AMC2 的站间时间传递结果,图 6.44 给出了 NIST - AMC2 的站间时间传递序列。

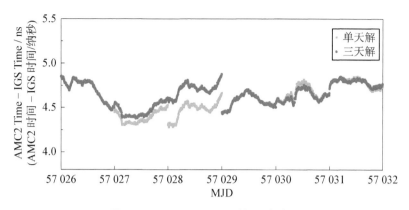

图 6.43　AMC2‑IGST 时间同步序列

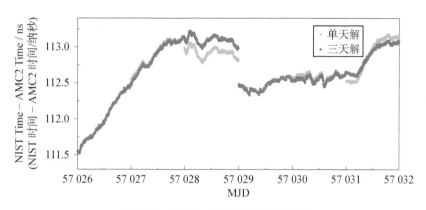

图 6.44　NIST‑AMC2 时间传递序列

从图 6.42 至图 6.44 可知,三天数据弧段解,每段弧段内时间传递结果是连续的,可以削弱天跳变的影响。但三天数据弧段之间仍然存在边界不连续现象,图中可以看出三天数据弧段解的跳变约为三个单天数据弧段解天跳变的总和,这也验证了式(6.128)的正确性,实验结果和理论结果相符。

为从频率稳定度角度分析多天解法的时间传递性能,分别计算三天解和单天解时间传递序列的 Allan 方差。图 6.45 是利用数据弧段 1(约化儒略日 57 026～57 028 三天数据)计算的频率稳定度结果,图 6.46 是利用数据弧段 2(约化儒略日 57 029～57 031 三天数据)计算的频率稳定度结果,图 6.47 是利用数据弧段 1 和弧段 2(约化儒略日 57 026～57 031 六天数据)数据计算的频率稳定度结果。

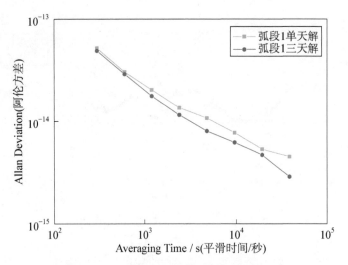

图 6.45   利用弧段 1 结果计算的频率稳定度

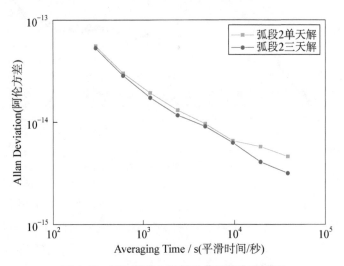

图 6.46   利用弧段 2 结果计算的频率稳定度

由图 6.45、图 6.46 可知在数据弧段内,三天数据弧段解的频率稳定度明显优于单天解。但由图 6.47 知,利用弧段 1 和弧段 2 结果一起解算频率稳定度时,三天解的频率稳定度相比单天解并没有提高,反而还稍微变差。

采用多天数据弧段连续解法虽然可以在数据弧段内获得连续的时间传递结果,但是不管采用多少天的数据,多天数据弧段间依然存在边界不连续的问题,因此需要寻求其他更有效的获得连续时间传递的方法。

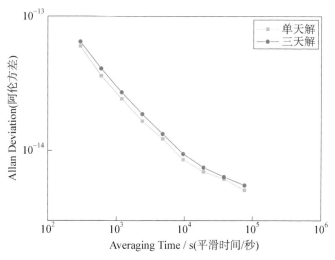

图 6.47　利用弧段 1 和弧段 2 结果计算的频率稳定度

6.5.3　基于重叠弧段的连续载波相位时间传递

为了克服天跳变对时间传递的不利影响,获得连续的时间传递序列,最简单的是基于重叠弧段的连续时间传递方法。该方法是通过相邻数据弧段的重复解算来准确计算天跳变的大小,并对天跳变进行改正,进而实现相邻数据弧段时间传递序列的平滑连接。本节首先介绍了基于重叠弧段提取天跳变的方法,然后通过实验分析基于重叠弧段的连续时间传递方法的效果。

天跳变通常可以通过重叠弧段的方法进行提取,根据相邻数据弧段重复解算结果计算天跳变的大小。基于重叠弧段提取天跳变示意图(见图 6.48),首先利用 PPP 时间传递方法独立解算连续两天的时间传递序列 A 和 B(每天 0:00:00 到 24:00:00 之间的时间序列),即图 6.48 中的曲线 A 和 B。为了计算天跳变的大小,必须使用额外的数据段进行 PPP 解算,通常可以采用当天 12:00:00 到第二天 12:00:00 的观测数据计算得到时间传递序列 C。对于当天 12:00:00 到第二天 12:00:00 间的每个历元均有两个时间传递结果,为了连接 A 和 B 两天的时间序列,分别统计第一天从历元 12:00:00 到 24:00:00 的 A 与 C 结果之差的平均值 $\Delta_{A \to C}$,和第二天从历元 0:00:00 到 12:00:00 的 C 与 B 结果之差的平均值 $\Delta_{C \to B}$,则 A 和 B 两天天跳变大小满足:$\Delta_{A \to B} = \Delta_{A \to C} + \Delta_{C \to B}$,通过这种方法即可计算出相邻两天天跳变的大小。

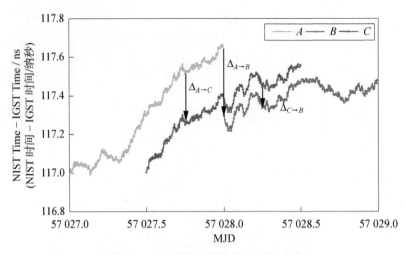

图 6.48　基于重叠弧段提取天跳变示意图

基于重叠弧段提取天跳变之后,就可以通过对天跳变进行改正实现时间传递结果从一天到另外一天的平滑过渡,获得连续的时间传递结果。为了验证基于重叠弧段的连续时间传递方法的有效性,采用测站 NIST 和 IENG 2015 年 1 月 4 日至 1 月 9 日共 6 天的数据进行实验分析,观测数据采样间隔为 30 秒,卫星轨道和钟差采用 GFZ 发布的精密星历和钟差产品内插得到。分别采用传统的单天解算法和基于重叠弧段的连续时间传递算法进行解算,图 6.49 给出了两种方法得到的 NIST – IGST 时间传递序列,图 6.50 给出了 IENG – IGST 时间传递序列,图中红色曲线代表本节的基于重叠弧段的连续时间传递算法,绿色曲线代表传统的单天解法。

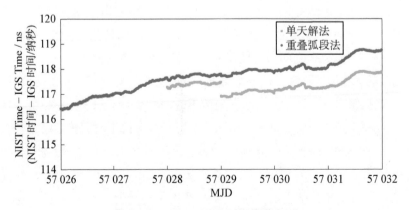

图 6.49　NIST – IGST 时间传递序列

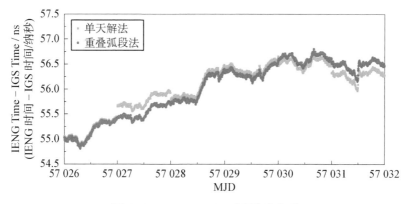

图 6.50　IENG – IGST 时间传递序列

　　将分别得到的测站 NIST、测站 IENG 相对于 IGST 的时间传递结果作差，可以得到测站 NIST 和 IENG 的站间时间传递结果，图 6.51 给出了两种方法得到的 NIST – IENG 时间传递序列。图 6.52 给出了利用 Allan 方差计算的 NIST – IENG 时间传递序列的频率稳定度结果。

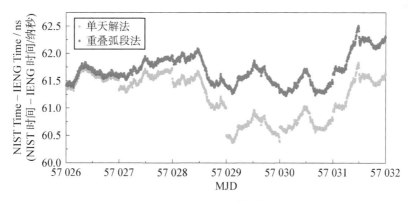

图 6.51　NIST – IENG 时间传递序列

　　由图 6.49、图 6.50、图 6.51 可知，传统的单天 PPP 时间传递方法常常在天与天之间存在明显的跳变。采用基于重叠弧段的载波相位时间传递算法后，时间传递序列在天与天之间的跳变消失了，时间传递序列变得平滑连续。同时由图 6.52 可知，基于重叠弧段的时间传递算法能够提高传统方法时间传递结果的频率稳定度。基于重叠弧段的载波相位时间传递算法能够消除天跳变，获得连续的时间传递结果。该方法的优点是可以使用任何软件计算时间传递结果，而不需要对软件本身进行任何修改，每天独立解算得到的时间传递序列可

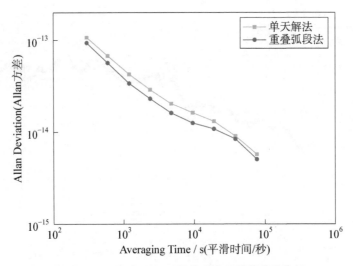

图 6.52　NIST‑IENG 时间传递序列的频率稳定性

以通过一个单独的软件进行合并,其缺点是该方法几乎所有历元的观测数据都需要计算两遍。

6.5.4　基于参数传递的连续载波相位时间传递

天跳变产生的主要原因是为了处理方便,人为地将 RINEX 文件按天存储,以天为单位进行解算造成的。为了更加准确地观察原子钟长期真实的运行状态和实现连续的时间传递,需要消除或减弱天跳变的影响。一种简单的基于重叠弧段的连续时间传递方法已经在 6.5.3 节进行了详细的介绍,其能够克服天跳变的不利影响,但该方法几乎所有历元的观测数据都需要计算两遍。陈宪东(陈宪东,2008)还提出了一种连续的精密时间传递算法,但是需要利用多测站数据重新计算卫星精密轨道和钟差产品,对于普通用户而言工作量较大;黄观文(黄观文,2012)也提出了一种基于贝叶斯估计的连续时间传递方法。考虑到国际上时间实验室接收机配备的高性能原子钟通常是连续运行的,在天与天之间并没有发生跳变,因此可以采用基于钟差参数传递的连续 PPP 时间传递算法来消除天跳变的影响,即通过存储估计的前一天最后一个历元的钟差信息,并传递给第二天第一个历元来消除天跳变。同时根据 6.5.2 节分析可知天跳变的产生是因为相邻两天估计的模糊度参数不一致造成的。实际上在天与天交界处没有发生周跳的情况下,接收机观测到的伪距和载波相位观测量也是连续的,RINEX 文件中的伪距和载波相位观测量在天与天交界处并没有发生跳变,相邻两天的模糊度也不应发生改变,因此可以考虑采用基于模糊参数传递的连续 PPP 时间传递方法来削弱天跳变的影响,实现连续的时间传递。本节主要对基于钟差参数传递的连续 PPP 时间传递方法和基于模糊度参数传递的连续 PPP 时间传递方法进行研究和分析。

1) 基于钟差参数传递的连续 PPP 时间传递

时间传递实验室接收机配备的高性能原子钟通常是连续运行的,在每天的午夜时刻并没有发生跳变,因此可以采用基于钟差参数传递的连续 PPP 时间传递来消除天跳变。其基本思想是,通过将第一天最后一个历元获得的钟差及其精度信息进行存储并传递给第二天的第一个历元来实现连续的时间传递。用于时间传递的接收机通常位于固定地址,可以将三维坐标与接收机钟差一起进行存储传递。午夜时刻三维坐标、接收机钟差及其对应的协方差信息的存储传递可以很好地将时间信息从一天传递到另一天。即如想获得第 n 天时间传递结果,利用存储的第 $n-1$ 天最后一个历元时刻的钟差、三维坐标及其对应的协方差信息,并将其传递给第 n 天第一个历元,来连接第 n 天时间传递结果。

为了分析该方法能否很好地消除天跳变,以测站 NIST 和测站 IENG 为例,采用 2015 年 1 月 4 日至 2015 年 1 月 9 日共 6 天的数据进行实验,观测数据采样间隔为 30 秒,卫星精密轨道和钟差采用 GFZ 提供的 5 分钟采样间隔的精密星历和 30 秒采样间隔的精密钟差产品。分别采用以下两种方案进行解算:

方案 1:采用传统单天解法。分别对 6 天的数据进行单天 PPP 计算,获得每一天的钟差解;

方案 2:采用基于钟差参数传递的连续 PPP 时间传递算法对 6 天的观测数据进行连续求解,将坐标参数和钟差参数一起进行存储传递,获得连续钟差结果。

图 6.53 给出了两种方法得到的 NIST - IGST 时间传递序列,图 6.54 给出了 IENG - IGST 时间传递序列,图中绿色曲线为传统 PPP 单天解法得到的时间序列,红色曲线是基于钟差参数传递方法的结果。

将得到的 NIST - IGST 时间传递序列和 IENG - IGST 时间传递序列相减可以得到测站 NIST 和 IENG 的站间时间传递结果,图 6.55 给出了两种方法得到的 NIST - IENG 时间传递序列。

下面从频率稳定度角度分析基于钟差参数传递的连续载波相位时间传递方法的性能,图 6.56 给出了单天解法和基于钟差参数传递方法得到的时间传递序列的 Allan 方差曲线。

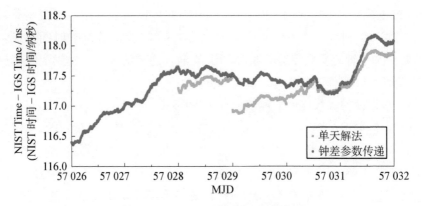

图 6.53　NIST‑IGST 时间传递序列

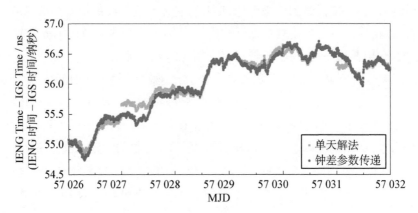

图 6.54　IENG‑IGST 时间传递序列

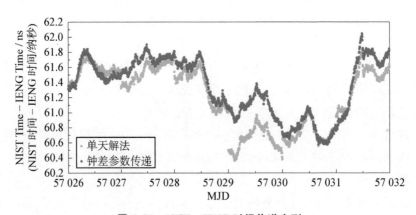

图 6.55　NIST‑IENG 时间传递序列

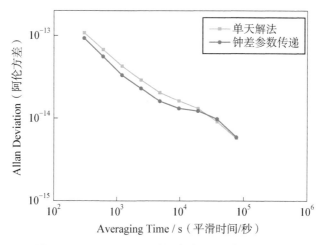

图 6.56　NIST－IENG 时间传递序列的频率稳定性

　　由图 6.53、图 6.54、图 6.55、图 6.56 可以看出,采用基于钟差参数传递的连续 PPP 时间传递方法后,天与天之间的跳变消失了,天与天之间的时间传递序列变得连续,同时该方法还能够提高时间传递结果的短期频率稳定度。

　　综上可知:基于钟差参数传递的连续 PPP 方法能够有效地解决天跳变问题,实现连续的时间传递,提高时间传递结果的短期频率稳定度。该方法简单方便,但是由于 RINEX 文件中各测站每天的最后一个历元时刻通常是每天的 23:59:30,第一个历元时刻通常是每天的 0:00:00。第 $n-1$ 天最后一个历元和第 n 天第一个历元并不是同一时刻,直接进行钟差参数传递时忽略了两时刻间的钟差变化率的影响,因此该方法要求测站接收机必须配备高性能的原子钟,同时当接收机发生钟跳时该方法失效。

　　2) 基于模糊度参数传递的连续 PPP 时间传递

　　由 6.5.2 节分析可知,天跳变的产生主要是由于相邻观测弧段的平均伪距观测噪声不同,使得相邻两天分别估计的模糊度参数不一致造成的。实际上接收机接收到的观测数据在每天凌晨处是连续的,在没有发生周跳的情况下,模糊度参数是不发生变化的。只是人们为了计算方便将连续的观测数据以天为单位进行存储解算,导致估计的模糊度参数在凌晨时刻前后历元的不一致。理论上可以根据相位模糊度在连续观测时段的分界处保持不变的特点,将相邻两天的模糊度参数连接起来实现连续的时间传递,因此考虑采用基于模糊度参数传递的连续 PPP 方法来削弱天跳变的影响。其基本思路是将第 $n-1$ 天最后一个历元解算的各颗卫星的模糊度参数及相应协方差信息存储并传递给第 n

天第一个历元,将第 n 天最后一个历元解算的模糊度参数及相应的协方差信息传递给第 $n+1$ 天第一个历元,依次类推就可以获得连续的时间传递结果。基于模糊度参数传递的连续 PPP 时间传递方法原理上十分简单,但对观测数据要求是相对苛刻的,它要求 GPS 接收机工作良好,没有在天与天交界处发生任何干扰,如果在天与天交界处发生了周跳或观测数据缺失,该方法便不能使用。因此,在使用该方法之前应当对天与天之间是否发生周跳进行检测。

为了分析基于模糊度参数传递的连续 PPP 时间传递方法能否削弱天跳变的影响,以测站 NIST 和 IENG 为例,采用 2015 年 1 月 4 日至 2015 年 1 月 9 日共 6 天的数据进行实验。观测数据采样间隔为 30 s,卫星轨道和钟差采用 GFZ 事后精密产品,分别采用以下两种方案进行解算:

方案 1:采用传统单天算法。分别对 6 天的数据进行单天 PPP 计算,获得每一天的钟差解;

方案 2:采用基于模糊度参数传递的连续 PPP 时间传递方法对 6 天的观测数据进行连续求解获得连续钟差结果。

图 6.56 给出了两种方法得到的 NIST‐IGST 时间传递序列,图 6.57 给出了 IENG‐IGST 时间传递序列,图中绿色曲线为传统 PPP 单天解法得到的时间序列,红色曲线是本节基于模糊参数传递方法计算得到的结果。

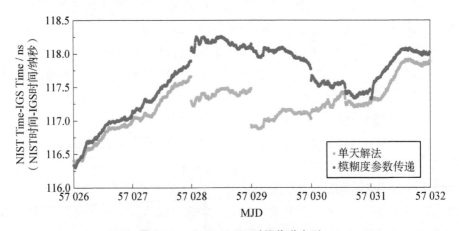

图 6.57 NIST‐IGST 时间传递序列

将 NIST‐IGST 和 IENG‐IGST 时间序列相减可得测站 NIST 和 IENG 的站间时间传递结果,图 6.59 给出了两种方法得到的测站 NIST 与 IENG 的站间时间传递序列,图 6.60 给出了利用 Allan 方差公式计算的 NIST‐IENG

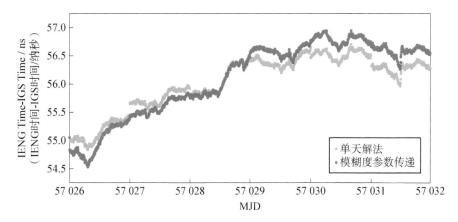

图 6.58　IENG‑IGST 时间传递序列

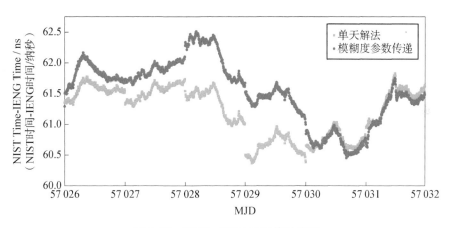

图 6.59　NIST‑IENG 时间传递序列

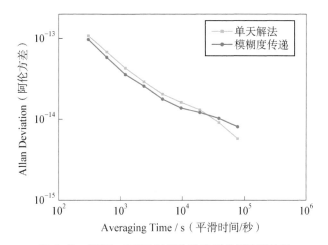

图 6.60　NIST‑IENG 时间传递序列的频率稳定性

时间传递序列的频率稳定度结果。

由图 6.57、图 6.58、图 6.59、图 6.60 可知,采用基于模糊度参数传递的连续 PPP 时间传递方法,能够减弱天跳变对时间传递的影响,无论是单站解算结果还是站间时间传递结果,天与天之间的时间序列都变得更加平滑。该方法与传统的 PPP 单天解法获得的频率稳定度结果基本相当。

基于模糊度参数传递的连续 PPP 时间传递方法相比传统算法,能够利用模糊度参数在连续时段的分界处保持不变的特点削弱天跳变的影响。但当遇到卫星信号失锁或观测数据全部缺失等极端情况时,模糊度参数无法向后进行传递,此时应对算法进行重新初始化。

6.5.5 基于最小二乘曲线拟合的载波相位时间传递方法

由 6.5.1 节介绍可知,载波相位时间传递的跳变可以分为两类,一类是天跳变,已经在 6.5.1 节至 6.5.4 节进行了讨论。本节主要讨论第二类跳变,即由观测数据异常引起的跳变。在连续观测弧段内,通常会由于周围环境变化、卫星信号的遮挡干扰、接收机异常而导致观测数据缺失或误差较大。尽管人们已经采取了重新设计接收机等一些措施,但仍然不能避免观测数据异常状况的发生。观测数据异常会引起 PPP 解算时模糊度参数的重新估计,最终导致时间传递结果的不连续。以测站 IENG 为例,采用 2017 年 1 月 20 日的原始观测数据计算 IENG - IGST 时间结果,如图 6.61 中红色曲线,因为没有数据异常情况发生,时间传递结果是连续的。图 6.61 中绿色曲线给出了删除 15 分钟观

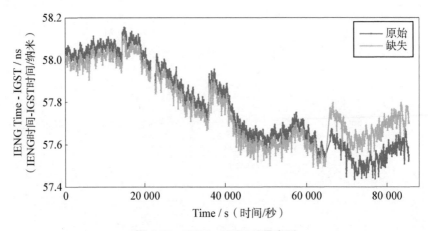

图 6.61　IENG - IGST 时间序列

测数据后计算得到的 IENG‑IGST 时间结果，由于观测文件中缺少了 16：00：00～18：15：00 共 15 分钟的观测数据，时间传递结果不再连续，在数据缺失时段发生了较为明显的跳变。目前还没有有效消除观测数据异常引起跳变的方法，因此有必要对数据异常引起的时间传递结果不连续问题进行研究。

鉴于观测数据异常容易引起时间传递结果发生跳变，提出了一种基于最小二乘曲线拟合的载波相位时间传递方法。该方法通过最小二乘曲线拟合算法对异常时刻的观测数据进行拟合替换来实现连续的时间传递。首先提取观测文件的载波相位和伪距观测量，利用数据异常前后完好的观测数据拟合异常时刻的观测数据，然后用拟合后的结果替换异常时刻的数据并保存到观测文件中，最后对拟合得到的完整观测文件进行解算。这时由于数据异常已经被修复，PPP 不需要在数据异常时刻重新解算模糊度参数，即使在数据异常时刻也能获得连续的时间传递结果。但值得注意的是接收机参考时钟的性能直接影响着拟合观测数据的不确定性，石英晶振在 1 小时内漂移大于 100 ns，若仅以接收机内部石英晶振作为参考时钟，拟合得到的观测数据的不确定性可达几百纳秒甚至更多，解算时仍然需要重新估计模糊度参数。因此，该方法要求接收机配备有高频率稳定度的原子钟作为外接频标，否则并不能很好地消除时间传递中的跳变。

这里采用最小二乘曲线拟合异常时刻观测数据。通常采用 9 阶或者 10 阶多项式进行拟合，多项式系数利用最小二乘进行解算。设给定 $n+1$ 个数据点 (x_k, y_k)，$k=0, 1, \cdots, n$，求一个 $m(m < n)$ 次的拟合多项式

$$P_m(x) = a_0 + a_1 x + a_2 x^2 + \cdots + a_m x^m = \sum_{j=0}^{m} a_j x^j \qquad (6.129)$$

首先构造一组不超过 m 的在给定点上的正交多项式函数系 $\{Q_j(x)(j=0, 1, \cdots, m)\}$，用该函数系作为基函数进行最小二乘曲线拟合，即

$$P_m(x) = q_0 Q_0(x) + q_1 Q_1(x) + \cdots + q_m Q_m(x) \qquad (6.130)$$

式中系数 q_j 满足

$$q_j = \frac{\sum\limits_{k=0}^{n} y_k Q_j(x_k)}{\sum\limits_{k=0}^{n} Q_j^2(x_k)}, \; j=0, 1, \cdots, m \qquad (6.131)$$

构造正交多项式 $Q_j(x)$ 的递推公式

$$\begin{cases} Q_0(x) = 1 \\ Q_1(x) = (x - a_0) \\ Q_{j+1}(x) = (x - a_j)Q_j(x) - \beta_j Q_{j-1}(x), \quad j = 1, 2, \cdots, m-1 \end{cases}$$

(6.132)

其中,

$$a_j = \frac{\sum_{k=0}^{n} x_k Q_j^2(x_k)}{d_j}, \quad j = 0, 1, \cdots, m-1$$

(6.133)

$$\beta_j = \frac{d_j}{d_{j-1}}, \quad j = 1, 2, \cdots, m-1$$

(6.134)

$$d_j = \sum_{k=0}^{n} Q_j^2(x_k), \quad j = 0, 1, \cdots, m-1$$

(6.135)

具体计算步骤如下:

(1) 构造 $Q_0(x)$。设 $Q_0(x) = b_0$,则 $b_0 = 1$,然后分别计算

$$d_0 = n + 1$$

(6.136)

$$q_0 = \frac{\sum_{k=0}^{n} y_k}{d_0}$$

(6.137)

$$a_0 = \frac{\sum_{k=0}^{n} x_k}{d_0}$$

(6.138)

将 $q_0 Q_0(x)$ 项展开后累加到多项式中,则

$$q_0 b_0 \Rightarrow a_0$$

(6.139)

(2) 构造 $Q_1(x)$。设 $Q_1(x) = t_0 + t_1 x$,显然 $t_0 = -a_0$, $t_1 = 1$,然后计算

$$d_1 = \sum_{k=0}^{n} Q_1^2(x_k)$$

(6.140)

$$q_1 = \frac{\sum_{k=0}^{n} y_k Q_1(x_k)}{d_1}$$

(6.141)

$$a_1 = \frac{\sum\limits_{k=0}^{n} x_k Q_1^2(x_k)}{d_1} \tag{6.142}$$

$$\beta_1 = \frac{d_1}{d_0} \tag{6.143}$$

将 $q_1 Q_1(x)$ 展开后累加到多项式中，则有

$$a_0 + q_1 t_0 \Rightarrow a_0 \tag{6.144}$$

$$q_1 t_1 \Rightarrow a_1 \tag{6.145}$$

（3）对于 $j = 2, 3, \cdots, m$ 递推 $Q_j(x)$，递推公式为

$$\begin{aligned}
Q_j(x) &= (x - a_{j-1}) Q_{j-1}(x) - \beta_{j-1} Q_{j-2}(x) \\
&= (x - a_{j-1})(t_{j-1} x^{j-1} + \cdots + t_1 x + t_0) - \beta_{j-1}(b_{j-2} x^{j-1} + \cdots + b_1 x + b_0)
\end{aligned} \tag{6.146}$$

假设

$$Q_j(x) = s_j x^j + s_{j-1} x^{j-1} + \cdots + s_1 x + s_0 \tag{6.147}$$

可得 s_k 的计算公式

$$\begin{cases}
s_j = t_{j-1} \\
s_{j-1} = -a_{j-1} t_{j-1} + t_{j-2} \\
s_k = -a_{j-1} t_k + t_{k-1} - \beta_{j-1} b_k, \quad k = j-2, \cdots, 2, 1 \\
s_0 = -a_{j-1} t_0 - \beta_{j-1} b_0
\end{cases} \tag{6.148}$$

然后分别计算

$$d_j = \sum_{k=0}^{n} Q_j^2(x_k) \tag{6.149}$$

$$q_j = \frac{\sum\limits_{k=0}^{n} y_k Q_j(x_k)}{d_j} \tag{6.150}$$

$$a_j = \frac{\sum\limits_{k=0}^{n} x_k Q_j^2(x_k)}{d_j} \tag{6.151}$$

$$\beta_j = \frac{d_j}{d_{j-1}} \tag{6.152}$$

将 $q_j Q_j(x)$ 展开累加到多项式中得

$$a_k + q_j s_k \Rightarrow a_k,\; k = j-1,\, \cdots,\, 1,\, 0 \qquad (6.153)$$

$$q_j s_k \Rightarrow a_j \qquad (6.154)$$

最后为了循环使用向量 $\boldsymbol{B}$，$\boldsymbol{T}$，$\boldsymbol{S}$，应将向量 $\boldsymbol{T}$ 传送给 $\boldsymbol{B}$，向量 $\boldsymbol{S}$ 传给 $\boldsymbol{T}$，即

$$t_k \Rightarrow b_k,\; k = j-1,\, \cdots,\, 1,\, 0 \qquad (6.155)$$

$$s_k \Rightarrow t_k,\; k = j,\, \cdots,\, 1,\, 0 \qquad (6.156)$$

实际解算时为了防止数据溢出，通常可以用 $x_k - \bar{x}$ 代替 x_k，其中

$$\bar{x} = \frac{1}{n+1} \sum_{k=0}^{n} x_k \qquad (6.157)$$

此时拟合多项式为

$$P_m(x) = a_0 + a_1(x-\bar{x}) + a_2(x-\bar{x})^2 + \cdots + a_m(x-\bar{x})^m$$

$$(6.158)$$

为了分析该方法用于时间传递的效果，首先对多项式拟合的观测数据的精度进行分析。以 2017 年 1 月 20 日测站 IENG 为例，删除当天 15 分钟（18:00:00～18:14:30）的数据，并利用 17:30:00～17:59:30 和 18:15:00～18:44:30 时段的观测数据对缺失的 15 分钟数据进行拟合。图 6.62 给出了 19 号卫星 C1、L1、P2 和 L2 观测量拟合结果与原始观测数据的差值序列，可知 19 号卫星 L1、L2 载波相位观测量差值主要在 0.3 周以内变化，C1、P2 码观测量主要在 0.7 m 以内变化。实际上由于观测环境、不同类型卫星星载原子钟的不同，拟合得到观测数据的精度也有所不同。图 6.63 给出了测站 IENG 在该时段 10 颗可视卫星（分别是 10、12、13、15、17、18、19、24、25、32 号卫星）不同观测量的平均拟合精度。L1、L2 观测量平均拟合精度为 0.22 cycles、0.19 cycles，C1、P2 码观测量的平均拟合精度为 0.61 m、0.60 m。

由以上分析可知，利用最小二乘曲线拟合得到的伪距和载波相位观测量与原始观测量较为一致，数据拟合效果较好。因此猜想利用拟合方法将数据缺失的文件补充成完整的观测文件后，再进行 PPP 解算可以获得连续的时间传递结果。为了验证这一猜想，分别删除 2017 年 1 月 20 日测站 IENG 和 NIST 观测文件 15 分钟的数据进行实验分析。删除 IENG 时段 18:00:00～18:15:00 和 NIST 时段 4:00:00～4:15:00 的数据，利用数据缺失前后 30 分钟的观测数

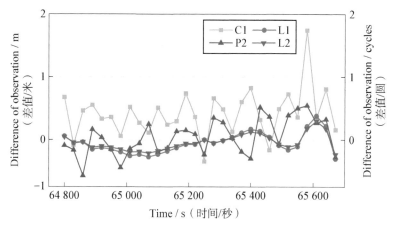

图 6.62　19 号卫星拟合观测数据和原始观测数据差值序列

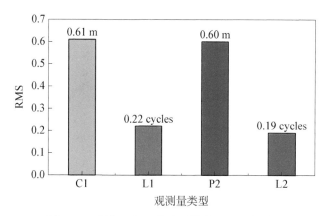

图 6.63　所有可视卫星观测量的平均拟合精度

据拟合缺失时段的观测数据。将拟合的观测数据替换原有文件中的数据进行 PPP 解算,图 6.64、图 6.65 分别给出了测站 IENG 和 NIST 采用原始观测数据、缺失观测数据和拟合观测数据得到的测站相对于 IGST 的钟差结果。

　　将 NIST – IGST 和 IENG – IGST 时间序列相减可以得到测站 NIST 和 IENG 的站间时间传递结果,图 6.66 给出了 IENG – NIST 的站间时间传递结果。

　　由图 6.64、图 6.65、图 6.66 可知,数据缺失会造成时间传递结果的不连续,任一测站数据缺失引起的跳变都会最终反映到站间时间传递结果中。本节提出的基于最小二乘曲线拟合的载波相位时间传递方法获得的时间传递结果与利用原始数据解算的结果较为一致,能够消除观测数据异常引起的跳变,获得连续的时间传递结果。

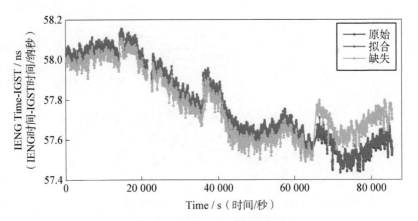

图 6.64　IENG‐IGST 时间传递序列

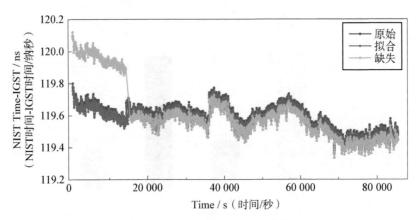

图 6.65　NIST‐IGST 时间传递序列

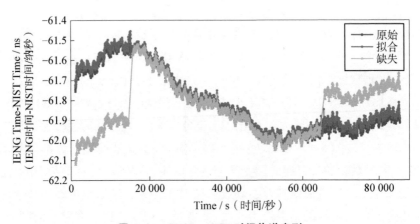

图 6.66　IENG‐NIST 时间传递序列

6.6　GNSS 多系统融合载波相位时间传递

精密时间在国防安全、武器实验、深空探测等领域有着广泛的应用,已经成为国家重要的战略资源,建立独立自主的时间频率体系具有极其重要的国防和军事意义(王义遒,2012)。而时间传递是时间服务工作中重要环节之一,没有高精度的时间传递就不可能使不同地方的时钟保持高精度的时间同步。GNSS 载波相位时间传递是高精度时间传递的主要手段之一,已经在地区、国家综合时间尺度的建设中发挥着重要作用(Defraigne et al,2015;殷龙龙,2015;于合理等,2016)。国内外学者对 GNSS 载波相位时间传递进行了大量的研究(王继刚,2010;Jiang et al,2012;Defraigne et al,2013;张涛,2016)。随着 GLONASS、BDS 和 Galileo 等卫星导航系统的快速发展,过去单一的GPS 时代正逐渐转变为多星座兼容并存的全球卫星导航系统时代。随着 BDS和 Galileo 的建成,将有 120 颗左右的可用导航卫星(徐宗秋,2013;Li et al,2015;谢建涛,2016)。更多的导航卫星能够大大提高城市峡谷等复杂环境下的时间服务能力。因此 GNSS 多系统融合已成为当前 GNSS 技术发展的重要趋势(任晓东等,2015;Li et al,2015)。目前对 GNSS 多系统融合的需求主要存在以下几个方面:①GPS、GLONASS、BDS 及 Galileo 本身都存在着固有的缺陷,使用单一的卫星导航系统存在风险;②GPS 由美国国防部控制,受国家政策影响随时可能出现人为"故障",在军事冲突中伪造欺骗信号甚至局部停发信号,使得非美国的盟国遭受巨大损失;③GLONASS、Galileo 系统虽然尚无明确的信号干扰政策,但在特殊时期的应用难以保证,而且 GLONASS 卫星的稳定性较差,时间传递精度也成问题。而 GNSS 多系统融合具有以下优点:①可以极大丰富卫星信号源,改善卫星的空间几何结构,增加可用观测量,降低地形、建筑物遮挡等因素的影响,提高卫星导航系统的可用性和服务精度;②GNSS 多系统融合能够弥补单一卫星信号体制的人为干扰,更容易探测并及时排除某类卫星信号的干扰和欺骗,提高卫星导航系统的安全性;③多系统导航卫星信号误差具有互补性,多系统融合可以弥补单一卫星导航系统易受卫星轨道误差、卫星钟差等系统误差影响的问题。基于此,本节重点对多系统融合载波相位时间传递进行研究,给出了 GNSS 多系统融合载波相位时间传递的数学模型和 GNSS 多系统融合时空基准的统一转换方法,并分析了 BDS/GPS

在不同环境下的时间传递性能。

6.6.1 GNSS 时空基准统一

GNSS 多系统融合载波相位时间传递和单系统载波相位时间传递原理相同,不同的是 GNSS 多系统融合涉及不同系统的导航星座,而 GNSS 各系统的坐标框架和时间框架均有所不同,要实现多系统融合载波相位时间传递,需要首先将 GNSS 各个系统的时空基准统一起来(徐宗秋,2013;谢建涛,2016)。图 6.67 给出了 GNSS 多系统融合载波相位时间传递的流程图。

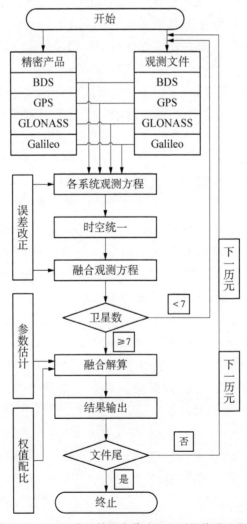

图 6.67 GNSS 多系统融合载波相位时间传递流程图

1) 时间基准统一

GNSS 多系统融合时间传递必须顾及时间系统之间的差异,将各系统数据统一到同一个时间基准下。各系统的时间基准都能和 UTC 形成一定的联系,如图 6.68 所示。目前,GPS 发展较为成熟,其应用也较为广泛,其相关产品的精度也较高。因此,在数据处理过程中,通常以 GPST 作为统一的时间基准,将 UTC 作为中间变量实现不同时间系统的统一。

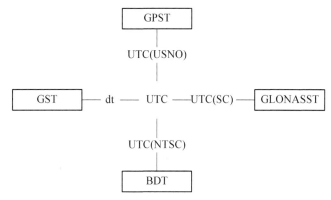

图 6.68　GNSS 系统时间和 UTC 的关系

2) 空间基准统一

GPS、BDS、GLONASS、Galileo 4 个卫星导航系统空间坐标系的定义均符合国际地球旋转服务局(IERS)国际地球参考系(ITRF)的标准,但是在实现方式上存在差异。GPS 坐标系统采用美国世界大地坐标系(WGS - 84),为了维持和提高坐标系的精度,使坐标系与 ITRF 相一致,美国国防部先后对坐标系进行了四次精化处理,使得 WGS84 坐标系和 ITRF08 保持一致。BDS 坐标系统采用 2000 中国大地坐标系统(CGCS2000),CGCS2000 的定义和 ITRS 相一致。GLONASS 坐标系统采用 PZ90 坐标系。Galileo 系统的坐标参考框架 GTRF 实际上是 ITRF 的一个实际的、独立的应用。WGS84、CGCS2000、PZ90、GTRF 参考椭球定义的基本大地参数见表 6.21。

表 6.21　GNSS 系统坐标系统基本大地参数

坐标系统	地球引力常数	长半轴	扁率	自转角速度
WGS - 84	$3.986\,005 \times 10^{14}$	6 378 137.0	1/298.257 223 563	$7.292\,115\,0 \times 10^{-5}$

(续表)

坐标系统	地球引力常数	长半轴	扁率	自转角速度
CGCS2000	$3.986\,004\,418\times10^{14}$	$6\,378\,137.0$	$1/298.257\,222\,101$	$7.292\,115\,0\times10^{-5}$
PZ90	$3.986\,004\,4\times10^{14}$	$6\,378\,136.0$	$1/298.257\,839\,303$	$7.292\,115\,0\times10^{-5}$
GTRF	$3.986\,004\,415\times10^{14}$	$6\,378\,136.5$	$1/298.257\,69$	$7.292\,115\,146\,7\times10^{-5}$
IERS	$3.986\,004\,418\times10^{14}$	$6\,378\,137.0$	$1/298.257\,222\,100\,882\,7$	$7.292\,115\,0\times10^{-5}$

两个任意的三维空间直角坐标系 $O\text{-}X_1Y_1Z_1$ 与 $O\text{-}X_2Y_2Z_2$ 之间进行转换,可采用赫尔默特 7 参数来描述转换关系。两个直角坐标系之间的 7 参数赫尔默特转换公式为

$$\begin{pmatrix} X_2 \\ Y_2 \\ Z_2 \end{pmatrix} = \begin{pmatrix} \Delta X \\ \Delta Y \\ \Delta Z \end{pmatrix} + k \cdot \boldsymbol{R}_X(a_X) \cdot \boldsymbol{R}_Y(a_Y) \cdot \boldsymbol{R}_Z(a_Z) \begin{pmatrix} X_1 \\ Y_1 \\ Z_1 \end{pmatrix} \qquad (6.159)$$

式中,ΔX,ΔY,ΔZ 为平移参数,k 为比例因子 a_X,a_Y,a_Z 为欧拉角,$\boldsymbol{R}_i(a_i)$ 为绕 i 轴旋转 a_i 角构成的旋转矩阵,绕三轴旋转的旋转矩阵可表示为

$$\boldsymbol{R}_X(a_X) = \begin{pmatrix} 1 & 0 & 0 \\ 0 & \cos(a_X) & -\sin(a_X) \\ 0 & \sin(a_X) & \cos(a_X) \end{pmatrix} \qquad (6.160)$$

$$\boldsymbol{R}_Y(a_Y) = \begin{pmatrix} \cos(a_Y) & 0 & \sin(a_Y) \\ 0 & 1 & 0 \\ -\sin(a_Y) & 0 & \cos(a_Y) \end{pmatrix} \qquad (6.161)$$

$$\boldsymbol{R}_Z(a_Z) = \begin{pmatrix} \cos(a_Z) & -\sin(a_Z) & 0 \\ \sin(a_Z) & \cos(a_Z) & 0 \\ 0 & 0 & 1 \end{pmatrix} \qquad (6.162)$$

6.6.2 多系统融合时间传递模型

在单系统载波相位时间传递模型的基础上,考虑系统间时间偏差的影响,

可得如下 GNSS 多系统融合载波相位时间传递的观测方程

$$
\left.
\begin{aligned}
\Phi^{G,j} &= \rho^{G,j} + c \cdot \delta t^G + \lambda \cdot N^{G,j} + T^{G,j} + \varepsilon_\Phi^{G,j} \\
P^{G,j} &= \rho^{G,j} + c \cdot \delta t^G + T^{G,j} + \varepsilon_P^{G,j} \\
\Phi^{C,j} &= \rho^{C,j} + c \cdot (\delta t^G + \delta t_{\text{sys}}^C) + \lambda \cdot N^{C,j} + T^{C,j} + \varepsilon_\Phi^{C,j} \\
P^{C,j} &= \rho^{C,j} + c \cdot (\delta t^G + \delta t_{\text{sys}}^C) + T^{C,j} + \varepsilon_P^{C,j} \\
\Phi^{R,j} &= \rho^{R,j} + c \cdot (\delta t^G + \delta t_{\text{sys}}^R) + \lambda \cdot N^{R,j} + T^{R,j} + \varepsilon_\Phi^{R,j} \\
P^{R,j} &= \rho^{R,j} + c \cdot (\delta t^G + \delta t_{\text{sys}}^R) + T^{R,j} + \varepsilon_P^{R,j} \\
\Phi^{E,j} &= \rho^{E,j} + c \cdot (\delta t^G + \delta t_{\text{sys}}^E) + \lambda \cdot N^{E,j} + T^{E,j} + \varepsilon_\Phi^{E,j} \\
P^{E,j} &= \rho^{E,j} + c \cdot (\delta t^G + \delta t_{\text{sys}}^E) + T^{E,j} + \varepsilon_P^{E,j}
\end{aligned}
\right\} \tag{6.163}
$$

其中

$$
\begin{aligned}
\delta t_{\text{sys}}^C &= \delta t^C - \delta t^G \\
\delta t_{\text{sys}}^R &= \delta t^R - \delta t^G \\
\delta t_{\text{sys}}^E &= \delta t^E - \delta t^G
\end{aligned} \tag{6.164}
$$

式中，G 为 GPS 卫星，C 为 BDS 卫星，R 为 GLONASS 卫星，E 为 Galileo 卫星。δt_{sys}^C、δt_{sys}^R、δt_{sys}^E 分别表示是 BDS、GLONASS 和 Galileo 相对于 GPS 的系统时间差。其余符号含义和单系统载波相位时间传递观测方程中的含义相同。

若同时观测到 m 颗 GPS 卫星，n 颗 BDS 卫星，p 颗 GLONASS 卫星，q 颗 Galileo 卫星。则各观测方程线性化后写成矩阵形式

$$
\underset{2(m+n+p+q)\times 1}{\boldsymbol{Y}} = \underset{2(m+n+p+q)\times(8+m+n+p+q)}{\boldsymbol{A}} \cdot \underset{(8+m+n+p+q)\times 1}{\boldsymbol{X}} + \underset{2(m+n+p+q)\times 1}{\boldsymbol{\varepsilon}} \tag{6.165}
$$

式中，$\underset{2(m+n+p+q)\times(8+m+n+p+q)}{\boldsymbol{A}}$ 为设计矩阵；$\underset{(8+m+n+p+q)\times 1}{\boldsymbol{X}}$ 为未知参数向量，$\underset{2(m+n+p+q)\times 1}{\boldsymbol{Y}}$ 为组合观测量残差；$\underset{2(m+n+p+q)\times 1}{\boldsymbol{\varepsilon}}$ 为测量噪声。

则 $\underset{(8+m+n+p+q)\times 1}{\boldsymbol{X}}$ 可表示为

$$
\underset{(8+m+n+p+q)\times 1}{\boldsymbol{X}} = [x, y, z, c \cdot \delta t_G, c \cdot \delta t_{\text{sys}}^C, c \cdot \delta t_{\text{sys}}^R, c \cdot \delta t_{\text{sys}}^E, ztd, N^1 \cdots N^{m+n+p+q}] \tag{6.166}
$$

$\underset{2(m+n+p+q)\times(8+m+n+p+q)}{\boldsymbol{A}}$ 可表示为

$$A_{2(m+n+p+q)\times(8+m+n+p+q)}$$

$$= \begin{bmatrix}
e_{m\times3} & I_{m\times1} & 0_{m\times1} & 0_{m\times1} & 0_{m\times1} & M_{m\times1} & E_{m\times m} & 0_{m\times n} & 0_{m\times p} & 0_{m\times q} \\
e_{n\times3} & I_{n\times1} & I_{n\times1} & 0_{n\times1} & 0_{n\times1} & M_{n\times1} & 0_{n\times m} & E_{n\times n} & 0_{n\times p} & 0_{n\times q} \\
e_{p\times3} & I_{p\times1} & 0_{p\times1} & I_{p\times1} & 0_{p\times1} & M_{p\times1} & 0_{p\times m} & 0_{p\times n} & E_{p\times p} & 0_{p\times q} \\
e_{q\times3} & I_{q\times1} & 0_{q\times1} & 0_{q\times1} & I_{q\times1} & M_{q\times1} & 0_{q\times m} & 0_{q\times n} & 0_{q\times p} & E_{q\times q} \\
e_{m\times3} & I_{m\times1} & 0_{m\times1} & 0_{m\times1} & 0_{m\times1} & M_{m\times1} & 0_{m\times m} & 0_{m\times n} & 0_{m\times p} & 0_{m\times q} \\
e_{n\times3} & I_{n\times1} & I_{n\times1} & 0_{n\times1} & 0_{n\times1} & M_{n\times1} & 0_{n\times m} & 0_{n\times n} & 0_{n\times p} & 0_{n\times q} \\
e_{p\times3} & I_{p\times1} & 0_{p\times1} & I_{p\times1} & 0_{p\times1} & M_{p\times1} & 0_{p\times m} & 0_{p\times n} & 0_{p\times p} & 0_{p\times q} \\
e_{q\times3} & I_{q\times1} & 0_{p\times1} & 0_{q\times1} & I_{q\times1} & M_{q\times1} & 0_{q\times m} & 0_{q\times n} & 0_{q\times p} & 0_{q\times q}
\end{bmatrix}$$

$$\tag{6.167}$$

式中，x，y，z 为测站三维坐标，e 为视线矢量，M 为对流层映射函数形成的矩阵，I 为全 1 矩阵，0 为全 0 矩阵，E 为单位矩阵。

卫星的载波相位和伪距观测量的方差可表示为

$$\sigma^2 = \text{sys} \times (a^2 + b^2/\sin^2(\text{el})) \tag{6.168}$$

式中，el 为卫星高度角，对于伪距观测量 $a=b=3\,\text{dm}$，对于载波相位观测量 $a=b=3\,\text{mm}$。sys 为不同卫星导航系统之间的权重，有许多种方法可以确定，一般根据卫星导航系统实际运行情况设置。对观测量的方差阵求逆即可得到观测量的权阵，然后进行参数估计即可获得测站接收机钟相对于参考时间的时间传递结果。将各测站获得的单站结果相减即可获得测站之间的时间偏差，实现站间时间传递。

6.6.3　时间传递精度分析

多系统融合能够降低地形、建筑物遮挡等因素的影响，提高卫星导航系统的可用性和服务精度，本节以 BDS/GPS 融合载波相位时间传递为例分析 GNSS 多系统时间传递性能。选择澳大利亚卡拉特哈（KARR）和圣诞岛（XMIS）两测站 2016 年 1 月 11 日～1 月 13 日的数据进行分析。为更好地评价 BDS/GPS 载波相位时间传递性能，通过设置不同的高度截止角来模拟遮挡环境，对比分析 BDS/GPS 和 BDS、GPS 在不同遮挡环境下的时间传递效果，高度截止角分别取 $10°$、$20°$、$30°$ 和 $40°$。观测数据来源于 MGEX 观测网，采样间隔为 30 秒。采用 3 天数据进行独立解算，BDS 采用 B_1 和 B_2 频点进行解算，实验采用静态模式进行处理,伪距与载波相位的权比为 1/10 000。卫星轨道和钟差采用 GFZ 发布的 5 分钟的综合卫星精密轨道和 30 秒的综合钟差产品,对于相对论效应、相位缠绕、固体潮、天线相位中心偏差(PCO)和天线相位中心变化(PCV)等采用模型进行改正。但由于没有 BDS 精确的卫星端 PCV 和接收机端 PCO、PCV 信息,未对 BDS 的 PCO、PCV 进行改正。实验中将 BDS 与 GPS 观测量按等权进行处理。其处理策略如表 6.22 所示。

表 6.22　参数及处理策略

	参数	模型
	信号	GPS:L_1/L_2;BDS:B_1/B_2
	观测量	消电离层组合
观测值	采样率	30 s
	截止角	10°、20°、30°和 40°
	观测值加权	高度角定权
	相位缠绕	模型改正
	固体潮汐	模型改正
误差改正	相对论效应	模型改正
	卫星钟差	MGEX 精密钟差
	卫星轨道	MGEX 精密轨道
	对流层	Saastamoinen 模型＋参数估计
	测站坐标	参数估计(静态)
参数估计	接收机钟差	估计,白噪声(每历元估计一次)
	系统时间偏差	估计,以 GPS 作为参考
	模糊度	估计,浮点解

可视卫星数和时间精度衰减因子(TDOP)是衡量时间传递精度的重要指标。图 6.69、图 6.70 分别给出了高度截止角为 10°、20°、30°和 40°时的 BDS、GPS 和 BDS/GPS 融合系统的可视卫星数和 TDOP 值。图中 MJD 表示修正的儒略日期。表 6.23 给出了不同高度截止角下的平均可视卫星数和平均 TDOP 值。

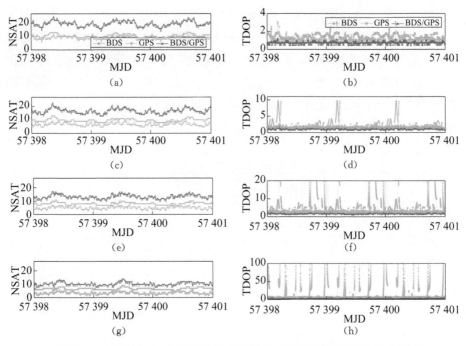

图 6.69　测站 KARR 不同高度截止角情况下的可视卫星数和 TDOP 值

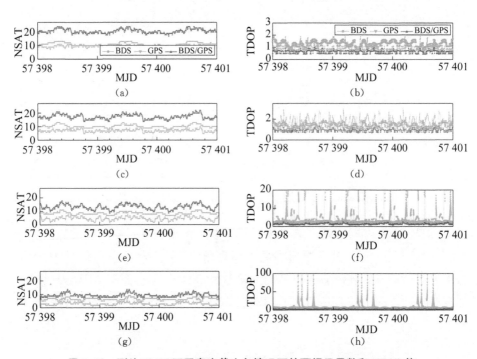

图 6.70　测站 XMIS 不同高度截止角情况下的可视卫星数和 TDOP 值

表 6.23　平均可视卫星数和 TDOP 值

卫星数和 TDOP 值	系统	KARR				XMIS			
		10°	20°	30°	40°	10°	20°	30°	40°
NSAT	BDS	10.3	9.7	8.1	6.6	11.1	10.2	8.6	6.4
	GPS	9.1	6.8	5.2	3.7	9.7	7.2	4.9	3.1
	BDS/GPS	19.4	16.5	13.3	10.3	20.8	17.4	13.5	9.5
TDOP	BDS	1.4	1.5	2.5	4.7	1.3	1.4	2.2	4.7
	GPS	1.0	2.3	16.4	172.5	0.9	1.7	10.7	31.3
	BDS/GPS	0.7	1.0	1.7	3.0	0.6	0.9	1.6	3.3

由图 6.69、图 6.70、表 6.23 知，测站 KARR 和 XMIS 在不同高度截止角时的可视卫星数和 TDOP 值情况类似。以 KARR 为例，统计不同高度截止角时的平均卫星数和 TDOP 值发现：①高度截止角为 10°时，BDS 平均卫星数为 10 颗，略多于 GPS，但 BDS 的 TDOP 值大部分时间大于 GPS，这主要是因为 BDS 的 MEO 卫星较少，空间构型较差；而 BDS/GPS 可视卫星较多，平均为 19 颗，TDOP 值小于 BDS 和 GPS，平均为 0.7。②高度截止角为 20°时，BDS 可视卫星数没有太大变化，而 GPS 卫星数降为 7 颗，GPS 的 TDOP 明显增大，部分时间大于 5，而 BDS 和 BDS/GPS 的 TDOP 值依然保持稳定。③高度截止角为 30°时，GPS 可视卫星明显减少，部分时间不能观测到 4 颗卫星，TDOP 值产生了明显的波动。BDS 依然能够观测到 7 颗卫星以上，TDOP 值维持在 1.6 和 3.2 之间，而 BDS/GPS 能够保证足够的可见卫星，平均为 13 颗，TDOP 均小于 2.4，空间构型最优。④高度截止角为 40°时，GPS 可视卫星数经常不足 4 颗，TDOP 值急剧变大，许多时段甚至超过 100。BDS 因 GEO、IGSO 卫星高度角较高，依然能够平均观测到 6 颗卫星，TDOP 在 2.4 至 6.3 之间。BDS/GPS 融合能够增加可视卫星数量，优化卫星空间几何结构，TDOP 值较为稳定，平均为 3.0。

分别采用 BDS、GPS 和 BDS/GPS 融合三种方案进行解算分析，3 天数据进行独立处理。图 6.71、图 6.72 给出了测站 KARR 和 XMIS 高度截止角为 10°、20°、30°和 40°时的钟差解算结果。

由图 6.71、图 6.72 可知：①三种方案的解算结果变化趋势十分一致，但 BDS 结果与 GPS、BDS/GPS 存在系统性偏差。原因主要有两个方面，一方面

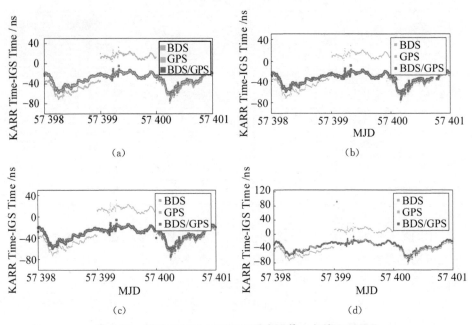

图 6.71 测站 KARR‐IGST 不同高度截止角情况下结果

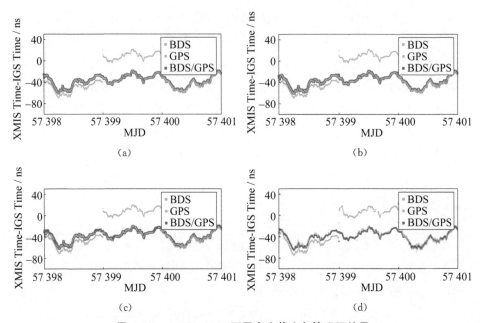

图 6.72 XMIS‐IGST 不同高度截止角情况下结果

是因为 BDS 和 GPS 的接收机硬件延迟偏差不同；另一方面是因为 GFZ 解得卫星精密钟差后，将 GPS 卫星钟差统一到了 GPS 广播星历时间，而并未对 BDS 卫星钟差进行统一。②BDS 解算结果在天与天的交界处发生了明显的跳变。这主要是因为 GFZ 在解算精密钟差产品时每天选择一个多系统的测站作为参考钟，参考钟的变化会造成 BDS 卫星钟差在天与天之间发生跳变，进而影响 BDS 解算结果。而 GFZ 在获得精密钟差后将 GPS 卫星钟差统一到了 GPS 广播星历时间，因此 GPS 解算结果不受参考钟变化的影响，天与天之间没有发生明显的跳变。③高度截止角为 30°时 GPS 在部分时间不能得到钟差结果，高度截止角为 40°时 GPS 钟差结果频繁发生中断。在亚太区域 BDS 因 GEO 和 IGSO 卫星高度角较高，能够一定程度克服 GPS 在复杂环境下可视卫星少的问题，但当高度截止角为 40°时，BDS 在部分时间也无法解算成功。BDS/GPS 融合可以提高时间传递的可用性和可靠性，在高度截止角为 40°时依然可以获得连续的钟差结果。

　　将解算得到的测站 KARR 和 XMIS 的钟差结果相减，即可得到两测站的站间时间传递结果。图 6.73 给出了不同高度截止角情况下三种方案的时间传递序列。表 6.24 给出了解算成功率情况。

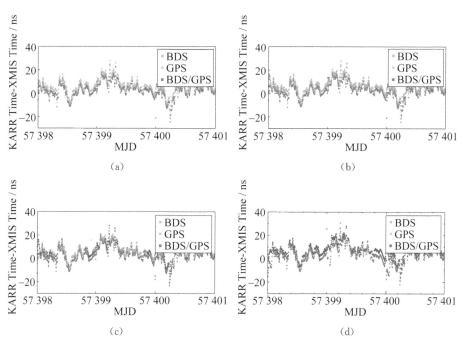

图 6.73　KARR - XMIS 时间传递结果

表 6.24　不同高度截止角时解算成功率　　　　　　　　%

系统	10°	20°	30°	40°
BDS	100.0	100.0	100.0	93.9
GPS	100.0	100.0	71.9	13.8
BDS/GPS	100.0	100.0	100.0	100

　　为进一步分析三种方案的时间传递效果,把 GFZ 网解结果作为"真值",将各方案时间传递结果与 GFZ 网解结果作差得到相应的差值序列。图 6.74 给出了 2016 年 1 月 11 日～1 月 13 日时间传递结果的差值序列。同时统计 KARR‐XMIS 的站间时间传递精度,分别统计每天时间传递结果收敛完成后的标准差(STD),取 3 天结果的平均值。表 6.25 给出了时间传递结果平均标准差,由于高度截止角为 40°时,利用 GPS 仅少数时间能获得时间传递结果,未对其精度进行统计。表 6.26 给出了 3 天时间传递结果的平均 A 类不确定度。

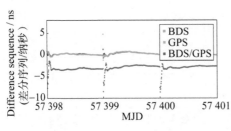

(a) 高度角 10°的时间传递结果的差值序列

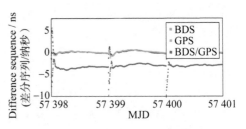

(b) 高度角 20°的时间传递结果的差值序列

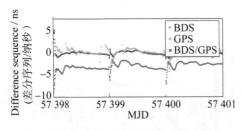

(c) 高度角 30°的时间传递结果的差值序列

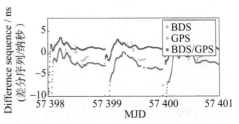

(d) 高度角 40°的时间传递结果的差值序列

图 6.74　KARR‐XMIS 时间传递结果的差值序列

表 6.25　平均时间传递精度结果　　　　　　　　纳秒

系统	10°	20°	30°	40°
BDS	0.18	0.21	0.49	1.16
GPS	0.19	0.19	0.56	
BDS/GPS	0.19	0.20	0.23	0.83

表 6.26　时间传递结果的 A 类不确定度　　　　　　纳秒

系统	10°	20°	30°	40°
BDS	0.011	0.013	0.031	0.076
GPS	0.012	0.012	0.041	
BDS/GPS	0.012	0.013	0.015	0.052

　　从图 6.73、图 6.74 及表 6.24、表 6.25、表 6.26 可知:①BDS 站间时间传递结果在天与天交界处没有发生明显跳变,通过站间作差消除了时间基准及参考钟变化对单站解算结果的影响。BDS 时间传递结果依然与 GPS、BDS/GPS 结果存在系统性偏差,这是因为解算过程中未对 BDS 接收机硬件延迟偏差进行改正。②在亚太区域,当高度截止角较低为 10°、20°时,BDS/GPS 和 GPS 收敛速度基本相当,收敛时间明显比 BDS 短,BDS 收敛较慢主要是因为 BDS 星座 MEO 卫星较少,卫星空间几何结构变化较慢,模糊度参数需要较长时间才能收敛。收敛后三种方案的时间传递精度基本相当。BDS/GPS 融合时间传递精度与单系统相比并没有明显提高,收敛速度相比 GPS 也没有明显提高。这可能是因为在单系统卫星数充足的情况下,增加卫星后对卫星空间构型改善有限,且本节 BDS/GPS 融合时间传递解算时将 BDS 和 GPS 观测量按等权进行处理,不精确的随机模型也会导致融合时间传递结果相较单系统没有提高。③高度截止角 30°时,GPS 时间传递结果部分时间发生中断,GPS 的可用性大大降低,解算成功率仅为 71.9%,时间传递精度变差为 0.56 ns。BDS 因 GEO 和 IGSO 卫星高度角较高,可视卫星数没有发生太大变化,依然能够获得连续的时间传递结果,但 STD 变差,平均为 0.49 ns。BDS/GPS 融合能够克服单系统可视卫星数不足对时间传递造成的影响,时间传递精度没有明显降低为 0.23 ns,明显优于 BDS 和 GPS,收敛速度也比 GPS 和 BDS 快。④高度截止角为 40°时,对单系统影响较大,对 BDS/GPS 融合影响相对较小。此时,GPS 时

间传递结果频繁发生中断,解算成功率仅为 13.8%,已经不能进行有效的时间传递。BDS 时间传递结果在部分时间也出现中断,STD 明显变差,为 1.16 ns。而 BDS/GPS 融合能够提高系统的可用性,解算成功率为 100%,依然可以获得连续的时间传递结果,时间传递精度为 0.83 ns,明显优于 BDS 和 GPS。BDS/GPS 融合的收敛时间也比 BDS、GPS 短,时间传递的稳定性和可用性都得到了提高。

获得时间传递结果后,根据频率计算公式可得相应的频率传递结果

$$y(t) = [\delta_k(t) - \delta_k(t-T)]/T \qquad (6.169)$$

式中,y 为频率,k 为时间传递链路,T 为采样间隔。把根据 GFZ 网解钟差计算得到的频率传递结果作为"真值",将各方案频率传递结果与"真值"作差得到差值序列。图 6.75 给出了测站 KARR 和 XMIS 的频率传递结果的差值序列。表 6.27 给出了频率传递的精度(STD)统计结果。

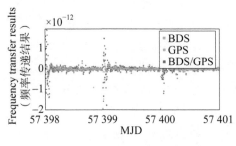

(a) 高度角 10°的频率传递结果的差值序列　　(b) 高度角 20°的频率传递结果的差值序列

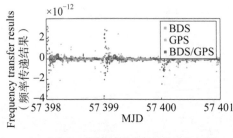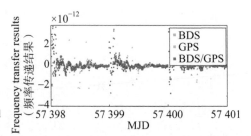

(c) 高度角 30°的频率传递结果的差值序列　　(d) 高度角 40°的频率传递结果的差值序列

图 6.75　KARR‐XMIS 频率传递结果的差值序列

表 6.27　频率传递结果的标准差　　　　　　　　　　　　$\times 10^{-13}$

系统	10°	20°	30°	40°
BDS	0.63	0.66	1.30	3.10
GPS	0.64	0.64	4.04	
BDS/GPS	0.63	0.65	0.79	1.78

由图 6.75、表 6.27 可知,在亚太区域,高度截止角为 10°、20°时,三种模式频率传递精度基本相当,GPS 和 BDS/GPS 收敛速度优于 BDS。高度截止角为 30°时,GPS 频率传递结果出现离散现象,频率传递精度明显变差,平均为 4.04×10^{-13},而 BDS 得益于其特殊星座在亚太地区的良好性能,频率传递精度优于 GPS,为 1.30×10^{-13};BDS/GPS 融合频率传递结果明显优于 BDS 和 GPS 单系统的频率传递结果,平均仅为 0.790×10^{-13}。高度截止角为 40°时,GPS 频率传递结果急剧变差,频繁发生中断,已经不能进行有效的频率传递;而 BDS 依然能够进行频率传递,但部分时间也出现中断现象,而 BDS/GPS 融合依然能够获得连续的频率传递结果,频率传递精度为 1.78×10^{-13},明显优于 GPS 和 BDS。BDS/GPS 融合能够拓展系统的可用性,提高频率传递结果的稳定性和收敛速度。

综合以上分析可知:①在遮挡较为严重时,对单系统时间传递的影响较大,对 BDS/GPS 融合时间传递的影响较小。高度截止角为 30°时,GPS 时间传递结果出现不连续。BDS 得益于其特殊星座在亚太地区的良好性能,时间传递性能优于 GPS,高度截止角增加到 40°时,GPS 已经不能进行有效的时间传递,BDS 时间传递结果在部分时间也发生中断。BDS/GPS 融合在高度截止角为 40°时依然能够获得连续的时间传递结果,时间传递的稳定性和收敛速度均优于单系统。BDS/GPS 融合能够有效拓宽系统的应用范围,极大地提高在深露天煤矿、城市峡谷等复杂环境下时间传递的连续性和稳定性。②在观测条件良好,单系统可视卫星充足时,BDS/GPS 时间传递性能与单系统相比并没有明显提高,BDS/GPS 的收敛速度相比 GPS 也没有明显提高。这可能是因为在单系统卫星数充足的情况下,增加可视卫星后对卫星空间构型改善有限。

>>> 参考文献

[1] Aleinikov M S, 2016. Time and Frequency Measurements. Measurement Techniques, Vol. 59, No. 3, June, 235 – 238.

[2] Alexandr A et al, 2019. Russian Hydrogen Masers For Ground And Space Applications, URSI AP-RASC 2019, New Delhi, India.

[3] Aleynikov et al, 2015. Majorana atomic transition research in H-maser's magnetic state selection region.

[4] Aleynikov M S, 2014. On the single-state selection for H-maser and its signal application for fountain atomic standard. Proc. EFTF, Neuchatel: 169 – 172.

[5] Allan D W, 1966. The Statistics of Atomic Frequency Standards [J]. Proc. IEEE, 54(2):221 – 230.

[6] Allan D W et al, 1994. The variance of predictability of hydrogen masters and primary cesium standards in support of a real time prediction of UTC [C]. Contribution of the US Governrnent, not subject to copyright.

[7] Ardrti M, Picgue J L, 1980. A Cs beam atomic clock using laser optical pumping J. Phys. Lett: 41.

[8] Asimakopoulou G E et al, 2009. Artificial neural network optimization methodology for the estimation of the critical flashover voltage on insulators [J]. IET Science, Measurement & Technology, 3(1):90 – 104.

[9] Audoin C et al, 1968. Design of a Double Focalization in a Hydrogen Maser, IEEE Trans. on Instrum. and Measur. , vol. IM-17, N. 4, pp. 351 – 353.

[10] Audoin C et al, 2001. The measurernent of time—time, frequeney and the atomic clock [M]. Cambridge University Press.

[11] Barnes J A, 1969. Tables of bias functions, B1, and B2, for variances based on finite samples of processes with power law spectral densities. NBS Tech [R]. Note 375, Jan.

[12] Barnes J A et al, 1987. Variances based on data with dead time between the measurements [R]. National Bureau of Standards Boulder Co Time and Frequency Div.

[13] Bender P L, Beaty E C, Chi A R, 1958. Optical detection of narrow Rb87

hyperfine absorption lines. Phys. Rev. Lett. 1958,1.

[14] Bernier, Laurent G, 2004. Application of the GSF-1 algorithm to the near-optimal timescale prediction of the hydrogen master [C]. In Proceedings of the 35th Annual Precise Time and Time Interval (PTTI) Meeting: 17.

[15] Bock H et al, 2009. High-rate GPS clock corrections from CODE: support of 1 Hz applications [J]. Journal of Geodesy, 83(11):1083 – 1094.

[16] Boyko A I et al, 2013. "Active H-maser with increased power of the output signal," Proc. EFTF, Prague, 245 – 248.

[17] Bruyninx C & Defraigne P, 1999. Frequency Transfer Using GPS Codes and Phases: Short-and Long-Term Stability [J]. Proceedings of Precise Time & Time Interval Meeting.

[18] Busca G & Wang Q, 2003. Time prediction accuracy for a space clock [J]. Metrologia, 40(3): S265 – S269.

[19] Campbell S L et al, 2017. A Fermi-degenerate three-dimensional optical lattice clock [J]. Science, 358(6359):90 – 94.

[20] Cerretto G et al, 2009. Time and frequency transfer through a network of GNSS receivers located in timing laboratories [C]. Frequency Control Symposium, 2009 Joint with the 22nd European Frequency and Time forum. IEEE International. IEEE: 1097 – 1101.

[21] Cerretto G et al, 2010. Network time and frequency transfer with GNSS receivers located in time laboratories [J]. IEEE Transactions on Ultrasonics Ferroelectrics & Frequency Control, 57(6):1276 – 84.

[22] Chartier J M, Chartier A, 2001. I-stabilized 633nm He-He laser: 25 years of international comparisons: Proc. SPIE. 4269,123.

[23] Chen J, Zhang Y, Yang S, 2016. Real-time time and frequency transfer based on Network Solution [C]. IGS Workshop.

[24] Chen L, Song W, Yi W, et al, 2016. Research on a method of real-time combination of precise GPS clock corrections [J]. GPS Solutions: 1-9. DOI: 10. 1007/s10291-016-0515-3.

[25] Chen M L, Zhan X Q, Du G, et al, 2015. Compass/BeiDou-2 Spaceborne Clock Performance Assessment and its Error Detection, Mitigation [C]. IEEJ Transactions on Electrical and Electronic Engineering, IEEJ Trans: 10:438 – 446.

[26] Chitsaz H, Amjady N, Zareipour H, 2015. Wind power forecast using wavelet neural network trained by improved Clonal selection algorithm [J]. Energy Conversion and Management, 89:588 – 598.

[27] Chu S, Hollberg L, Bjorkholm J E et al, 1985. Three-dimensional viscous confinement and cooling of atoms by resonance radiation pressure. Phys. Rev. Letters. : 55.

[28] Clairon A et al, 1965. Quantum projection noise in an atomic fountain: A high stability Cs frequency standard: Proceedings of the 5th symposium on Frequency Standard and Metrology.

[29] Cui H, 2015. Precise Carrier Phase Time Transfer Based on BDS Regional Navigation System [C]. International Astronautical Congress.

[30] Dach R, Hugentobler U, Schildknecht T, et al, 2005. Precise continuous time and frequency transfer using GPS carrier phase. In: Proceedings of the 2005 IEEE International, Frequency Control Symposium and Exposition, Vancouver, BC: 329 – 336.

[31] Dach R, Schildknecht T, Hugentobler U et al, 2006. Continuous Geodetic Time Transfer Analysis Methods. IEEE Transactions on Ultrasonics, Ferroelectrics, and Frequency Control, vol. accepted for publication.

[32] Dach R, Schildknecht T, Springer T, et al, 2002. Continuous time transfer using GPS carrier phase. [J]. IEEE Transactions on Ultrasonics Ferroelectrics & Frequency Control, 49(11):1480 – 1490.

[33] Dagoberto Jose Salazar Hernandez, 2010. Precise GPS-based position, velocity and acceleration determination: Algorithms and tools [D]. Universitat Politecnica de Catalunya (UPC), Spain: 74 – 80.

[34] Dagoberto Salazar et al, 2010. GNSS data management and processing with the GPSTK [J], GPS Solut, 14:293 – 299.

[35] Davis J et al, 2012. Development of a Kalman filter based GPS satellite clock time-offset prediction algorithm [C]//European Frequency and Time Forum (EFTF), IEEE: 152 – 156.

[36] Defraigne P, Petit G, 2015. CGGTTS-Version 2E: an extended standard for GNSS Time Transfer [J]. Metrologia, 52(6): G1 – G1.

[37] Defraigne P, Sleewaegen J M, 2015. Correction for code-phase clock bias in PPP [C]. Frequency Control Symposium & the European Frequency and Time Forum. IEEE: 662 – 666.

[38] Defraigne P et al, 2007. GLONASS and GPS PPP for Time and Frequency Transfer [C]. Frequency Control Symposium, 2007 Joint with the 21st European Frequency and Time Forum. IEEE International, May 29 2007 – June 1: 909 – 913.

[39] Defraigne P et al, 2007. PPP and Phase-only GPS Time and Frequency transfer [C]. Frequency Control Symposium, 2007 Joint with the 21st European Frequency and Time Forum. IEEE International, May 29 2007 – June 1: 904 – 908.

[40] Defraigne P et al, 2013. Advances in multi-GNSS time transfer [C]. European Frequency and Time Forum & International Frequency Control Symposium

(EFTF/IFC)，2013 Joint. IEEE：508 – 512.

[41] Defraigne P et al，2014. Monitoring of UTC(k)'s using PPP and IGS real-time products [J]. Gps Solutions，19(1)：165 – 172.

[42] Delporte J et al，2007. Fixing integer ambiguities for GPS carrier phase time transfer [C]. Proceedings of the joint European Frequency and Time Forum and IEEEF frequency Control Symposium，Geneva，Switzerland，29 May – 1 June：927 – 932.

[43] Demidov N A et al，2018. Onboard Hydrogen Frequency Standard For The Millimetron Space Observatory"，Measurement Techniques，Vol. 61，No. 8，November.

[44] Deng Z et al，2014. Orbit and clock determination-BeiDou [C]. Proceedings of IGS workshop，Pasadena，USA：23 – 27.

[45] Diddams S A et al，2000. Direct Linkd between Microwave and Optical Frequency with a 300THz Femtosecond Laser Comb. Phys. Rev. Lett. ：84.

[46] Dong S，Wu H，Li X，et al，2008. The Compass and its time reference system [J]. Metrologia，45(6)：S47 – S50.

[47] Epstein M，Freed Gand Rajan J，2003. GPS IIR Rubidium clocks：in-orbit performance aspects [C]. In Proceedings of the 35th Annual Precise Time and Time Interval (PTTI) Meeting：117 – 134.

[48] Essen L，Parry J V L，1957. The Cs resonator as a standard of frequency and time. Phil. Trans. R. Soc，London，Seres A：250.

[49] Ferre-Pikal E. S et al，1997. Draft revision of IEEE STD 1139 – 1988 Standard definitions of physical quantities for fundamental frequency and time metrology random instabilities [C]. Orlando，FL，1997 IEEE International Frequeney Control Symposium：338 – 357.

[50] Filho E A M et al，2003. Real time estimation of GPS receiver clock offset by the Kalman filter. [J]. Personal Communication.

[51] Gao X Z，Ovaska S J et al，2002. Genetic algorithm training of Elman neural network in motor fault detection [J]. Neural computing & applications，11(1)：37 – 44.

[52] García-Pedrajas N et al，2003. COVNET：a cooperative coevolutionary model for evolving artificial neural networks [J]. IEEE Transactions on Neural Networks，14(3)：575 – 596.

[53] Ge M et al，2012. A computationally efficient approach for estimating high-rate satellite clock corrections in realtime [J]. GPS solutions，16(1)：9 – 17.

[54] Ge Y，Qin W，Su K et al，2019. A new approach to real-time precise point-positioning timing with International GNSS Service real-time service products [J]. Measurement Science and Technology，30(12). doi：10. 1088/1361 – 6501/

ab2fa5.

[55] Goldenerg H M, Kleppner D, Ramsey N F, 1960. Atomic hydrogen maser. Phys. Rev. Lett. ; 5.

[56] Gotoh T, 2005. Improvement GPS time link in Asia with all in view [C]// Frequency Control Symposium and Exposition, 2005. Proceedings of the 2005 IEEE International. IEEE, 2005;5.

[57] Griggs E et al, 2014. An investigation of GNSS atomic clock behavior at short time intervals [J]. GPS Solutions, 18;443 – 452.

[58] Guang W, Zhang P, Yuan H, et al, 2014. The research on carrier phase time transfer of BeiDou navigation satellite system [C]. European Frequency and Time Forum. IEEE; 113 – 117.

[59] Guo Fei, Li Xingxing, Zhang Xiaohong, et al, 2017. Assessment of Precise Orbit and Clock Products for Galileo, BeiDou, and QZSS from IGS Multi-GNSS Experiment (MGEX) [J]. GPS Solutions, 21(1);279 – 290.

[60] Guyennon N, Cerretto G, Tavella P et al, 2009. Further characterization of the time transfer capabilities of precise point positioning (PPP); the sliding batch procedure, IEEE Trans. Ultrason. , Ferroelect, Freq. Contr, 56(8);1634 – 1641.

[61] Hackman C, Matsakis D, 2011. Precision and accuracy of USNO GPS carrier phase time transfer; Further studies [C]. Frequency Control and the European Frequency and Time Forum (FCS), 2011 Joint Conference of the IEEE International. IEEE; 1 – 6.

[62] Hackman C, Parker T E, 1996. Noise analysis of unevenly spaced time series data [J]. Metrologia, 33(5);457.

[63] Hadas T, Bosy J, 2015. IGS RTS precise orbits and clocks verification and quality degradation over time [J]. GPS Solutions, 19(1);93 – 105.

[64] Haensch T W, Schawlow A L, 1975. Cooling of gasses by laser radiation. Opti. Commu. ; 13.

[65] Hail J L, Borde C J, Uehara K, 1976. Direct Optical Resolution of the Recoil Effect Using Saturated Absorption Spectroscopy. Phys. Rev. Lett. ; 37.

[66] Hall J L, 2006. Nobel lecture; Defining and measuring optical frequencies. Rev. Mod. Phys. ; 78.

[67] Han C, Cai Z, Lin Y, et al, 2013. Time Synchronization and Performance of BeiDou Satellite Clocks in Orbit [J]. International Journal of Navigation and Observation; 1 – 5, http; //dx. doi. org/10. 1155/2013/371450.

[68] Han C, Yang Y, Cai Z, 2011. BeiDou navigation satellite system and its time scales [J]. Metrologia, 48(4); S213 – S218.

[69] Han S C, Kwon J H, Jekeli C, 2001. Accurate absolute GPS positioning through satellite clock error estimation [J]. Journal of Geodesy, 75(1);33 – 43.

[70] Hansch T W, 2006. Nobel lecture: Passion for precision. Rev. Mod. Phys. :78.

[71] Han T, 2020. Fractal behavior of BDS – 2 satellite clock offsets and its application to real-time clock offsets prediction [J]. GPS Solutions, 24(2):1 – 13.

[72] Hauschild A, Montenbruck O, Steigenberger P, 2013. Short-term analysis of GNSS clocks [J]. GPS Solutions, 17(3):295 – 307.

[73] Hein G W, Avila-Rodriguez J A, Wallner et al, 2007. Envisioning a future GNSS system of Systems: Part 1 [J]. Inside GNSS, Jan/Feb: 58 – 67.

[74] Heo Y J, Cho J, Heo M B, 2010. Improving prediction accuracy of GPS satellite clocks with periodic variation behavior [J]. Measurement Science and Technology, 21(7):3001 – 3008.

[75] Hofmann-Wellenhof B, Lichtenegger H, Wasle E, 2008. GNSS-Global Navigation Satellite System: GPS, Glonass, Galileo and More [M]. Berlin: Springe: 397 – 415.

[76] Hornik K, Stinchcombe M, 1989. White H. Multilayer feedforward networks are universal approximators [J]. Neural networks, 2(5):359 – 366.

[77] Howe D A, 2000. Measurements, Modeling and Time-error Prediction [C]. Private Communication.

[78] Howe D A, Allan D W, Barnes J A, 1981. Properties of signal sources and measurement methods [C]. Proceedings of the 35th Annual Symposium on Frequency Control: 669 – 716.

[79] Howe D A, Hati A, Nelson C W, 2015. Ultra-low phase noise frequency synthesis from optical atomic frequency standards [C]. European Frequency & Time Forum. IEEE.

[80] Huang G W, Zhang Q, 2012. Real-time estimation of satellite clock offset using adaptively robust Kalman filter with classified adaptive factors [J]. GPS solutions, 16(4):531 – 539.

[81] Huang G W, Zhang Q, Li H, et al, 2013. Quality variation of GPS satellite clocks on-orbit using IGS clock products [J]. Advances in Space Research, 51(6): 978 – 987.

[82] Huang G W, Zhang Q, Xu G C, 2014. Real-time clock offset prediction with an improved model [J]. GPS solutions, 18(1):95 – 104.

[83] Humphrey M A, Phillips D F, Walsworth R L, 2000. Double-resonance frequency shift in a hydrogen maser. Physical Review a, volume 62,063405.

[84] Hutsell, S. T, 1995. Relating the hadamard variance to MCS Kalman filter clock estimation [C]. Proc. of the 27th Annual Precise Time and Time Interval (PTTI) Applicationsand Planning Meeting, p. 291 – 301, San Diego, Calif, USA.

[85] Indriyatmoko A, Kang T, Lee Y J, et al, 2008. Artificial neural networks for predicting DGPS carrier phase and pseudorange correction [J]. GPS Solutions, 12

(4):237 - 247.

[86] Jiang Z, Lewandowski W, 2012. Accurate GLONASS Time Transfer for the Generation of the Coordinated Universal Time [J]. International Journal of Navigation & Observation: 1687 - 5990.

[87] Jiang Z, Petit G, 2004. Time Transfer with GPS All in View [C]. Asia-Pacific Workshop on Time and Frequency, Washington DC.

[88] Jiang Z, Petit G, Uhrich P, et al, 2000. Use of GPS carrier phase for high precision frequency (time) comparison [M]. Geodesy Beyond 2000. Springer Berlin Heidelberg: 41 - 46.

[89] Jones R H, Tryon P V, 1987. Continuous time series models for unequally spaced data applied to modeling atomic clocks [J]. Siam Journal on Scientific & Statistical Computing, 8(1):71 - 81.

[90] Kavzoglu T, Saka M H, 2005. Modelling local GPS/levelling geoid undulations using artificial neural networks [J]. Journal of Geodesy, 78(9):520 - 527.

[91] Kerh T, Gunaratnam D, Chan Y, 2010. Neural computing with genetic algorithm in evaluating potentially hazardous metropolitan areas result from earthquake [J]. Neural Computing and Applications, 19(4):521 - 529.

[92] Kim M, Kim J, 2015. A Long-term Analysis of the GPS Broadcast Orbit and Clock Error Variations [J]. Procedia Engineering, 99:654 - 658.

[93] Klees R. , Prutkin I, 2010. The combination of GNSS-levelling data and gravimetric (quasi-) geoid heights in the presence of noise [J]. Journal of Geodesy, 84:731 - 749.

[94] Kleppner D et al, 1962. Theory of the hydrogen maser. Phys. Rev. , 126, No. 2, 603 - 615.

[95] Kleppner D et al, 1965. Hydrogen-maser principles and techniques. Phys. Rev. , 138, No. 4A, 972 - 983.

[96] Kouba J, 2013. A guide to using International GNSS Service (IGS) Products. 2009 [C]//Ocean Surface Topography Science Team (OSTST) Meeting in Boulder, CO.

[97] Kouba J, Springer T, 2001. New IGS station and satellite clock combination [J]. GPS Solutions, 4(4):31 - 36.

[98] Lei Yu, Zhao Danning, Hu Zhaopeng, et al, 2015. Prediction of navigation satellite clock bias by Gaussian Process Regression [C]. Chinese satellite navigation conference (CSNC) 2015 Proceedings: lecture notes in electrical engineering, vol 3:411 - 423.

[99] Lejba P, Nawrocki J, Lemanski D, et al, 2013. Precise Point Positioning technique for short and long baselines time transfer [C]. European Frequency and Time Forum & International Frequency Control Symposium. IEEE:815 - 818.

[100] Levi F et al, 2003. Realization of a CPT maser prototype for Galileo: 2003 IEEE International Frequency Control Symposium and PDA Exhibition Jointly with 17th EFTF.

[101] Levine J, 2008. A review of time and frequency transfer methods [J]. Metrologia, 45(6): S162 – 174.

[102] Lichten S M, Border J S, 1987. Strategies for High-precision Global Positioning System Orbit Determination [J]. Journal of Geophysical Research Solid Earth, 92(B12):12751 – 12762.

[103] Li X, 2009. Comparing the Kalman filter with a Monte Carlo-based artificial neural network in the INS/GPS vector gravimetric system [J]. Journal of Geodesy, 83(9):797 – 804.

[104] Li X, Ge M, Dai X, et al, 2015. Accuracy and reliability of multi-GNSS real-time precise positioning: GPS, GLONASS, BeiDou, and Galileo [J]. Journal of Geodesy, 89(6):607 – 635.

[105] Lu Zhiping, Qu Yunying, Qiao Shubo, 2014. Geodesy: Introduction to Geodetic Datum and Geodetic Systems [M]. Verlag Berlin Heidelberg: Springer: 21 – 69.

[106] Lv Y, Dai Z, Zhao Q, et al, 2017. Improved short-term clock prediction method for real-time positioning [J]. Sensors, 17(6):1308.

[107] Lyons H, 1949. Microwave spectroscopic frequency and time standards. Electronic Eng. : 68.

[108] MacLeod K, Caissy M, 2010. Real time IGS pilot project (RT-PP) status report [R]. IGS Workshop, Newcastle UK, June 28.

[109] Major F G, Werth G, 1973. High-resolution magnetic hyperfine resonance in harmonically bouad ground-state 199Hg+ ions. Phys. Rev. Lett. : 30.

[110] Mattison E M et al, 1987. Single-state selection system for hydrogen masers. IEEE Trans. Ultrason. Ferroelectr. Freq. Contr. , UFFC – 34, No. 6,622 – 627.

[111] Montenbruck O, Hauschild A, Steigenberger P, et al, 2013a. Initial assessment of the COMPASS/BeiDou – 2 regional navigation satellite system [J]. GPS solutions, 17(2):211 – 222.

[112] Montenbruck O, Hugentobler U, Dach R, et al, 2012. Apparent clock variations of the Block IIF – 1 (SVN62) GPS satellite [J]. GPS Solutions, 16: 303 – 313.

[113] Montenbruck O, Rizos C, Weber R, et al, 2013b. Getting a Grip on Multi-GNSS: the International GNSS Service MGEX Campaign [J]. GPS World, 24 (7):44 – 49.

[114] Montenbruck O, Steigenberger P, Prange L, et al, 2017. The Multi-GNSS Experiment (MGEX) of the International GNSS Service (IGS)- achievements,

prospects and challenges [J]. Advances in Space Research, 59(7):1671 – 1697.

[115] Mosavi M R, Shafiee F, 2016. Narrowband interference suppression for GPS navigation using neural networks [J]. GPS solutions, 20(3):341 – 351.

[116] Moya A, Irikura K, 2010, . Inversion of a velocity model using artificial neural networks [J]. Computers & Geosciences, 36(12):1474 – 1483.

[117] Navnath D. et al, 2019. Upgraded Frequency Standard for the GMRT Observatory. URSI AP-RASC 2019, New Delhi, India, 09 – 15.

[118] Oaks J, Buisson J A, Largay M M, 2007. A summary of the GPS constellation clock performance [R]. Naval Research Lab Washington DC.

[119] Panfilo G, Tavella P, 2008. Atomic clock prediction based on stochastic differential equations [J]. Metrologia, 45(6): S108 – S116.

[120] Petit G, 2009. The TAIPPP pilot experiment [C]. Frequency Control Symposium, 2009 Joint with the 22nd European Frequency and Time forum. IEEE International. IEEE: 116 – 119.

[121] Petit G, Arias E, 2009. Use of IGS products in TAI applications [J]. J Geod, 83:327 – 334.

[122] Petit G, Defraigne P, 2016. The performance of GPS time and frequency transfer: comment on 'A detailed comparison of two continuous GPS carrier-phase time transfer techniques' [J]. Metrologia, 53(3):1003 – 1008.

[123] Petit G, Jiang Z, 2007. Precise Point Positioning for TAI computation [C]. IEEE International Frequency Control Symposium Joint with the, European Frequency and Time Forum. IEEE: 395 – 398.

[124] Petit G, Kanj A, Loyer S, et al, 2015. 1×10^{-16} frequency transfer by GPS PPP with integer ambiguity resolution [J]. Metrologia, 52(2):1 – 4.

[125] Prange L. , Dach R. , Lutz S. , et al, 2015. The CODE MGEX Orbit and Clock Solution [J]. Iag Scientific Assembly: 1 – 7. doi: 10. 1007/1345_2015_161.

[126] Pugliano G, Robustelli U, Rossi F, et al, 2016. A new method for specular and diffuse pseudorange multipath error extraction using wavelet analysis [J]. GPS Solutions, 20(3):499 – 508.

[127] Rabi I I, Zacharias J R et al, 1938. A new method of measuring nuclear magnetic moment Phys. Rev. Lett. : 53.

[128] Ramsey N F, 1950. A molecular beam resonance method with separated oscillating field. Phys. Rev. Lett. : 78.

[129] Ramsey N F, 1956. Molecular beams. Oxford University press.

[130] Ray J, Senior K, 2003. IGS/BIPM pilot project: GPS carrier phase for time/frequency transfer and timescale formation [J]. Metrologia, 40(3): S270 – S288.

[131] Ray J, Senior K, 2005. Geodetic techniques for time and frequency comparisons using GPS phase and code measurements [J]. Metrologia, 42(4):215 - 232.

[132] Riley W J, 2002b. The calculation of time domain frequency stability. Hamilton Technical Services [M].

[133] Riley W J, 2003. Techniques for frequency stability analysis [C]//IEEE international frequency control symposium, Tampa, FL: 4.

[134] Riley W J, 2007. Handbook of frequency stability analysis [M]. Gaithersburg, MD: US Department of Commerce, National Institute of Standards and Technology.

[135] Rizos C, Montenbruck O, Weber R, et al, 2013. The IGS MGEX Experiment as a Milestone for a Comprehensive Multi-GNSS Service [C]. In: Proceedings of ION PNT, Institute of Navigation, Honolulu, HI: 289 - 295.

[136] Roy J, Glauber, 2006. Nobel lecture: One hundred year of light quanta. Rev. Mod. Phys. : 78.

[137] Sansò F, Venuti G, 2011. The Convergence Problem of Collocation Solutions in the Framework of the Stochastic Interpretation [J]. Journal of Geodesy, 85:51 - 63.

[138] Schuh H, Ulrich M, Egger D, et al, 2002. Prediction of Earth orientation parameters by artificial neural networks [J]. Journal of Geodesy, 76(5):247 - 258.

[139] Senior K, Koppang P, Ray J, 2003. Developing an IGS time scale [J]. IEEE transactions on ultrasonics, ferroelectrics, and frequency control, 50(6):585 - 593.

[140] Senior K, Ray J, 2001. Accuracy and precision of GPS carrier-phase clock estimates [R]. Naval Observatory Washington DC.

[141] Senior K L, Ray J R, Beard R L, 2008. Characterization of periodic variations in the GPS satellite clocks [J]. GPS Solution, 12(3):211 - 225.

[142] Sesia I, Galleani L, Tavella P, 2007. Implementation of the dynamic Allan variance for the Galileo System Test Bed V2 [C]//Frequency Control Symposium, 2007 Joint with the 21st European Frequency and Time Forum. IEEE International. IEEE: 946 - 949.

[143] Sesia I, Galleani L, Tavella P, 2011. Application of the dynamic Allan variance for the characterization of space clock behavior [J]. Aerospace and Electronic Systems, IEEE Transactions on, 47(2):884 - 895.

[144] Shi J, Xu C, Li Y, et al, 2015. Impacts of real-time satellite clock errors on GPS precise point positioning-based troposphere zenith delay estimation [J]. Journal of Geodesy: 1 - 10.

[145] Shimoda K, Wang T C, Townes C H, 1956. Further aspects of theory of the

maser. Phys. Rev. Lett. ：102.

[146] Shi X, Liu L, Yao G et al, 2016. Comprehensive Satellite Clock Performance Evaluation Results Analysis with Multi-data [C]. 7th China Satellite Navigation Conference, CSNC 2016, Changsha, China：121 - 129.

[147] Souza de E M, Monico J F G, 2007. The wavelet method as an alternative for reducing ionospheric effects from single-frequency GPS receivers [J]. Journal of Geodesy, 81(12)：799 - 804.

[148] Steigenberger P, Hugentobler U, Hauschild A et al, 2013. Orbit and Clock Analysis of Compass GEO and IGSO Satellites [J]. Journal of Geodesy, 87(6)：515 - 525.

[149] Steigenberger P, Hugentobler U, Loyer S et al, 2015. Galileo Orbit and Clock Quality of the IGS Multi-GNSS Experiment [J]. Advances in Space Research, 55(1)：269 - 281.

[150] Stein S R, Evans J, 1990. The application of Kalman filters and ARIMA models to the study of time prediction errors of clocks for use in the defence communication system (DCS) [C]. 44th Annual Frequency Control Symposium：630 - 635.

[151] Stein S R, Filler R L, 1988. Kalman filter analysis for real time applications of clocks and oscillators [C]. Frequency Control Symposium, 1988. Proceedings of the. IEEE：447 - 452.

[152] Strandjord K L, Axelrad P, 2018. Improved prediction of GPS satellite clock sub-daily variations based on daily repeat [J]. GPS Solutions, 22(3)：1 - 13.

[153] Tabaraki R, Khayamian T, Ensafi A A, 2007. Solubility prediction of 21 azo dyes in supercritical carbon dioxide using wavelet neural network [J]. Dyes and Pigments, 73(2)：230 - 238.

[154] Taylor W A, 2000. Change-point analysis：a powerful new tool for detecting changes [R]. preprint, available as http：//www. variation. com/cpa/tech/ changepoint. html.

[155] Urabe S, Nakagiri K, Ohta Y, Kobayashi M, Saburi Y et al, 1980. Majorana effect on atomic frequency standards. IEEE Trans. Instr. Meas. , IM - 29, No. 4, 304 - 310.

[156] Vanier J, Godone A, Levi F, 1998. Coherent population trapping in Cs：darklines and coherent microwave emission. Phys. Rev. A. ：58.

[157] Vannicola F, Beard R, White J, et al, 2010. GPS BLOCK IIF atomic frequency standard analysis [C]//Proceedings of the 42nd annual precise time and time interval (PTTI) application and planning meeting：181 - 195.

[158] Vernotte F, 2006. Incertitude Sur Les Coefficients D'interpolation Lineaire ET Les residus [C]. Private Communication.

[159] Vernotte F, Delporte J, Brunet M et al, 2001. Uncertainties of drift coefficients and extrapolation errors: application to clock error prediction [J]. Metrologia, 38(4):325 – 342.

[160] Vondrak J, 1977. Problem of smoothing observational data II [J]. Bull Astron. Inst, 28:83 – 93.

[161] Waller P, Gonzalez F, Binda S, et al, 2010a. Long-term performance analysis of GIOVE clocks [C]//Proceedings of the 42nd annual precise time and time interval (PTTI) application and planning meeting: 171 – 179.

[162] Waller P, Gonzalez F, Binda S, et al, 2010b. The in-orbit performances of GIOVE clocks [J]. IEEE transactions on ultrasonics, ferroelectrics, and frequency control, 57(3):738 – 745.

[163] Wang, Y. Z, Ying et al, 1999. Laser cooling and trapping of atoms in optical and micro-wave electro-magnetic trap [P]. Lasers and Electro-Optics.

[164] Wang D, Guo R, Xiao S, et al, 2019. Atomic clock performance and combined clock error prediction for the new generation of BeiDou navigation satellites [J]. Advances in Space Research, 63(9):2889 – 2898.

[165] Wang J G, Hu Y H, He Z M et al, 2011. Prediction of clock errors of atomic clocks based on modified linear combination model [J]. Chinese Astronomy and Astrophysics, 35(3):318 – 326.

[166] Wang K, Rothacher M, 2013. Stochastic Modeling of High-stability Ground Clocks in GPS Analysis [J]. Journal of Geodesy, 87(5):427 – 437.

[167] Wang W, Wang Y, Yu C et al, 2021. Spaceborne atomic clock performance review of BDS – 3 MEO satellites [J]. Measurement, 175:109075.

[168] Wang Y P, Lu Z P, Qu Y Y et al, 2017. Improving Prediction Performance of GPS Satellite Clock Bias Based on Wavelet Neural Network [J]. GPS Solutions, 21(2):523 – 534.

[169] Weinbach U, Schon S, 2011. GNSS Receiver Clock Modeling When Using High-precision Oscillators and Its Impact on PPP [J]. Advances in Space Research, 47 (2):229 – 238.

[170] Weinbach U, Schon S, 2012. Improved GPS receiver clock modeling for kinematic orbit determination of the GRACE satellites [C]. European Frequency and Time Forum. IEEE: 157 – 160.

[171] Weinbach U, Schon S, 2013. Improved GRACE kinematic orbit determination using GPS receiver clock modeling [J]. GPS Solution, 17(4):511 – 520.

[172] Weyers S, Schroder R, Wynands R, 2006. Majorana Transitions in an Atomic Fountain Clock", Proceedings of the 20th EFTF: 219 – 223.

[173] Wu Z, Zhou S, Hu X, et al, 2018. Performance of the BDS3 experimental satellite passive hydrogen maser [J]. GPS Solutions, 22(2):1 – 13.

[174] Xu B, Wang Y, Yang X, 2013. Navigation satellite clock error prediction based on functional network [J]. Neural processing letters, 38(2):305-320.

[175] Xu G C, 2007. GPS: Theory, Algorithms and Applications [M]. Springer Science & Business Media.

[176] Yang Y, Yue X, Yuan J et al, 2014. Enhancing the kinematic precise orbit determination of low earth orbiters using GPS receiver clock modelling [J]. Advances in Space Research, 54(9):1901-1912.

[177] Yao J, 2014. Continuous GPS Carrier-Phase Time Transfer [J]. Dissertations & Theses-Gradwork.

[178] Yao J, Levine J, 2014. An Improvement of RINEX-Shift Algorithm for Continuous GPS Carrier-Phase Time Transfer [J]. Dissertations & Theses-Gradworks.

[179] Yao J, Levine J, 2014. GPS Measurements Anomaly and Continuous GPS Carrier-Phase Time Transfer [J]. Proceedings of Annual Precise Time & Time Interval Systems & Applications Meeting: 164-169.

[180] Yao J, Levine J, 2016. A Study of GPS Carrier-Phase Time Transfer Noise Based on NIST GPS Receivers [J]. 121:372-388.

[181] Yao J, Levine J, 2016. Long-Term GPS Carrier-Phase Time Transfer Noise: A Study based on Seven GPS Receivers at NIST [C]. IEEE International Frequency Control Symposium. IEEE.

[182] Yao J, Weiss M, Curry C et al, 2016. GPS Jamming and GPS Carrier-Phase Time Transfer [C]. Institute of Navigation Ptti Meeting.

[183] Yassami M, Ashtari P, 2015. Using fuzzy genetic, Artificial Bee Colony (ABC) and simple genetic algorithm for the stiffness optimization of steel frames with semi-rigid connections [J]. KSCE Journal of Civil Engineering, 19(5):1366-1374.

[184] Zhang G, Han S, Ye J, et al, 2022. A method for precisely predicting satellite clock bias based on robust fitting of ARMA models [J]. GPS Solutions, 26(1):1-15.

[185] Zhang X H, Li X X, Guo F, 2011. Satellite clock estimation at 1 Hz for realtime kinematic PPP applications [J]. GPS Solutions, 15(4):315-324.

[186] Zhang Y, Gao Y, Suen L E E, 2011. System and method for applying code corrections for GNSS positioning: U. S. Patent 7,911,378.

[187] Zhao Q L, G J, Li M, et al, 2013. Initial Results of Precise Orbit and Clock Determination for COMPASS Navigation Satellite System [J]. Journal of Geodesy, 87(5):475-486.

[188] Zheng Z, Lu X, Chen Y, 2008. Improved grey model and application in real-time GPS satellite clock bias prediction [C]//Natural Computation, 2008. ICNC'08.

Fourth International Conference on. IEEE，2：419－423.

[189] Zhou W，Huang C，Song S，et al，2016. Characteristic analysis and short-term prediction of GPS/BDS satellite clock correction［C］//China Satellite Navigation Conference (CSNC) 2016 Proceedings：Volume III. Springer，Singapore：187－200.

[190] Zumberge J F，Heflin M B，Jefferson D C，et al，1997. Precise point positioning for the efficient and robust analysis of GPS data from large networks［J］. Journal of Geophysical Research：Solid Earth (1978－2012)，102(B3)：5005－5017.

[191] 白锐锋,蔡志武,肖胜红,2012. GPS Block－IIF 星载原子钟性能分析研究[C].广州:第三届中国卫星导航学术年会.

[192] 白文礼,2013.卫星精密钟差实时确定算法研究[D].郑州:信息工程大学.

[193] 蔡成林,何成文,韦照川,2016.一种 GPS IIR－M 型卫星超快速星历钟差预报的高精度修正方法[J].测绘学报,45(7):782－788.

[194] 柴洪洲,崔岳,明锋,2009.最小二乘配置方法确定中国大陆主要块体运动模型[J].测绘学报,38(1):61－65.

[195] 陈金平,胡小工,唐成盼等,2016.北斗新一代试验卫星星钟及轨道精度初步分析[J].中国科学:物理学力学天文学,46(11):119502.

[196] 陈西斌,张波,鲍国,2014.基于拟合推估两步极小解法的卫星钟差短期预报[J].大地测量与地球动力学,34(5):125－129.

[197] 陈宪冬,2008.基于大地型时频传递接收机的精密时间传递算法研究[J].武汉大学学报·信息科学版,33(3):245－248.

[198] 陈正生,吕志平,张清华等,2011.基于时间序列分解的 GPS 卫星钟差预报[J].测绘科学,36(3):116－118.

[199] 陈志胜,2011.精密卫星钟差的近实时估计[D].成都:西南交通大学.

[200] 程佳慧,缪新育,赵婧妍等,2022.基于 GM(1,1)和 D－MECM 的钟差预报方法[J].北京邮电大学学报,45(02):44－49.

[201] 程梦飞,王宇谱,薛申辉等,2020.北斗二号卫星导航系统运行末期卫星钟性能评估[J].中国惯性技术学报,28(03):372－379.

[202] 崔先强,焦文海,2005.灰色系统模型在卫星钟差预报中的应用[J].武汉大学学报·信息科学版,30(5):447－450.

[203] 董绍武,侯娟,2009.国际时间比对技术的不确定度估计[C].全国虚拟仪器学术交流大会.

[204] 方书山,2011.GPS 卫星钟差完备性监测研究与算法实现[D].阜新:辽宁工程技术大学.

[205] 冯遂亮,2009.原子钟数据预处理与钟性能分析方法研究[D].郑州:信息工程大学.

[206] 付文举,2014.GNSS 在轨卫星钟特性分析及钟差预报研究[D].西安:长安大学.

[207] 高成发,沈雪峰,汪登辉等,2013.基于区域 CORS 的实时精密卫星钟差估计研究

[J].导航定位学报,01(01):40-46.

[208] 高为广,蔺玉亭,陈谷仓等,2014.北斗系统在轨卫星钟性能评估方法及结论[J].测绘科学技术学报,31(4):342-346.

[209] 葛玉龙,2020.多频多系统精密单点定位时间传递方法研究[D].中国科学院大学(中国科学院国家授时中心).

[210] 耿则勋,2002.小波变换理论及在遥感影像压缩中的应用[M].北京:测绘出版社.

[211] 宫晓春,2016.IGS卫星钟差产品质量分析及其实时预报研究[D].郑州:信息工程大学.

[212] 广伟,2012.GPS PPP时间传递技术研究[D].北京:中国科学院研究生院.

[213] 郭承军,滕云龙,2010.基于小波分析和神经网络的卫星钟差预报性能分析[J].天文学报,51(4):395-403.

[214] 郭斐,张小红,李星星,等,2009.GPS系列卫星广播星历轨道和钟的精度分析[J].武汉大学学报·信息科学版,(5):589-592.

[215] 郭海荣,2006.导航卫星原子钟时频特性分析理论与方法研究[D].郑州:信息工程大学.

[216] 郭海荣,杨生,杨元喜等,2007.基于卫星双向时间频率传递进行钟差预报的方法研究[J].武汉大学学报·信息科学版,32(1):43-46.

[217] 郭海荣,杨元喜,何海波,等,2010.导航卫星原子钟Kalman滤波中噪声方差-协方差的确定[J].测绘学报,39(2):146-150.

[218] 郭吉省,2013.UTC(NIM)原子时标驾驭研究[D].北京:北京工业大学.

[219] 郭美军,陆华,肖云等,2016.基于BDS、GPS的SPP和PPP时间传递精度比较分析[C].中国卫星导航学术年会.

[220] 韩春好,刘利,赵金贤,2009.伪距测量的概念、定义与精度评估方法[J].宇航学报,30(6):2421-2425.

[221] 韩松辉,宫轶松,李建文等,2021.基于ARMA模型的BDS卫星钟差异常值探测及其短期预报[J].武汉大学学报·信息科学版,46(2):244-251.

[222] 胡志刚,2013.北斗卫星导航系统性能评估理论与试验验证[D].武汉:武汉大学.

[223] 黄博华,杨勃航,李锡瑞等,2021.顾及一次差分数据结构特征的钟差预报模型[J].武汉大学学报·信息科学版,46(8):1161-1169.

[224] 黄观文,2012.GNSS星载原子钟质量评价及精密钟差算法研究[D].西安:长安大学.

[225] 黄观文,杨元喜,张勤,2011.开窗分类因子抗差自适应序贯平差用于卫星钟差参数估计与预报[J].测绘学报,40(1):15-21.

[226] 黄观文,张勤,许国昌等,2008.基于频谱分析的IGS精密星历卫星钟差精度分析研究[J].武汉大学学报·信息科学版,33(5):496-499.

[227] 黄维彬,1992.近代平差理论及其应用[M].北京:解放军出版社.

[228] 贾小林,冯来平,毛悦,等,2010.GPS星载原子钟性能评估[J].时间频率学报,33(2):115-121.

［229］焦月,寇艳红,2011.GPS 卫星钟差分析、建模及仿真［J］.中国科学:物理学力学天文学,41(5):596－601.

［230］井鑫,戴家瑜,刘铁新等,2022.基于发射光谱法的氢钟电离源参数分析探究［J］.时间频率学报,45(2):163－173.

［231］JJF 1059.1－2012,测量不确定度评定与表示［S］.国家质量监督检验检疫总局.

［232］雷雨,2010.GPS 载波相位时间比对数据处理［D］.中国科学院研究生院(国家授时中心).

［233］雷雨,赵丹宁,2013.基于最小二乘支持向量机的钟差预报［J］.大地测量与地球动力学,33(2):91－95.

［234］雷雨,赵丹宁,2014a.基于经验模式分解和最小二乘支持向量机的卫星钟差预报［J］.天文学报,55(3):216－227.

［235］雷雨,赵丹宁,李变等,2014b.基于小波变换和最小二乘支持向量机的卫星钟差预报［J］.武汉大学学报•信息科学版,39(7):815－819.

［236］李成龙,陈西宏,刘继业,等,2018.利用自适应 TS－IPSO 优化的灰色系统预报卫星钟差［J］.武汉大学学报•信息科学版,43(6):854－859.

［237］李恩显,干云青,陶远煜,1986.铯原子束频标中 Majorana 跃迁频移实验［J］.计量学报,7(4):279－283.

［238］李滚,2007.GPS 载波相位时间频率传递研究［D］.北京:中国科学院研究生院.

［239］李红涛,2012.基于 GPS 和 GLONASS 的单站授时及时差监测研究［D］.长安大学.

［240］李金海,2003.误差理论与测量不确定度评定［M］.北京:中国计量出版社.

［241］李黎,匡翠林,朱建军等,2011.基于 IGU 预报轨道实时估计精密卫星钟差［J］.大地测量与地球动力学,31(2):111－116.

［242］李盼 2016..GNSS 精密单点定位模糊度快速固定技术和方法研究［D］.武汉:武汉大学.

［243］李玮,程鹏飞,秘金钟,2009.灰色系统模型在卫星钟差短期预报中的应用［J］.测绘通报,6:32－35.

［244］李孝辉,2000.原子时的小波分解算法［D］.西安:中国科学院陕西天文台.

［245］李孝辉,吴海涛,高海军等,2004.用 Kalman 滤波器对原子钟进行控制［J］.控制理论与应用,20(4):551－554.

［246］李孝辉,杨旭海,刘娅等,2010.时间频率信号的精密测量［M］.北京:科学出版社:5－20.

［247］李星星,徐运,王磊,2010.非差导航卫星实时/事后精密钟差估计［J］.武汉大学学报•信息科学版,35(6):661－664.

［248］李作虎,2012.卫星导航系统性能监测及评估方法研究［D］.郑州:信息工程大学.

［249］梁月吉,任超,杨秀发等,2015.基于一次差的灰色模型在卫星钟差预报中的应用［J］.天文学报,56(3):264－277.

［250］林旭,罗志才,2015.一种新的卫星钟差 Kalman 滤波噪声协方差估计方法［J］.物

理学报,64(8):080201-1~080201-6.

[251] 刘基余,2008. GPS 卫星导航定位原理与方法[M].北京:科学出版社.

[252] 刘继业,陈西宏,薛伦生等,2013. 基于 ARMA 与 ANN 组合模型的卫星钟差预报方法[J].大地测量与地球动力学,33(4):107-111.

[253] 刘利,2004. 相对论时间比对理论与高精度时间同步技术[D].郑州:信息工程大学.

[254] 刘念,2001. 协方差函数抗差拟合[J].测绘科学,26(3):25-28.

[255] 刘帅,2016. 模糊度固定解 PPP/INS 紧组合理论与方法[D].信息工程大学.

[256] 刘伟平,郝金明,于合理等,2014. 导航卫星精密轨道与钟差确定方法研究及精度分析[J].测绘通报,(5):5-7,49.

[257] 刘志强,王解先,李浩军等,2014. 利用遗传优化 LSSVR 进行导航卫星钟差预报[J].测绘科学技术学报,31(3):226-231.

[258] 柳响林,2002. 精密 GPS 动态定位的质量控制与随机模型精化[D].武汉大学.

[259] 楼益栋,刘万科,张小红,2003. GPS 卫星星历的精度分析[J].测绘信息与工程,28(6):4-6.

[260] 楼益栋,施闯,周小青等,2009. GPS 精密卫星钟差估计与分析[J].武汉大学学报·信息科学版,34(1):88-91.

[261] 路晓峰,2007. 导航卫星钟差评估与预报研究[D].西安:长安大学.

[262] 路晓峰,杨志强,贾晓林,崔先强,2008. 灰色系统理论的优化方法及其在卫星钟差预报中的应用[J].武汉大学学报·信息科学版,33(5):492-495.

[263] 吕大千,2020. 基于精密单点定位的 GNSS 时间同步方法研究[D].国防科技大学.

[264] 吕宏春,卢晓春,武建锋,2019. 一种卫星钟差异常精确探测的两步法策略[J].武汉大学学报(信息科学版),44(02):193-199.

[265] 吕瑞兰,2003. 小波阈值去噪的性能分析及基于能量元的小波阈值去噪方法研究[D].杭州:浙江大学.

[266] 罗璠,李建文,黄海等,2014. 北斗卫星钟稳定性分析及噪声识别[J].测绘科学技术学报,31(1):34-38.

[267] 毛亚,王潜心,胡超,等,2018. 北斗三号试验卫星的钟差评估及预报[J].天文学报,59(1):56-69.

[268] 毛悦,陈建鹏,戴伟等,2011. 星载原子钟稳定性影响分析[J].武汉大学学报·信息科学版,36(10):1182-1186.

[269] 孟凡芹,2013. 基于星地双向时间比对的卫星钟差确定方法[D].北京:中国科学院大学.

[270] 尼古拉·德米朵夫,2007. 氢钟开发技术和展望[J].宇航计测技术(增刊):6-14.

[271] 聂桂根,2005. GPS 测时与共视时间传递应用及进展[J].战术导弹控制技术,02,28-34.

[272] 宁津生,姚宜斌,张小红,2013. 全球导航卫星系统发展综述[J].导航定位学报,01

(1):3 - 8.

[273] 秦显平,杨元喜,焦文海等,2004.利用 SLR 和伪距资料确定导航卫星钟差[J].测绘学报,33(3):205 - 209.

[274] 任超,梁月吉,蓝岚等,2016.基于 EEMD - 样本熵和 GM - SVM 的钟差预报方法研究[J].大地测量与地球动力学,36(1):21 - 25.

[275] 任晓东,张柯柯,李星星等,2015.BeiDou、Galileo、GLONASS、GPS 多系统融合精密单点[J].测绘学报,44(12):1307 - 1313.

[276] 沈乃澂,魏志义,聂玉昕,2004.光频标和光频测量研究的历史、现状和未来[J].量子电子学报,21(2).

[277] 施闯,张东,宋伟等,2020.北斗广域高精度时间服务原型系统[J].测绘学报,49(03):269 - 277.

[278] 帅平,陈定昌,江涌,2004.GPS 广播星历误差及其对导航定位精度的影响[J].数据采集与处理,19(1):107 - 110.

[279] 宋超,2015.精密单点定位快速收敛技术与方法研究[D].信息工程大学.

[280] 宋超,于合理,周巍等,2016.基于精密单点定位(PPP)的深空站站间时间同步技术研究[C].中国卫星导航学术年会.

[281] 宋伟伟,2011.导航卫星实施精密钟差确定及实时精密单点定位理论与方法研究[D].武汉:武汉大学.

[282] 孙启松,王宇谱,2016.基于方差递推法的 Kalman 滤波在钟差预报中的应用[J].测绘与空间地理信息,39(6):93 - 95,98.

[283] 唐桂芬,许雪晴,曹纪东等,2015.基于通用钟差模型的北斗卫星钟预报精度分析[J].中国科学:物理学 力学 天文学,45(7):079502.

[284] 唐升,刘娅,李孝辉,2013.星载原子钟自主完好性监测方法研究[J].宇航学报,34(1):39 - 45.

[285] 唐校,谢光奇,谢宁鲁等,2010.基于最小二乘法的灰色模型参数估计[J].湘南学院学报,31(5):62 - 64.

[286] 王甫红,夏博洋,龚学文,2016.顾及钟差变化率的 GPS 卫星钟差预报法[J].测绘学报,45(12):1387 - 1395.

[287] 王国成,柳林涛,徐爱功,等,2014.径向基函数神经网络在 GPS 卫星钟差预报中的应用[J].测绘学报,43(8):803 - 807.

[288] 王海栋,柴洪洲,赵东明,2010.基于抗差最小二乘配置的海底地形生成研究[J].系统仿真学报,22(9):2091 - 2095.

[289] 王继刚,2010.基于 GPS 精密单点定位的时间比对与钟差预报研究[D].中国科学院研究生院.

[290] 王继刚,胡永辉,何在民等,2012.线性加权组合 Kalman 滤波在钟差预报中的应用[J].天文学报,53(3):213 - 221.

[291] 王力军,2014.超高精度时间频率同步及其应用[J].物理,43(6):360 - 363.

[292] 王琪洁,2007.基于神经网络技术的地球自转变化预报[D].上海:中国科学院上

海天文台.

[293] 王庆华,潘峰,翟造成,1999.氢脉泽束光学系统的改进设计[J].量子电子学报,16(5):475-480.

[294] 王胜利,王庆,高旺,等,2013.IGS实时产品质量分析及其在实时精密单点定位中的应用[J].东南大学学报:自然科学版,43(A02):365-369.

[295] 王霞迎,秘金钟,张德成等,2014.GPS广播星历位置、速度和钟差精度分析[J].大地测量与地球动力学,34(3):164-168.

[296] 王心亮等,2018.铯原子喷泉钟二阶塞曼频移的测量方法及实验[J].时间频率学报,41(4):279-284.

[297] 王旭,柴洪洲,王昶,2020.卫星钟差预报的T-S模糊神经网络法[J].测绘学报,49(5):580-588.

[298] 王阳,胡彩波,徐金锋等,2019.BD-2在轨卫星钟性能分析[J].大地测量与地球动力学,39(3):252-255.

[299] 王义遒,1981.铯束管中的Majorana跃迁[J].计量学报,2(1):42-48.

[300] 王义遒,2012.原子钟与时间频率系统[M].北京:国防工业出版社:222-285.

[301] 王义遒,王庆吉,傅济时,董太乾,1986.量子频标原理[M].北京:科学出版社.

[302] 王宇谱,陈正生,李伟杰,等,2017.BDS卫星钟差短期预报性能分析[J].大地测量与地球动力学,37(5):450-456.

[303] 王宇谱,龚大亮,胡彩波,等,2018.IGS快速/超快速卫星钟差精度评定与分析[J].导航定位学报,6(3):76-81.

[304] 王宇谱,吕志平,2012.小波神经网络日长预报算法研究[J].大地测量与地球动力学,32(1):127-131.

[305] 王宇谱,吕志平,陈正生等,2013.卫星钟差预报的小波神经网络算法研究[J].测绘学报,42(3):20-28.

[306] 王宇谱,吕志平,陈正生等,2013.一种新的导航卫星钟差预报与内插方法[J].大地测量与地球动力学,33(4):112-116.

[307] 王宇谱,吕志平,陈正生等,2016.一种新的钟差预处理方法及在WNN钟差中长期预报中的应用[J].武汉大学学报·信息科学版,41(3):373-379.

[308] 王宇谱,吕志平,崔阳等,2014.利用遗传小波神经网络预报导航卫星钟差[J].武汉大学学报·信息科学版,39(7):809-814.

[309] 王宇谱,吕志平,宫晓春等,2015.几种卫星钟差预报模型的预报效果分析与比较[J].大地测量与地球动力学,35(3):231-235.

[310] 王宇谱,吕志平,王宁等,2016.顾及卫星钟随机特性的抗差最小二乘配置钟差预报算法[J].测绘学报,45(6):646-655.

[311] 王宇谱,赵营营,王威等,2022.一种数据缺失时的卫星钟稳定度计算策略及对BDS-3评估[J].中国惯性技术学报,30(03):345-351+358.

[312] 魏道坤,2014.卫星钟差预报模型研究[D].西安:长安大学.

[313] 吴海涛,李孝辉,卢晓春等,2011.卫星导航系统时间基础[M].北京:科学出版社.

[314] 吴静,2015.利用中位数的 GPS 卫星钟跳探测方法[J].测绘科学,40(6):36-41.

[315] 席超,蔡成林,李恩敏等,2014.基于 ARMA 模型的导航卫星钟差长期预报[J].天文学报,55(1):78-89.

[316] 夏炎,高成发,潘树国,2013.基于区域 CORS 多基站联合解算的精密卫星钟差实时估计[J].东南大学学报(自然科学版),43(II):434-439.

[317] 肖国锐,隋立芬,陈泉余等,2015.利用接收机钟差建模提升 PPP 收敛速度及精度[J].测绘科学技术学报,32(6):555-558.

[318] 谢建涛,2016.GNSS 多系统多频精密相对定位理论与算法研究[D].信息工程大学.

[319] 徐君毅,曾安敏,2009 ARIMA(0,2,q)模型在卫星钟差预报中的应用[J].大地测量与地球动力学,29(5):116-120.

[320] 徐宗秋,2013.基于多导航卫星系统的精密单点定位模型与方法研究[D].辽宁工程技术大学.

[321] 许国昌,2011.GPS 理论,算法与应用[M].北京:清华大学出版社.

[322] 许龙霞,2012.基于共视原理的卫星授时方法[D].中国科学院大学.

[323] 闫伟,2011.非组合精密单点定位算法精密授时的可行性研究[J].武汉大学学报·信息科学版,36(6):648-651.

[324] 杨帆,2013.基于 GEO 和 IGSO 卫星的高精度共视时间传递[D].中国科学院大学.

[325] 杨凯,姜卫平,2009.IGS 精密钟差精度分析[J].测绘信息与工程,34(5):11-12.

[326] 杨洋,董绪荣,李晓宇等,2013.星载原子钟性能分析方法比较研究[J].科学技术与工程,20(36):9801-9804.

[327] 杨宇飞,杨元喜,王威,等,2018.MGEX 钟差产品精度分析[J].测绘科学技术学报,35(5):441-445.

[328] 杨元喜,1993.抗差估计理论及其应用[M].北京:八一出版社.

[329] 杨元喜,2006.自适应动态导航定位[M].北京:测绘出版社.

[330] 杨元喜,2010.北斗卫星导航系统的进展、贡献与挑战[J].测绘学报,39(1):1-6.

[331] 杨元喜,2012.卫星导航的不确定性、不确定度与精度若干注记[J].测绘学报,41(5):646-650.

[332] 杨元喜,刘念,2002.拟合推估两步极小解法[J].测绘学报,31(3):192-195.

[333] 杨元喜,陆明泉,韩春好,2016. GNSS 互操作若干问题[J].测绘学报,45(3):253-259.

[334] 殷龙龙,2015.基于 PPP 在线时间比对技术研究[D].中国科学院大学.

[335] 尹倩倩,楼益栋,易文婷,2012.IGS 实时产品比较与分析[J].大地测量与地球动力学,32(6):123-128.

[336] 于合理,郝金明,刘伟平等,2014.卫星钟差超短期预报模型分析[J].大地测量与地球动力学,34(1):161-164.

[337] 于合理,郝金明,刘伟平等,2016.附加原子钟物理模型的 PPP 时间传递算法[J],

测绘学报,45(11):1285-1292.

[338] 于合理,郝金明,刘伟平等,2016.一种卫星钟差异常实时监测算法[J].武汉大学学报·信息科学版,41(1):106-110.

[339] 于合理,郝金明,田英国等,2017.GNSS 单站授时系统性偏差分析[J].大地测量与地球动力学,37(1):30-34.

[340] 于合理,郝金明,谢建涛等,2016.一种实时 GNSS 时间传递算法[J].天文学报,57(3):320-325.

[341] 于烨,黄默,杨斌,等,2019.一种高精度导航卫星钟差中长期预报方法[J].仪器仪表学报,40(9):36-43.

[342] 余航,2015.BDS/Galileo 星载原子钟性能分析及短期预报算法研究[D].西安:长安大学.

[343] 翟造成,杨佩红,2008.影响氢原子钟长期稳定度的系统效应分析[J].宇航计测技术,28(3):9-14.

[344] 张健,2011.区域 GPS 精密卫星钟差实时解算方法研究[D].青岛:国家海洋局第一海洋研究所.

[345] 张杰,周渭,宣宗强,2013.卫星钟差预报模型中周期项的选取方法及性能分析[J].天文学报,54(3):282-290.

[346] 张倩倩,韩松辉,杜兰等,2016.星地时间同步钟差异常处理的 Bayesian 方法[J].武汉大学学报·信息科学版,41(6):772-777.

[347] 张清华,2011.导航卫星原子钟钟差数据处理方法研究[D].郑州:信息工程大学.

[348] 张清华,隋立芬,贾小林,2012.应用 Jones-Tryon Kalman 滤波器对在轨 GPS Rb 钟进行状态监测[J].武汉大学学报:信息科学版,37(4):436-440.

[349] 张清华,隋立芬,贾小林等,2014.全球定位系统 BLOCK IIF 星载原子钟性能评估[J].导航定位学报,2(1):46-50.

[350] 张清华,隋立芬,牟忠凯,2010.基于小波与 ARMA 模型的卫星钟差预报方法[J].大地测量与地球动力学,30(6):100-104.

[351] 张清华,王源,孙阳阳等,2015. BDS 与 GPS/GLONASS 星载原子钟性能的比较分析[J].海洋测绘,35(2):62-68.

[352] 张书京,齐立心,2003.时间序列分析简明教程[M].北京:清华大学出版社.

[353] 张涛,2016.GNSS 载波相位远程时间比对技术研究[D].中国科学院大学.

[354] 张小红,蔡诗响,李星星等,2010.利用 GPS 精密单点定位进行时间传递精度分析[J].武汉大学学报·信息科学版,35(3):274-278.

[355] 张小红,陈兴汉,郭斐,2015.高性能原子钟钟差建模及其在精密单点定位中的应用[J].测绘学报,44(4):392-398.

[356] 张小红,程世来,李星星等,2009.单站 GPS 载波平滑伪距精密授时研究[J].武汉大学学报·信息科学版,34(4):463-465.

[357] 张益泽,陈俊平,周建华等,2016.北斗广播星历偏差分析及改正[J].测绘学报,45(S2):64-71.

［358］赵亮,兰孝奇,盛建岳,2012. ARIMA 模型在卫星钟差预报中的应用［J］. 水利与建筑工程学报,10(1):135-137.

［359］赵爽,杨力,郜尧,2019. 基于 SSR 信息的 GPS 实时精密单点定位性能分析［J］. 大地测量与地球动力学,39(9):952-955.

［360］郑作亚,陈永奇,卢秀山,2008. 灰色模型修正及其在实时 GPS 卫星钟差预报中的应用研究［J］. 天文学报,49(3):306-320.

［361］郑作亚,党亚民,卢秀山等,2010. 附有周期项的预报模型及其在 GPS 卫星钟差预报中的应用研究［J］. 天文学报,51(1):95-102.

［362］周江文,黄幼才,杨元喜,欧吉坤,1997. 抗差最小二乘法［M］. 武汉:华中理工大学出版社.

［363］周敏,艾迪,骆莉梦等,2019. 冷镱原子光钟的研究进展［J］. 导航定位与授时,6(01):1-6.

［364］周佩元,杜兰,方传善等,2015b. 北斗系统精密卫星钟差精度评价［J］. 测绘科学,40(12):86-90.

［365］周佩元,杜兰,路余等,2015a. 多星定轨条件下北斗卫星钟差的周期性变化［J］. 测绘学报,44(12):1299-1306.

［366］周伟,2011. 基于 MATLAB 的小波分析应用［M］. 西安:西安电子科技大学.

［367］朱祥维,肖华,雍少为等,2008. 卫星钟差预报的 Kalman 算法及其性能分析［J］. 宇航学报,29(3):966-970.